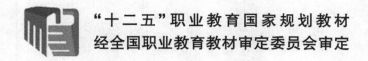

"十二五"职业教育国家规划教材
经全国职业教育教材审定委员会审定

土木工程力学

王 颀　赵凤婷　主编

国防工业出版社

·北京·

内 容 简 介

本书根据高职高专土木工程力学教学的基本要求编写,主要内容划分为四个模块:力学模型的建立,外力分析与计算,内力分析与计算,强度、刚度及稳定性分析。全书共分12章,在每章后都附有小结、思考题及大量的习题,启发学生思考,指导学生学习。书末附录中设有知识及综合技能拓展,旨在丰富学生力学知识,巩固和训练学生应用土木工程力学知识的能力。

本书可以作为高职高专相关专业土木工程力学课程教材,也可供相关工程技术人员参考。

图书在版编目(CIP)数据

土木工程力学/王颀,赵凤婷主编. —北京:国防工业出版社,2022.8 重印
 "十二五"职业教育国家规划教材
 ISBN 978-7-118-09976-8

Ⅰ.①土… Ⅱ.①王…②赵… Ⅲ.①土木工程—工程力学—高等职业教育—教材 Ⅳ.①TU311

中国版本图书馆 CIP 数据核字(2015)第 018956 号

※

国防工业出版社出版发行
(北京市海淀区紫竹院南路23号 邮政编码100048)
北京虎彩文化传播有限公司印刷
新华书店经售

*

开本 787×1092 1/16 印张 18 字数 412 千字
2022 年 8 月第 1 版第 3 次印刷 印数 6001—7200 册 定价 39.00 元

(本书如有印装错误,我社负责调换)

国防书店:(010)88540777　　发行邮购:(010)88540776
发行传真:(010)88540755　　发行业务:(010)88540717

《土木工程力学》编委会

主　编　王　颀　赵凤婷

副主编　赵丽军　王万德　朱朝东

参　编　马　乐

主　审　李立军

前　言

本书主要遵循"以就业为导向,工学结合"的原则,以实用为基础,突出培养应用型人才解决实际问题的能力。根据专业实际需要进行课程体系设置和教材内容的选取,注重提高案例教学的比重,强化实际应用。

为了适应高职高专教育改革要求,体现培养应用性人才的特点,组织教师进行了深入的调研,在编写上力求体现高职高专特色。在内容上以"应用"为导向,基础理论以"必需、够用"为度,以渗透"现代力学思想,讲清概念,减少理论推导,强化生活和工程实际应用"为重点。力求做到知识面适度,内容简明,实用性强。结构上遵循循序渐进、承上启下的规律;文字上力求语言精练、通俗易懂;内容上坚持少而精,做到重点突出,理论联系实际,增强应用性。本书是我校工程力学精品课建设和教师多年来教学经验的总结,反映了高等职业教育几年来教学改革的成果。

根据《教育部关于"十二五"职业教育教材建设的若干意见》的精神,对原书进行修改及编写,主要内容划分四个模块:力学模型的建立,外力分析与计算,内力分析与计算,强度、刚度及稳定性分析。在此基础上增加了附录Ⅱ"知识及综合技能拓展",以强化知识应用性,突出工程力学与专业课、生活和生产实践的对接。

另外,本书在每章都新增了章知识点提要,包括知识点、重点及难点;每章后都附有小结、思考题及大量的习题,旨在指导学生学习,启发学生思考,巩固和训练学生应用工程力学知识的能力。在书末还附有平面图形几何性质、型钢表及部分习题答案等。书中带有*的章节为选学内容。

本书由王颀、赵凤婷主编,绪论、第1章、第2章、第5章及附录由赵凤婷编写,第4章、第6章由赵丽军编写,第7章由王万德编写,第8章、第10章、第11章、第12章由王颀编写,第3章、第9章及附录部分内容由朱朝东编写。李立军为本书主审。

由于时间仓促与编者水平所限,书中难免存在缺点和不妥之处,恳请专家及广大读者予以指正。

编　者

目 录

绪论 ··· 1

模块一　力学模型的建立

第 1 章　刚体静力分析基础 ·· 3
1.1　力与力系的基本知识 ··· 3
1.2　约束和约束反力 ·· 11
1.3　结构的计算简图 ·· 15
1.4　物体的受力分析、受力图 ·· 18
小结 ··· 21
思考题 ··· 23
习题 ··· 24

模块二　外力分析与计算

第 2 章　平面力系 ··· 28
2.1　力系的基本知识 ·· 28
2.2　平面一般力系 ··· 37
2.3　物体系的平衡 ··· 49
*2.4　摩擦 ··· 51
小结 ··· 57
思考题 ··· 59
习题 ··· 60

*第 3 章　空间力系简介 ·· 65
3.1　力在空间坐标轴上的投影 ·· 65
3.2　力对轴之矩 ·· 66
3.3　空间力系的平衡方程 ··· 67
小结 ··· 71
思考题 ··· 72
习题 ··· 72

模块三　内力分析与计算

第 4 章　杆件的内力分析与内力图 75
  4.1　概述 75
  4.2　轴向拉伸和压缩杆件的内力分析 77
  4.3　扭转杆件的内力分析 81
  4.4　弯曲杆件的内力分析 84
  小结 95
  思考题 97
  习题 97

模块四　强度、刚度及稳定性分析

第 5 章　轴向拉伸和压缩时杆件的应力与强度计算 103
  5.1　轴向拉伸和压缩时杆件截面上的应力 103
  5.2　轴向拉伸和压缩时材料的力学性能 107
  5.3　轴向拉伸和压缩时杆件的强度计算 113
  *5.4　应力集中的概念 118
  小结 119
  思考题 120
  习题 121

第 6 章　连接件的实用计算 124
  6.1　剪切和挤压的概念 124
  6.2　剪切和挤压的实用计算 125
  小结 129
  思考题 130
  习题 130

第 7 章　圆轴扭转时的应力与强度计算 133
  7.1　薄壁圆筒扭转时的应力 133
  7.2　圆轴扭转时的应力和强度计算 135
  小结 141
  思考题 142
  习题 143

第 8 章　梁弯曲时的应力与强度计算 145
  8.1　梁弯曲时的正应力 145

8.2 梁弯曲时的强度计算 ·· 149
小结 ··· 156
思考题 ··· 157
习题 ··· 158

第9章 杆件的变形分析和刚度计算 ·· 160
9.1 轴向拉伸和压缩时杆件的变形 ··· 160
9.2 圆轴扭转时的变形计算与刚度计算 ··· 163
9.3 梁弯曲时的变形计算及刚度计算 ·· 165
小结 ··· 173
思考题 ··· 174
习题 ··· 175

第10章 应力状态和强度理论简介 ··· 181
10.1 平面应力状态的概念 ·· 181
10.2 平面应力状态分析 ··· 183
*10.3 三向应力状态及广义胡克定律 ··· 188
*10.4 强度理论 ·· 189
小结 ··· 194
思考题 ··· 196
习题 ··· 196

第11章 组合变形杆件的强度问题分析 ·· 200
11.1 组合变形的概念和实例 ··· 200
11.2 拉伸(压缩)与弯曲的组合 ··· 201
*11.3 扭转与弯曲的组合 ··· 209
小结 ··· 213
思考题 ··· 214
习题 ··· 215

第12章 压杆稳定 ·· 219
12.1 压杆稳定的概念 ·· 219
12.2 不同杆端约束下压杆临界力的计算公式 ·· 220
12.3 欧拉公式的适用范围及中、小柔度杆的临界应力 ································· 222
12.4 压杆的稳定计算 ·· 224
12.5 提高压杆稳定性的措施 ·· 228
小结 ··· 229
思考题 ··· 230

习题 ·· 231
附录Ⅰ 平面图形的几何性质 ·· 235
　Ⅰ.1 静矩和形心 ·· 235
　Ⅰ.2 极惯性矩和惯性矩 ·· 237
　习题 ·· 242
附录Ⅱ 知识及综合技能拓展 ·· 245
　Ⅱ.1 工程力学在生活中的应用 ·································· 245
　Ⅱ.2 工程力学在土建工程中的应用 ······························ 247
　Ⅱ.3 工程力学在工程机械中的应用 ······························ 248
　Ⅱ.4 构件的疲劳强度概述 ······································ 251
　Ⅱ.5 大作业 ·· 254
附录Ⅲ 型钢表 ·· 257
附录Ⅳ 部分习题参考答案 ·· 270
参考文献 ·· 278

绪 论

1. 工程力学的主要内容

工程力学的内容极其广泛,本书所述的是工程力学最基础的部分,主要是**研究物体的受力分析、机械运动以及工程构件承载能力的一门学科**。机械运动是指物体在空间的位置随时间而发生的改变,如物体相对于地球的运动、物体的变形、物体的流动等。**若物体相对于地球静止或作匀速直线运动,则称物体处于平衡状态**。平衡是机械运动的特殊情况。

任何设备、机器、建筑物都是由零件或构件组成的,为了保证机器正常运行、建筑物正常使用,必须保证每一个零件或构件在外力作用下能正常工作,为此必须满足以下要求。

(1) 有足够的强度:构件不发生破坏(屈服或断裂)。
(2) 有足够的刚度:发生的变形在工程允许的范围内。
(3) 有足够的稳定性:不丧失原有形状下的平衡状态。

构件抵抗载荷破坏的能力称为强度。如果构件的强度不够,在载荷作用下会发生断裂或产生较大的塑性变形,使得机器或建筑物无法正常工作,这种现象称为**强度破坏**或**强度失效**。如果路面或桥梁断裂,则会影响交通的正常运行;如果缆车或电梯上钢绳断开,后果将不堪设想。因此,要保证建筑物或机械正常地工作,首先要保证受力构件或零件在外力作用下具有足够的强度。

构件抵抗载荷产生弹性变形的能力称为刚度。如果构件的刚度较小,在外力作用下会产生较大的弹性变形,这会影响到构件正常的工作,这种现象称为**刚度破坏**或**刚度失效**。如果房屋大梁产生过大的变形会影响其正常使用,危及人身安全;如果齿轮传动轴变形过大,会影响齿轮间的正常啮合,这不仅会产生较大的噪声,而且会增大轴和轴承之间的磨损,还会缩短齿轮的使用寿命。因此,在建筑物或机械中,还需要保证构件或零件具有足够的刚度,以保证其变形量不超过正常工作所允许的范围。

构件受压力作用后保持原有直线平衡形式的能力称为稳定性。例如,细长压杆在满足强度条件下,当载荷增大超过一定的数值后,杆件便会从直线平衡状态突然变弯,丧失原有的直线平衡状态,这就是**失稳现象**,又称**稳定失效**。杆件失稳后,会导致杆件折断或发生较大的塑性变形,如建筑用的支架和脚手架、千斤顶螺杆、车床的丝杠等,都必须保证有足够的稳定性。

工程设计的任务之一就是保证构件在确定的外力作用下正常工作而不被破坏,即保证构件具有足够的强度、刚度和稳定性。为此需要:

(1) 分析并确定构件所受各种外力的大小和方向。
(2) 研究在外力作用下构件的内力、变形及破坏的规律。
(3) 提出保证构件具有足够强度、刚度和稳定性的计算方法。

**所以,除了要对构件进行受力分析外,还要研究构件的强度、刚度和稳定性问题,提供有关的理论计算方法和实验方法,合理确定构件的材料和形状尺寸,达到安全和经济的要求。

2. 工程力学的研究对象

工程中的建筑物、机械等都是由若干个物体按照一定的规律组合而成的,称为结构。组成结构的基本部件称为**构件**。

根据几何形状和尺寸的不同,构件大致可以分为杆、板、壳、块体。若构件在某一方向上的尺寸比其余两个方向上的尺寸大得多,则称为**杆**,梁、轴、柱等都属于杆类构件。若构件在某一方向上的尺寸比其余两个方向上的尺寸小得多,平面形状的称为**板**,曲面形状的称为**壳**,如桥梁板、穹形屋顶等都属于这类构件。若构件在三个方向上具有同一量级的尺寸,则称为**块体**,如水坝、建筑结构物的基础、机械设备底座等都属这类构件。

工程力学以等截面的直杆(简称等直杆)作为主要**研究对象**。板壳及块体属于"弹性力学"和"板壳理论"的研究范畴。

3. 工程力学研究的方法

工程力学研究的方法是**实验观察——假设建模——理论分析——实验(实践)验证**。这是自然科学研究问题的一般方法。

工程力学研究的对象往往比较复杂,在对其进行力学分析时,首先必须根据问题的性质,抓住主要方面,略去一些次要因素,对其进行合理简化,科学地抽象出**力学模型**。

物体在受力后都要发生变形,但在大多数工程问题中这种变形是极其微小的。当分析物体的平衡规律时,这种微小变形的影响很小,可以忽略不计,认为物体不发生变形。**这种受外力作用时保持形状、尺寸不变的力学模型称为刚体**。当分析强度、刚度和稳定性问题时,由于这些问题都与变形密切相关,因而即使是极其微小的变形也必须加以考虑,**这种受外力作用时形状、尺寸都发生改变的力学模型称为变形固体**。

建立模型之后,可运用数学方法进行分析计算。这种解决工程力学问题的方法称为理论方法。然而还有许多工程实际问题,仅靠理论方法还不能有效地解决,但通过实验的方法可以得到满意的结果。另外,在解决构件的承载能力问题时,需要通过实验测定材料的力学性质。可见,实验方法也是解决工程力学问题的一个必不可少的方法。

随着交通和建筑业的飞速发展,工程力学将继续向各专业渗透,不断地开拓新的研究领域。实验力学、断裂力学、复合材料力学的进展又丰富和充实了工程力学的内容。计算机在工程力学中也已经得到广泛应用,工程力学的分析方法和计算能力有了极大的提高。

4. 工程力学在工科专业中的作用

工程力学对土木、机械、水工和航空航天等工科专业来说,是一门技术基础课,它是由基础理论课过渡到专业课的桥梁。它为钢筋混凝土结构、桥梁工程、机械基础等专业课程的学习提供必要的基础知识;为工程实际问题提供理论分析和解决问题的方法;并培养学生具有熟练的计算能力和初步的实验分析能力。

模块一 力学模型的建立

第1章 刚体静力分析基础

本章提要

【知识点】力、力系、刚体的概念,静力学公理,力矩的概念和计算,力偶的概念和性质,约束与约束反力的概念,工程中常见的约束与约束反力,结构的计算简图,物体的受力分析与受力图。

【重点】静力学公理,工程中常见的约束与约束反力,物体的受力分析与受力图。

【难点】简单物体系统的受力分析与受力图。

1.1 力与力系的基本知识

1.1.1 力的概念

力是物体间相互的机械作用。这种作用对物体有两方面的作用效果。一方面使物体的机械运动状态发生变化。例如,行驶中的汽车刹车时,靠摩擦力能使它停下来,人造卫星在地球引力作用下不断改变运动方向而绕着地球运行等。**力使物体的运动状态发生变化的效应,称为力的运动效应(外效应)**。有时几个力共同作用在一个物体上,物体的运动状态没有发生改变,即物体处于平衡。例如,桥梁和房屋在各种荷载和地基反力的共同作用下仍然保持静止,这是由于各个力的外效应相互抵消的结果。另一方面使物体形状发生变化。例如,弹簧受拉后会伸长,桥梁在汽车及火车车轮的压力作用下会产生弯曲变形等。**力使物体形状发生变化的效应称为变形效应(内效应)**。实践证明,**力对物体的作用取决于力的大小、方向和作用点(通常称为力的三要素)**。

力的方向包含方位和指向。例如,力的方向是"铅垂向下","铅垂"是力的方位,"向下"则是力的指向。

力的作用点是力在物体上的作用位置。实际上,力总是作用在物体上一定的面积或体积范围内,但当作用的范围很小或根据力作用的性质可以忽略不计时,就可以近似地看成是作用在范围中某个点上的一个力,**作用于一点的力称为集中力**。例如,房梁的自重属于体积力,房梁各个微小的组成部分都有质量,都受到地球引力的作用。在研究房梁的平衡(研究力的外效应)时,房梁的自重可以抽象为集中力,作用在房梁的重心,铅垂向下。在研究房梁的变形(研究力的内效应)时,房梁的自重必须表示为沿房梁轴线分布的力。力在一定范围内连续分布,用力的分布集度矢量表示力的作用,这类力的模型称为**分布力**(图1-1)。

力既有大小又有方向,因此力是矢量。当日常手书表示一个力时,通常用加示一个箭头的字母,如$\vec{F}$、$\vec{P}$(或用黑斜体字母,如 $\boldsymbol{F}$、$\boldsymbol{P}$ 表示)等表示力的名称,而不加箭头的字母,如 F、P 等只表示力的大小。当在受力图上表示一个力时,通常用一定比例尺的带箭头的线段表示(本书中力的矢量用黑斜体字母表示,如图1-2所示)。线段的长度表示**力的大小**,箭头的指向表示**力的方向**,线段的起点(或始点)表示**力的作用点**,与线段重合的直线称为**力的作用线**。国际单位制中力的基本单位是:N 或 kN。

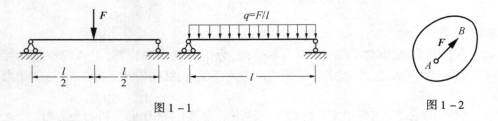

图 1-1　　　　　　　　　　　　　　图 1-2

1.1.2　力系的概念

作用于一个物体上的若干个力称为**力系**。若作用于物体上的某一力系可以用另一个力系来代替,而不改变它对物体的作用效应(运动效应),那么这两个力系是互为**等效力系**。如果一个力与一个力系等效,那么这个力称为该力系的**合力**,原力系的各力称为合力的**分力**。将一个复杂的力系用一个简单的等效力系来代替的过程称为**力系的简化**。

物体在力系作用下,一般不一定处于平衡状态,只有当力系满足某些特定的条件,则物体处于平衡,这种特定的条件称为**平衡条件**。平衡时的力系称为**平衡力系**。研究物体的平衡问题,实际上就是研究作用于物体上力系的平衡条件。应注意,力系简化的结果是建立平衡条件的依据。

1.1.3　刚体的概念

刚体是指在力作用下不变形(即任意两点间距离保持不变)的物体,这是一个理想化的模型。任何物体在力的作用下,或多或少都会发生不同程度的变形。但是工程实际中构件的变形通常是非常微小的,在某些情况下可以忽略不计。例如图1-3所示的桥式起重机,工作时由于起重机与它自身的重量,使桥架产生微小的变形,这个微小的变形,对研究物体的运动或平衡时不起主要作用,可以将其略去不计,可简化问题的研究。因此在研究平衡问题时就可以把起重机桥架看成是不变形的刚体。实践表明:刚体在力系作用下平衡时所满足的条件,对于变形体的平衡来说,也必须满足。即刚体的平衡条件,也适用于变形体,这说明了刚体平衡规律的普遍意义。但是应指出,不应该把刚体的概念绝对化,在采用刚体这一简化模型时要注意所研究的问题的内容和条件。在某些情况下,物体的变形成为主要因素时,就不能再把物体看成是刚体,而要看成为变形体。

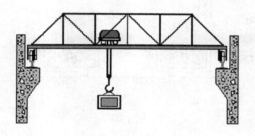

图 1-3

1.1.4 静力学公理

静力学公理是人们在长期的生活和生产实践中，经过反复观察和实验总结出来的最基本的原理，它可以在实践中得到验证。静力学公理是对力的基本性质的概括和总结，是静力学理论的基础，是解决力系的简化、平衡条件以及物体的受力分析等问题的关键。

1. 二力平衡原理

作用在同一物体上的两个力，使物体处于平衡的必要与充分条件是：这两个力的大小相等，方向相反，作用在同一条直线上（图 1-4）。

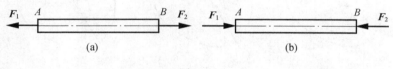

图 1-4

应该指出，这个原理只适用于刚体。对于变形体来说，条件是必要的，而不是充分的。例如，一绳索两端受两个等值、反向、共线的力作用时，若两个力为拉力，绳索则平衡；若两个力为压力，则不能平衡。

只受两个力作用而处于平衡的构件，称为二力构件（或二力杆）。工程中存在着许多二力构件。二力构件的受力特点是：不论其形状如何，其所受的两个力的作用线必沿两个力作用点的连线，且大小相等，方向相反，如图 1-5 所示。这一性质在以后对物体进行受力分析时是很有用的。

图 1-5

2. 加减平衡力系原理

在已知力系上加上或减去任意的平衡力系，并不改变原力系对物体的作用效应。这个原理对力系的简化起重要作用，根据这个性质可以推出力的可传性原理。

推论 1 *力的可传性原理*

作用在物体上的力可以沿其作用线移到物体内任意一点，而不改变它对物体的作用效应。这个原理是人们所熟悉的，例如人们在车后 A 点推车，与在车前的 B 点拉车效果是一样的,如图1-6所示。

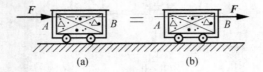

图1-6

设力 F 作用于刚体上的 A 点,如图1-7(a)所示。在刚体上沿力 F 的作用线上任取一点 B,在 B 点沿力 F 的作用线加上一对平衡力 F_1 和 F_2,使 $F_1 = F_2 = F$,如图1-7(b)所示,刚体所受的作用效应不变。由于 F 和 F_2 也是一对平衡力,故可去掉,如图1-7(c)所示,刚体所受的作用效应仍然不变。于是力 F 就从 A 点沿其作用线移到了 B 点,而不改变其对刚体的作用效应。

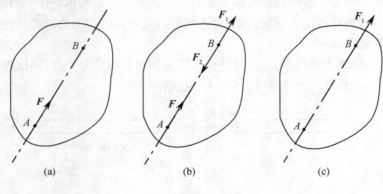

图1-7

由此可知,对于刚体来说,力的作用点已不是决定力的作用效果的要素,它已被力的作用线所代替。因此,作用于刚体上的力的三要素是:力的大小、方向和作用线。力是一滑动矢。显然,加减平衡力系原理和力的可传性原理只适用于刚体,对于非刚体来说,加减平衡力系或将力作任何移动都将改变力对物体的变形效应。如图1-8(a)所示,一根直杆受到一对等值、共线、反向的拉力作用,杆被拉长,若将这两个力沿作用线分别移到杆的另一端,如图1-8(b)所示,则杆将受压力作用而缩短。

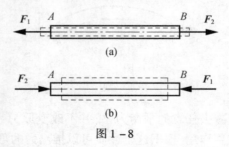

图1-8

3. 力的平行四边形法则

作用于物体上同一点的两个力,可以合成为作用于该点的一个合力,合力的大小和方向以这两个力为邻边所构成的平行四边形的对角线来表示,如图1-9(a)所示。

这种合成力的方法为矢量加法,可用矢量和表示为

$$F_R = F_1 + F_2 \tag{1-1}$$

应该指出,式(1-1)为矢量等式,它与代数式 $F_R = F_1 + F_2$ 的意义完全不同,不能混淆。为了求两个共点力的合力,也可只画出平行四边形的一半。为了画面清晰,通常不在原图上画,而画在原图附近。在原图附近选取 A 点,从 A 点起作一个与力 F_1 大小相等、方向相同的矢线 AB,再过 B 点作一个与力 F_2 大小相等、方向相同的矢线 BC,则矢线 AC 就表示合力 F_R 的大小和方向,如图1-9(b)所示。这种求合力的方法称为力的三角形法则。即,力的平行四边形法则也可以简化为力的三角形法则。

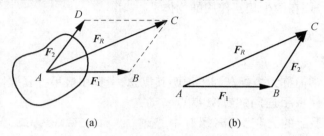

图 1-9

平行四边形法则既是力合成的法则,也是力分解的法则。例如沿斜面下滑的物体如图1-10所示,有时就把重力 P 分解为两个力:一个是与斜面平行的分力 F,这个力使物体沿斜面下滑;另一个是与斜面垂直的分力 N,这个力使物体沿斜面下滑时紧贴斜面。这两个分力的大小分别为

$$F = P\sin\alpha$$
$$N = P\cos\alpha$$

推论2 三力平衡汇交定理

刚体受不平行的三个力作用而平衡,则三力作用线必汇交于一点且位于同一平面内。

如图1-11所示,刚体上 A、B、C 三点分别作用力 F_1、F_2、F_3,其中力 F_1 和力 F_2 的作用线交于 O 点,刚体在此三力作用下处于平衡状态。把力 F_1 和力 F_2 沿作用线移到交点 O,运用平行四边形法则求得力 F_1 和力 F_2 的合力 F_{12},则力 F_3 应与合力 F_{12} 平衡,所以力 F_3 必过 O 点,且力 F_1、F_2、F_3 也必共面。

图 1-10   图 1-11

此定理的逆定理不成立。

当刚体受三个互不平行的共面力作用而处于平衡时,若已知两个力的方向,用此定理可以确定未知的第三个力的作用线方位。

4. 作用与反作用定律

两物体间相互作用的力,总是大小相等、作用线相同而指向相反,分别作用在这两个物体上。

这个定律概括了自然界中物体间相互作用力的关系,表明一切力总是成对出现的,有作用力就必有反作用力,它们彼此互为依存条件,同时存在,又同时消失。此定理在研究几个物体组成的系统时具有重要作用,而且无论对刚体还是变形体都是适用的。

应该注意,尽管作用力与反作用力大小相等,方向相反,作用线相同,但它们并不互成平衡,更不能把这个定律与二力平衡定理混淆。因为作用力与反作用力不是作用在同一物体上,而是分别作用在两个相互作用的物体上。

1.1.5 力对点之矩

1. 力矩的概念

力对点的矩通常简称为**力矩**。为了说明其概念,考察用扳手拧紧螺钉时的情形,如图 1-12 所示。力 F 使扳手连同螺钉绕 O 点转动,经验表明:加在扳手上的力越大,离螺钉中心越远,则转动螺钉就越容易。

这表明力 F 使扳手绕 O 点转动的效应,不仅与力 F 的大小有关,还与 O 点到力 F 作用线的垂直距离 d 有关。因此,用乘积 Fd 表示力 F 使物体绕某点(如 O 点)转动的效应,并称为力 F 对 O 点的力矩,记为 $m_O(F)$,表示为

$$m_O(F) = \pm Fd \qquad (1-2)$$

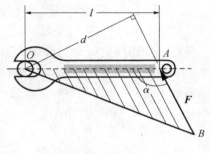

图 1-12

式中:点 O 称为**矩心**;距离 d 称为**力臂**。

式(1-2)中符号规定:力使物体绕矩心作逆时针方向转动时,力矩取正号;顺时针方向转动时,取负号。根据以上情况,平面内力对点的矩,只取决于力矩的大小及旋转方向,因此平面内力对点的矩是代数量。

由图 1-12 及式(1-2)可知,力矩的大小正好等于以矩心为顶点、以力矢量为底边的三角形面积的 2 倍,即

$$m_O(F) = \pm 2 S_{\triangle OAB} \qquad (1-3)$$

力矩的单位:力矩是力和距离的乘积,因此它的常用单位为 N·m 或 kN·m。

综上所述可知:

(1) 如果力的大小等于零,则力对任意点的矩恒等于零。

(2) 如果力的作用线通过矩心,即力臂等于零,则力对点的矩恒等于零。

(3) 力对点之矩不仅取决于力的大小,同时还与矩心的位置有关,同一个力对不同的矩心,其力矩是不同的(如数值、符号都可能不同)。

最后再指出一点:前面是由力对于物体上固定点的作用引出力矩的概念。实际上,作用于物体上的力可以对任意点取矩。

2. 合力矩定理

平面力系的合力(F_R)对平面内任一点的矩,等于力系中各分力(F)对同一点力矩的

代数和,即

$$m_O(F_R) = \sum m_O(F) \tag{1-4}$$

这就是平面力系的合力矩定理,应用这一定理可以很方便地求出合力作用线位置或用分力矩来计算合力矩等。

例题 1-1 如图 1-13 所示支架,已知 $F = 10 \text{kN}, AB = AC = 4\text{m}, BD = 2\text{m}, \alpha = 30°$,试求 F 对 A、B、C、D 四点的力矩。

解:由式(1-2)可知

$$m_A(F) = Fd_1 = F \cdot AD \sin\alpha = 10 \times 3 = 30 \text{kN} \cdot \text{m}$$
$$m_B(F) = Fd_2 = F \cdot BD \sin\alpha = 10 \times 1 = 10 \text{kN} \cdot \text{m}$$

计算 $m_C(F)$ 时,可应用合力矩定理,而使计算简化。

将力 F 沿竖直和水平方向分解为 F_x、F_y 两个分力,得

$$F_y = F\sin\alpha = 10 \times \frac{1}{2} = 5\text{kN}$$

$$F_x = F\cos\alpha = 10 \times \frac{\sqrt{3}}{2} = 8.66\text{kN}$$

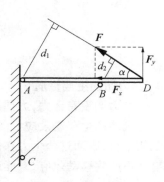

图 1-13

由式(1-4)得

$$m_C(F) = m_C(F_y) + m_C(F_x) = 6F_y + 4F_x = 64.64 \text{kN} \cdot \text{m}$$

计算 F 对 D 点的力矩,因力的作用线通过矩心 D 点,则有

$$m_D(F) = 0$$

1.1.6 力偶与力偶矩

1. 力偶与力偶矩的概念

在日常生活和生产实践中,常看到物体同时受到大小相等、方向相反、作用线互相平行的两个力的作用。例如,拧水龙头时人手作用在开关上的两个力 F 和 F'(图 1-14),这两个力由于不满足二力平衡条件,显然不会平衡。在力学上,**把大小相等、方向相反、作用线互相平行的两个力叫做力偶**,并记为 (F, F')。力偶中,两力所在的平面叫**力偶的作用面**,两力作用线间的垂直距离叫**力偶臂**,以 d 表示(图 1-15)。

物体受力偶作用的实例很多,如汽车司机旋转方向盘时,两手作用在方向盘上的两个力 F 和 F'(图 1-16);用丝锥攻丝时,两手作用在丝锥扳手上的两个力 F 和 F' 等。

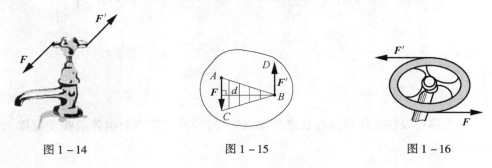

图 1-14　　　　　图 1-15　　　　　图 1-16

力偶的作用是使物体转动,力偶使物体转动的效应,不仅与力 F 的大小有关,还与两个力之间的垂直距离 d 有关。因此,**用乘积 Fd 表示力偶使物体转动的效应,称为力偶矩**,记为 m,表示为

$$m = \pm Fd \tag{1-5}$$

式(1-5)中的正负号表示力偶的转动方向,即逆时针方向转动时为正;顺时针转动时为负,如图 1-17 所示。由此可见,在平面内,力偶矩是代数量。力偶矩的单位与力矩的单位相同。

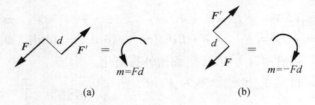

图 1-17

2. 力偶的主要性质

(1) **力偶没有合力,力偶不能与一个力等效或平衡。**

力既能产生移动效应又能产生转动效应。力偶中的两个力大小相等、方向相反、作用线互相平行,因而这两个力在任何坐标轴上投影之和等于零,无合力(图 1-18),即力偶对物体不产生移动效应,只能产生转动效应。所以,力偶不可能与一个力等效,也不能和一个力平衡。力偶与单个力一样是构成力系的基本元素。

(2) **力偶对其作用面内任一点的矩恒等于力偶矩,与矩心的位置无关。**

如图 1-19 所示力偶 (F, F'),在力偶平面内任取一点 O 为矩心,设 O 点与力 F 作用线的距离为 x,则力偶的两个力对于 O 点之矩的和为

$$\begin{aligned} m_O &= m_O(F) + m_O(F') = -Fx + F'(x+d) \\ &= -Fx + F'x + F'd = F'd = Fd \end{aligned}$$

由此可见,力偶对矩心 O 点的力矩只与力 F 和力偶臂 d 的大小有关,而与矩心位置无关,这也正是力偶矩与力矩的主要区别。

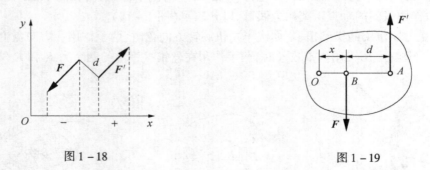

图 1-18　　　　图 1-19

(3) **力偶可以在其作用面内任意移动或转动,而不改变它对物体的转动效应**,如图 1-20所示。

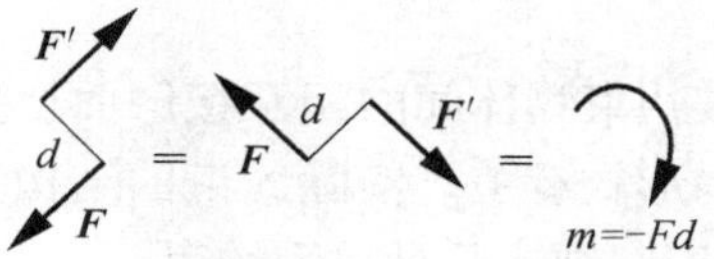

图 1-20

因为力偶移动或转动后,虽然在作用面内的位置发生了改变,但力偶矩的大小和转向仍不改变,所以它对物体的转动效应就保持不变。

(4) **只要力偶矩的大小和转向不变,力偶可以任意改变组成力偶的力的大小和力偶臂的长度,而不会改变它对物体的转动效应**,如图 1-21 所示。

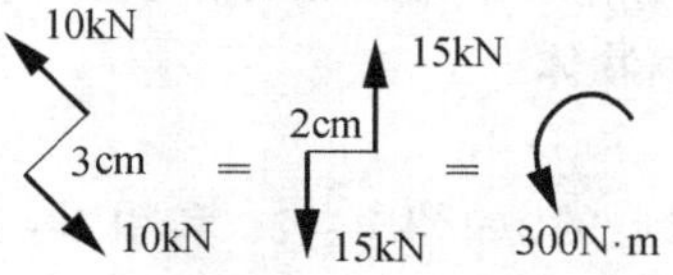

图 1-21

综上所述,**力偶对物体的作用效应取决于力偶矩的大小、力偶的转向和力偶的作用平面,这三者称为力偶的三个要素**。且由性质(3)、(4)可知,在同一平面内研究有关力偶的问题时,只需考虑力偶矩,而不必研究其中力的大小和力偶臂的长短。

1.2 约束和约束反力

1.2.1 约束与约束反力的概念

有些物体,例如在空中飞行的飞机、炮弹等,它们在空间的位移不受任何限制。**这种位移不受限制的物体称为自由体**。相反地,**位移受到限制的物体称为非自由体**。例如,悬挂着的电灯受绳子的限制不能下落,门窗受合页的作用只能绕定轴转动,桥梁由于受到左右两端支座的限制而固定不动,房梁由于墙的支持而不致落下等,这些都是非自由体。**对物体的某些位移起到限制作用的周围物体称为约束**。例如,绳子是灯的约束,合页是门窗的约束,支座是桥梁的约束等。

物体受到约束时,物体与约束之间有相互作用力。约束对被约束物体的作用力称为**约束反力**,简称约束力(或反力)。约束力的作用点在约束与被约束物体的接触点。**约束力的方向,总是与该约束所能阻止的运动方向相反**。根据约束的性质,有的约束力方向可以直接定出,有的约束力方向则不能直接定出,而与被约束物体的受力情况有关。约束力的大小总是未知的,需要根据物体的受力情况和运动情况来计算。

物体除受约束力外,一般还承受**主动力**,**能够主动引起物体运动或使其有运动趋势的力**,如重力、风力、土压力、水压力等。物体所受的主动力往往是给定的或已知的。在一般情况下,由于有主动力的作用,才引起约束力。显然,如果物体在受约束处沿所能阻碍运动方向并无运动或运动的趋势,则约束就不会产生约束力。因此,约束力也称为被动力,它随主动力的变化而改变。在刚体静力分析中,主动力和约束力组成平衡力系,因此可用平衡条件求出约束力。

约束力总是通过约束与被约束物体间的相互接触而产生的,这种接触力的特征与接触面的物理性质和约束的结构形式有关。实际约束的结构形式各种各样,接触面的物理性质也各有不同,但可以将它们归纳成几种典型约束。

1.2.2 工程中常见的约束与约束反力

1. 柔索约束

由绳索、链条、胶带等柔性物体构成的约束统称为柔索约束。如图 1-22 所示,由于柔索本身只能承受拉力,因此它只限制物体沿柔索伸长方向的运动,而不能限制其他方向的运动。**故柔索对物体的约束力是拉力,作用在连接点,方向沿柔索背离物体。**

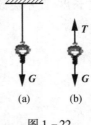

图 1-22

2. 光滑接触面约束

光滑面约束在工程上是常见的,如图 1-23 和图 1-24 所示,当两物体接触面上的摩擦力比起其他作用力小很多时,摩擦力就成了次要因素,可以忽略不计,这样的接触面就认为是光滑的,即**两个相互接触的物体,如果略去接触面间的摩擦就认为是光滑接触面约束**。此时,不论接触面是平面还是曲面,都不能限制物体沿接触面切线方向的运动,而只能限制物体沿接触面公法线方向的运动。因此,**光滑面约束反力的方向,应沿接触面在接触点处的公法线方向且指向物体。**

图 1-23   图 1-24

3. 光滑铰链约束

1) 固定铰支座

铰链是工程中常见的一种约束。铰链约束的典型构造是将销钉插入两构件的圆孔,把构件连接起来而成,其中一个构件被固定于地面、墙、柱和机身等支承物上时(该构件称为底座),便构成固定铰链支座约束,简称**固定铰支座**,如图 1-25(a)、(b)所示。这种**约束的特性是销钉能够限制构件在垂直于销钉轴线平面内的移动,但不能限制它绕销钉轴线的相对转动。**

设接触面的摩擦可略去不计,则销钉与构件圆孔间的接触是两个光滑圆柱面的接触(图 1-25(c)),因此销钉给构件的约束力是作用在接触点处,方向沿接触面的公法线,并通过圆孔中心指向构件,如图 1-25(d)所示。由于接触点的位置与构件所受的力系有关,一般不能预先确定,所以约束力的方向也不能预先确定。**通常用通过圆孔中心的两个正交分力 F_x、F_y 来表示**,如图 1-25(e)所示。而图 1-25(f)所示是常用的固定铰支座的简化表示方法。

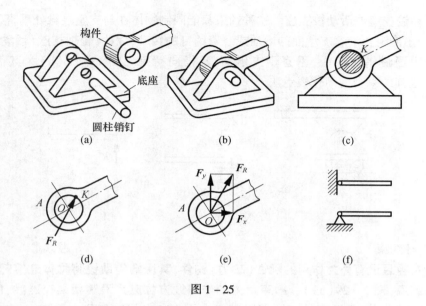

图 1-25

2) 圆柱铰(中间铰)约束

如果两个构件用圆柱形光滑销钉铰连接,则称为圆柱铰或中间铰,如图 1-26(a)所示,图 1-26(b)为其简化图示。中间铰的销钉对构件的约束特点和固定铰支座相同,所以约束反力的分析与固定铰支座相同,通常也表示为两互相垂直的分力 F_{Ax}、F_{Ay},如图 1-26(c)所示。

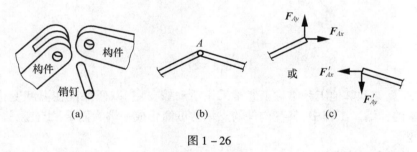

图 1-26

如图 1-27 所示的拱桥,就是由左、右两拱通过圆柱铰 C 和固定铰支座 A、B 连接而成。

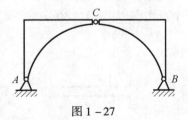

图 1-27

4. 活动铰支座

1) 辊轴支座

将构件的铰链支座用几个辊轴支承在光滑平面上,就成为辊轴支座(图 1-28(a)),

也称为**可动铰支座**或**活动铰支座**。这种约束只能限制物体在与支座接触处垂直于支承面的运动,而不能阻止沿着支承面的运动或绕着销钉的转动,因此,**辊轴支座(活动铰支座)的约束反力通过销钉中心,垂直于支承面,其指向待定**。图1-28(b)为其简图。图1-28(c)是其约束力的简化表示法。

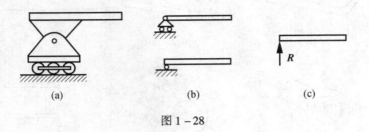

图 1-28

2) 链杆约束

不计自重且没有外力作用的刚性(二力)构件,其两端借助铰将物体连接起来,就构成了链杆约束(图1-29(a))。约束反力的作用线方位应为沿其两端铰连线,指向待定(图1-29(b))。通常链杆约束可用垂直于支承面的一根链杆代替(图1-29(c)),图1-29(c)是其约束力的简化表示法。显然链杆约束也是活动铰支座的一种。

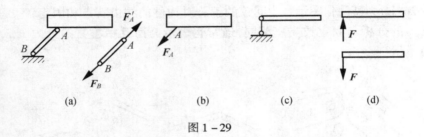

图 1-29

在桥梁、屋架和其他工程结构上经常采用活动铰支座,以便保证在温度变化时,允许结构作微量的伸缩。工程中,某些构件的支承常可简化成一端为固定铰支座、另一端为可活动铰支座。

5. 固定端支座约束

图1-30(a)所示的梁,其一端插入墙内使梁固定。墙既能限制梁的移动,又能限制梁的转动,这类约束称为**固定端支座**,其简图如图1-30(b)所示。约束反力除了两个互相垂直的坐标分量外,还有一个反力偶,如图1-30(c)所示。

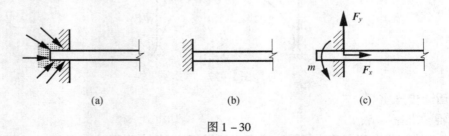

图 1-30

1.3 结构的计算简图

实际工程中的桥梁、房屋建筑和运输车辆等,它们的组成和构造往往是比较复杂的。在对这些构造物进行结构的分析设计时,若完全按照结构的实际情况进行分析计算,会使问题变得复杂甚至是不可能的,也是不必要的。因此,在对工程结构进行力学分析和计算之前,必须对实际结构及其受力状况加以简化,表现其主要特点,略去次要因素,用一个简化了的图形来代替实际结构。这种图形称为**结构的计算简图**。

对实际结构进行简化时,一般应遵守如下两个原则。

(1) 既要略去次要因素,又要尽可能地正确反映出结构的主要特征、性能和受力状况。

(2) 不仅要使分析、计算工作简化,而且要保证计算结果有足够的精确性和可靠度。

工程力学以计算简图作为计算的主要对象。在结构设计中,如果计算简图取错了,就会导致错误的计算结果,甚至造成严重的工程事故。因此,合理地选取计算简图是一项十分重要的基础工作,应予以足够的重视。

对于实际结构主要从以下三个方面进行简化。

1.3.1 杆件的简化

由于杆件的横截面尺寸远小于纵向的长度尺寸,因此各种杆件在计算简图中一般都用其纵向轴线来表示。直杆用直线表示,曲杆则用相应的曲线表示。

1.3.2 支座和结点的简化

1. 支座的简化

支座是结构与基础或支承物之间的连接装置,对结构起支承作用。实际结构的支承形式是多种多样的。在平面杆件结构的计算简图中,支座的简化形式主要有活动铰支座(图 1-31)、固定铰支座(图 1-32)、固定端支座(图 1-33)等。

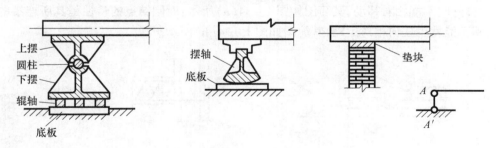

图 1-31

2. 结点的简化

在结构中,杆件与杆件的连接点称为**结点**。不同的结构,如钢筋混凝土结构、钢结构和木结构等,由于材料不同,构造形式多种多样,因而连接方式、方法就有很大差异。但在结构的计算简图中,通常简化为两种理想的连接类型:**铰结点和刚结点**。

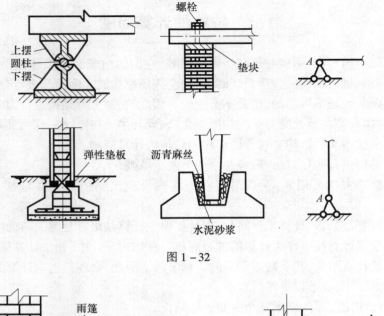

图 1-32

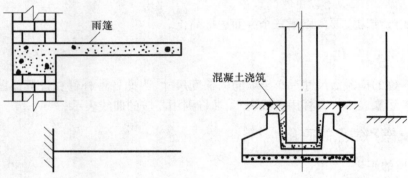

图 1-33

铰结点即圆柱铰,其特点是不能限制杆件之间的相互转动,因而杆件间夹角可以改变,但杆件间不能相对移动,其简图如图 1-34(a)所示;而刚结点的特性是**其所连接的杆件之间不能发生任何相对运动**,其简图如图 1-34(b)所示。

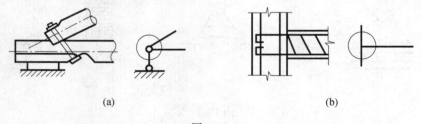

图 1-34

1.3.3 荷载的简化

作用在结构或构件上的主动力称为荷载。在实际工程中,构件受到的荷载是多种多样的,按照不同的分类方式可以把荷载进行分类。这里仅按照荷载作用在结构上的范围,把荷载分为分布荷载和集中荷载。

分布在结构某一体积内、表面积上、线段上的荷载分别称为体分布荷载、面分布荷载和线分布荷载,统称为分布荷载。例如结构的自重属于体分布荷载,作用在结构上的风、雪和水的压力是面分布荷载,杆件的自重可视为线分布荷载。

分布荷载又分为均布荷载和非均布荷载。**均布荷载**是在结构的某一范围内均匀分布,即大小和方向处处相同的荷载。如均质杆件的自重是沿轴线的线均布荷载,其大小通常用单位长度的荷载来表示(N/m 或 kN/m);而均质板的自重称为面均布荷载,其大小用单位面积的荷载来表示(N/m^2 或 kN/m^2)等。

集中荷载是指作用在结构上的荷载的分布范围与结构的尺寸相比要小得多,可以认为荷载仅作用在结构的一点上。

工程力学研究的对象主要是杆件,因此在计算简图中通常将荷载简化到作用在杆件轴线上的线分布荷载、集中荷载和力偶。

下面用两个简单例子来说明选取计算简图的方法。

如图1-35(a)所示,均质梁两端搁在墙上,上面放一重物。简化时,梁本身用其轴线来代表;重物近似看作集中荷载,梁的自重则视为均布线荷载;至于两端的反力,其分布规律是难以知道的,现假定为均匀分布,并以其作用在墙宽中点的合力来代替。考虑到支承面有摩擦,梁不能左右移动,但受热膨胀时仍可伸长,故可将其一端视为固定铰支座而另一端视为活动铰支座。这样便得到图1-35(b)所示的计算简图。显然,只要梁的截面尺寸、墙宽及重物与梁的接触长度均比梁的长度小许多,则作上述简化在工程上一般是许可的。

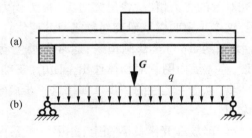

图1-35

又如钢筋混凝土门式刚架,如图1-36(a)所示。斜梁 AC、BC 分别与立柱 AD、BE 在 A、B 两处构成刚结点;左右两半刚架插入事先浇筑成的杯口基础上,用细石混凝土分两次浇捣密实形成整体,则支座可看成是固定端支座;两半刚架在顶点 C 处可视为铰结点;刚架的斜梁 AC 和 BC 上铺有预制板,则板的自重可简化为作用在梁轴线上的沿水平跨度分布的线均布荷载。图1-36(b)为计算简图。

在实际设计工作中,对于同一结构,有时根据不同情况,可以采用不同的计算简图。对于常用的结构,可以直接采用那些已被实践验证的常用计算简图。对于新型结构,往往还要通过反复实验和实践,才能获得比较合理的计算简图。

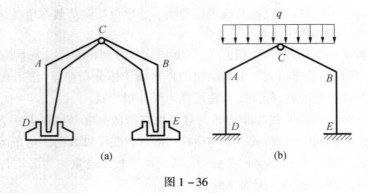

图 1-36

1.4 物体的受力分析、受力图

已经知道,刚体静力分析的中心问题是研究物体在力系(包括主动力和约束力)作用下的平衡条件,以便应用力系的平衡条件去解决具体的工程实际问题。

因为任何平衡物体总是与周围物体通过一定的方式相互支承、相互制约而达到平衡的。当应用力系平衡条件对实际问题进行计算前,首先要弄清楚两个问题。

(1) **确定研究对象**(研究对象可以是一个物体,可以是几个物体的组合,也可以是整个物体系统),这要根据已知条件及题意要求来选取。

(2) **对研究对象进行受力分析**,分析它是在受哪些力的作用下处于平衡的,其中哪些力是已知的,哪些力是未知的。这样应用力系的平衡条件,就能根据已知量把未知量计算出来。

为了清楚地表示研究对象的受力情况,将研究对象(称为受力体)从周围物体中分离出来,单独画出它的简图,这个步骤叫做**取研究对象或取分离体**。然后把施力物体对研究对象的作用力(包括主动力和约束力)全部画出来,通常先画主动力,后画约束力。**这种表示物体受力的简明图形,称为受力图**。对物体作出全面的、正确的受力分析,画受力图,是解决静力学问题的第一步,也是关键性的一步。如果这一步搞错,以下的计算就会导致错误的结果。下面举例说明。

例题 1-2 重量为 G 的球放在光滑的斜面上,并用绳子系住,如图 1-37(a)所示。试画出球的受力图。

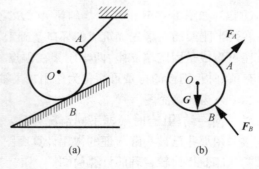

图 1-37

解:(1) 取球为研究对象,并画出其简图。

(2) 画出主动力 G。

(3) 画出约束反力。球在 A 点受到绳索给它的约束反力(拉力) F_A 作用,在 B 点受到光滑接触斜面给它的法向反力 F_B 作用。

球的受力图如图 1-37(b) 所示。

例题 1-3 用重量为 G 的均质杆 AC 撬起一块重量为 G_1 的石块,如图 1-38(a) 所示。设各接触面(或点)都为光滑的,试分别画出石块及杆件 AC 的受力图。

解:(1) 取石块为研究对象,并画其简图。石块上作用有竖直向下的主动力 G_1,在 D 点受到光滑接触斜面给它的法向反力 F_D(沿斜面和石块在 D 点的公法线),在 A 点受到杆件 AC 给它的反力 F_A(与石块在 A 点切线相垂直)。

石块的受力图如图 1-38(b) 所示。

(2) 取杆件 AC 为研究对象并画其简图。杆件在 C 点受到竖直向下的主动力 F、重力 G;在 A 点受到石块给它的反作用力 F_A'(与 F_A 大小相等,指向相反),在 B 点受到墙壁给它的法向反力 F_B。

杆件 AC 的受力图如图 1-38(c) 所示。

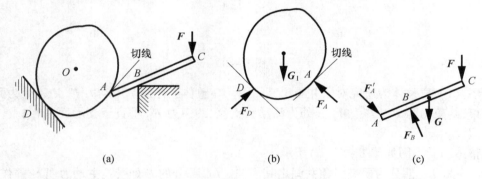

图 1-38

例题 1-4 梁 AB 的支承如图 1-39(a) 所示,受主动力 P 的作用。设梁的自重不计,试画出梁的受力图。

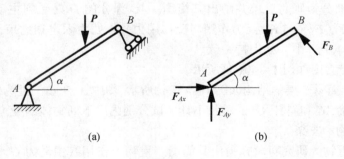

图 1-39

解:(1) 取梁为研究对象,并画出其出简图。

(2) 画出主动力 P。

(3) 画出约束反力。梁在 A 点受到固定铰支座给它的约束反力作用,由于方向未知,用两个大小未定的正交力 F_{Ax} 和 F_{Ay} 表示。梁在 B 点受到辊轴支座给它的垂直于支承面的约束反力 F_B 的作用。

梁的受力图如图 1-39(b) 所示。

请思考:如果此题用三力平衡汇交定理,又该怎样画出梁的受力图?

例题 1-5 组合梁 AB 的 D、E 处分别受到力 F 和力偶 M 的作用,如图 1-40(a) 所示,梁的自重不计。试分别画出整体、BC 部分及 AC 部分的受力图。

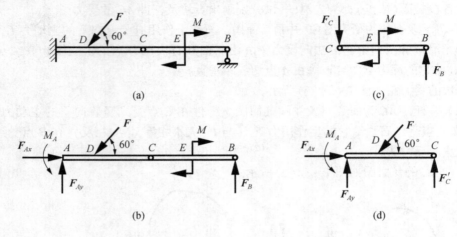

图 1-40

解:(1) 取整体为研究对象并画出其简图。在整体上作用有主动力 F、M,A 处为固定端约束,约束力为 F_{Ax}、F_{Ay}、M_A;B 处为活动铰支座,约束力 F_B 垂直于支承面,指向及转向均为假设。

整体的受力图如图 1-40(b) 所示。

(2) 取 BC 部分为研究对象并画出其简图。BC 部分的 E 处受到主动力偶 M 的作用。B 处的约束力 F_B 同图 1-40(b) 中 B 处保持一致;C 处为铰链约束,约束力 F_C 通过铰链中心。由于力偶只能与力偶平衡,所以 F_C 与 F_B 组成一对力偶与主动力偶 M 平衡。

BC 部分的受力图如图 1-40(c) 所示。

(3) 取 AC 部分为研究对象并画出其简图。AC 部分的 D 处受到主动力 F 的作用。铰链 C 处的约束力 F_C'(与 F_C 互为作用与反作用力);A 处为固定端约束,约束力为 F_{Ax}、F_{Ay},M_A 同图 1-40(b) 中 A 处保持一致。

AC 部分的受力图如图 1-40(d) 所示。

例题 1-6 简易支架的结构如图 1-41(a) 所示,图中 A、B、C 三处为铰链连接,重物的重量为 G,横梁 AC 和斜杆 AB 的重量不计。试分别画出下列物体的受力图:重物;斜杆 AB;横梁 AC;重物和支架。

解:(1) 取重物为研究对象并画出其简图。重物上作用有主动力 G 和水平杆 AC 给它的法向反力 F_N。

重物的受力图如图 1-41(b) 所示。

(2) 取斜杆 AB 为研究对象并画出其简图。由于斜杆 AB 的自重不计,杆 AB 仅在两端受到铰链 A、B 的约束反力 F_A、F_B 的作用并且平衡,显然斜杆 AB 属于二力构件,F_A、F_B

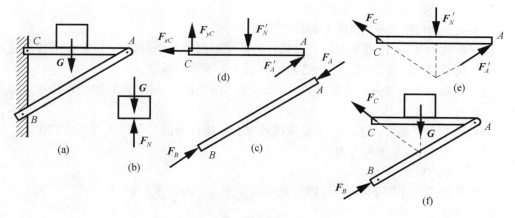

图 1-41

必沿二力作用点的连线即 AB 连线,且等值、反向,并可判断此处 AB 受压力。

斜杆 AB 的受力图如图 1-41(c)所示。

(3) 取水平杆 AC 为研究对象并画出其简图。杆 AC 的自重不计,杆 AC 受到重物对它的作用力 F_N'（与 F_N 互为作用与反作用力）,在 A 端受到斜杆 AB 对它的约束反力 F_A'（与 F_A 互为作用力与反作用力）以及铰链 C 的约束反力 F_{xC}、F_{yC} 的作用。

水平杆 AC 的受力图如图 1-41(d)所示。

根据三力平衡汇交定理,AC 杆的受力图也可用图 1-41(e)表示。

(4) 取重物和支架,即整体为研究对象并画出其简图。整体上受到主动力 G 作用以及 B、C 处固定铰对其的约束反力 F_B 和 F_{xC}、F_{yC}（或 F_C）作用。

整体的受力图如图 1-41(f)所示。

综合以上的例题可以看出,画受力图时必须注意以下几点。

(1) 首先必须确定"研究对象"。即根据题目要求,确定画哪一个物体的受力图。它可以是单个物体,也可以是几个物体组成的系统。不同的研究对象的受力图是不同的。

(2) 必须将所确定的"研究对象"从它周围的约束中分离出来,单独画出其简图,准确确定它受力的数目。要明确每个力的施力体,不能虚构不存在的力,也不能遗漏已存在的力。

(3) 要特别注意约束反力的画法。画约束反力时要充分考虑约束的性质,注意分析二力构件、作用与反作用力等。切记:受力图只画物体受到的力,而不能将其施加给其他物体的力画在该物体上。

小　结

一、力的概念

1. 力

力是物体间相互的机械作用。

2. 力的三要素

力的大小、方向和作用点。

二、力系的概念

（1）力系：作用于一个物体上的若干个力。

（2）等效力系：若作用于物体上的某一力系可以用另一个力系来代替，而不改变它对物体的作用效应（运动效应），那么这两个力系互为等效力系。

（3）如果一个力与一个力系等效，那么这个力称为该力系的合力，原力系的各力称为合力的分力。

（4）将一个复杂的力系用一个简单的等效力系来代替的过程称为力系的简化。

（5）平衡力系：平衡时的力系。

三、刚体的概念

刚体是指在力作用下不变形（即任意两点间距离保持不变）的物体。

四、力矩

1. 力对点之矩

略。

2. 合力矩定理

平面力系的合力（F_R）对平面内任一点的矩，等于力系中各分力（F）对同一点力矩的代数和，即

$$m_O(F_R) = \sum m_O(F)$$

五、力偶与力偶矩

1. 力偶与力偶矩的概念

大小相等、方向相反、作用线互相平行的两个力叫做力偶，并记为（F, F'）。

用乘积 Fd 表示力偶使物体转动的效应，称为力偶矩，记为 m，表示为

$$m = \pm Fd$$

2. 力偶的主要性质

（1）力偶没有合力，力偶不能与一个力等效或平衡。

（2）力偶对其作用面内任一点的矩恒等于力偶矩，与矩心的位置无关。

（3）力偶可以在其作用面内任意移动或转动，而不改变它对物体的转动效应。

（4）只要力偶矩的大小和转向不变，力偶可以任意改变组成力偶的力的大小和力偶臂的长度，而不会改变它对物体的转动效应。

3. 力偶的三个要素

力偶矩的大小、力偶的转向和力偶的作用平面。

六、工程中常见的约束与约束反力

1. 柔索约束

柔索对物体的约束力是拉力，作用在连接点，方向沿柔索背离物体。

2. 光滑接触面约束

光滑面约束反力的方向，应沿接触面在接触点处的公法线方向且指向物体。

3. 光滑铰链约束

（1）固定铰支座。约束的特性是销钉能够限制构件在垂直于销钉轴线平面内的移动，但不能限制它绕销钉轴线的相对转动。通常，用通过圆孔中心的两个正交分力 F_x、F_y 来表示。

(2) 圆柱铰(中间铰)约束。如果两个构件用圆柱形光滑销钉铰连接,则称为圆柱铰或中间铰,通常也表示为两互相垂直的分力 F_{Ax}、F_{Ay}。

4. 活动铰支座

(1) 辊轴支座。辊轴支座也称为可动铰支座或活动铰支座。辊轴支座(活动铰支座)的约束反力通过销钉中心垂直于支承面,其指向待定。

(2) 链杆约束。不计自重且没有外力作用的刚性(二力)构件,其两端借助铰将物体连接起来,就构成了链杆约束。约束反力的作用线方位沿其两端铰连线,指向待定。

5. 固定端支座约束

既能限制梁的移动,又能限制梁的转动,这类约束称为固定端支座。约束反力除了两个互相垂直的坐标分量外,还有一个反力偶。

七、结构的计算简图

工程力学以计算简图作为计算的主要对象。

八、受力分析与受力图

1. 画受力图的步骤

(1) 确定研究对象。

(2) 对研究对象进行受力分析,画出受力图。

2. 注意事项

(1) 正确选取研究对象,画出隔离体。

(2) 受力图上只画该物体受到的力,不画该物体施加于它物的力。

(3) 不可多画力,更不能漏掉力。

思 考 题

1-1 什么是力?力对物体的作用效果取决于什么?

1-2 什么是刚体?

1-3 何谓力矩?何谓力偶矩?两者有何异同?

1-4 力有什么性质?力偶有哪些主要性质?

1-5 两个大小相等的力对物体的作用效应是否相同?为什么?

1-6 合力是否一定大于分力?为什么?

1-7 二力平衡条件和作用与反作用原理都是说二力等值、反向、共线,问二者有什么区别?

1-8 什么叫约束?什么叫约束反力?常见的约束类型有哪些?各类约束有何特点?

1-9 找一找生活中的约束问题,列举两例并分析其约束特性。

1-10 什么是二力构件?其受力情况与构件的形状有无关系?

1-11 若不计自重,思考题 1-11 图所示结构中,构件 AC 是否是二力构件?若考虑自重,情况又如何?

1-12 既然一个力不能与一个力偶平衡,思考题 1-12 图中的轮子为什么能平衡?

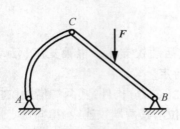

思考题 1-11 图

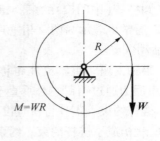

思考题 1-12 图

1-13 什么是受力图？画受力图的目的是什么？

1-14 思考题 1-14 图所示楔形块 A、B 自重不计，并在光滑的 mm 和 nn 平面相接触。若在其上分别作用有两个大小相等、方向相反、作用线共线的力 F_1 与 F_2。试问此两个刚体是否处于平衡？为什么？

1-15 如思考题 1-15 图所示，物体上作用力 F_1 和 F_2 满足二力大小相等、方向相反、作用线共线的条件。问物体是否平衡？

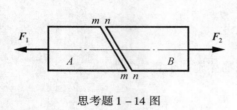

思考题 1-14 图

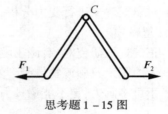

思考题 1-15 图

习 题

1-1 如题 1-1 图所示，试分别计算力 F 对 A、B、C、D 各点的矩。

1-2 重力坝受力情况如题 1-2 图所示，已知 $F_1=350\text{kN}$，$F_2=80\text{kN}$，$G_1=400\text{kN}$，$G_2=200\text{kN}$，试分别计算这几个力对 A 点的矩。

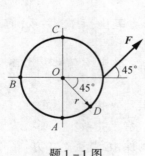

题 1-1 图

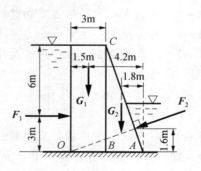

题 1-2 图

1-3 试画出题1-3图所示桥梁结构的计算简图。

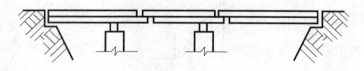

题1-3图

1-4 题1-4图所示结构为站台雨篷的主体支架,试绘出其计算简图。

1-5 题1-5图所示为预制钢筋混凝土阳台挑梁,试画出挑梁的计算简图。

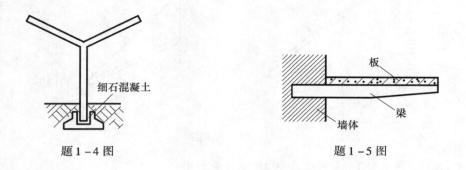

题1-4图　　　　　　　题1-5图

1-6 试画出题1-6图各图中圆柱或圆盘的受力图。与其他物体接触处的摩擦力均略去。

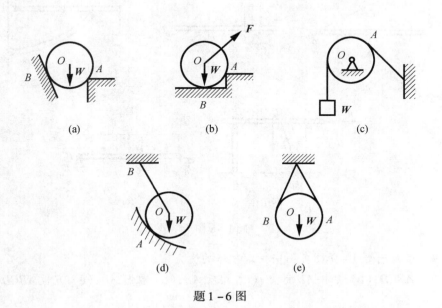

题1-6图

1-7 试画出题 1-7 图各图中 AB 杆的受力图。

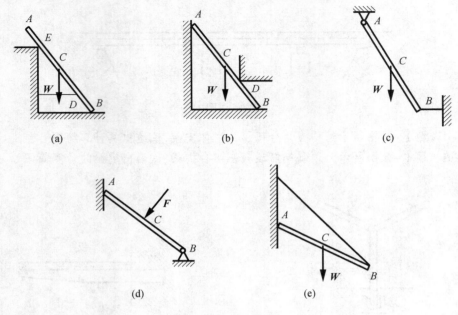

题 1-7 图

1-8 试画出题 1-8 图各图中 AB 梁的受力图。

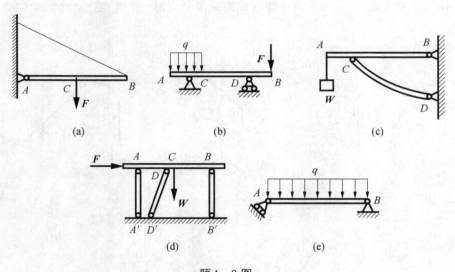

题 1-8 图

1-9 试画出题 1-9 图各图中指定物体的受力图。

(a) 拱 *ABCD*；(b) 半拱 *AB* 部分；(c) 踏板 *AB*；(d) 杠杆 *AB*；(e) 方板 *ABCD*；(f) 结点 *B*。

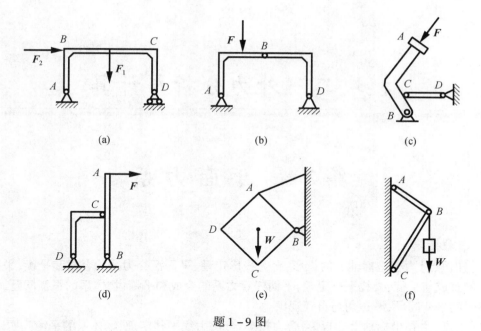

题 1-9 图

1-10 试画出题 1-10 图各图中指定物体的受力图。

(a) 结点 A，结点 B；(b) 圆柱 A 和 B 及整体；(c) 半拱 AB，半拱 BC 及整体；(d) 杠杆 AB，切刀 DEF 及整体。

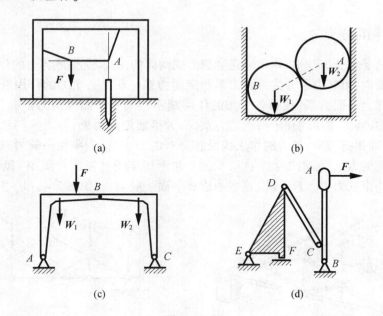

题 1-10 图

模块二 外力分析与计算

第2章 平面力系

本章提要

【知识点】力在坐标轴上的投影,合力投影定理,平面汇交力系的合成和平衡,平面力偶系的合成与平衡,力线平移定理,平面任意力系的合成和平衡,物体系的平衡问题,考虑摩擦时的平衡问题,摩擦角与自锁现象。

【重点】力在坐标轴上的投影,合力投影定理,力线平移定理,物体系的平衡问题。

【难点】应用平面力系的平衡方程求解平衡问题。

2.1 力系的基本知识

2.1.1 力系的分类

从物体的受力分析知道,物体总是受到周围物体的作用力,按照各力的作用线是否分布在同一平面内,可将力系分为**平面力系**和**空间力系**。凡是各个力的作用线都在同一平面内的力系称为**平面力系**;凡是各个力的作用线不在同一平面内的力系称为**空间力系**。在平面力系中,各力作用线交于一点的力系,称为**平面汇交力系**;各力作用线相互平行的力系,称为**平面平行力系**;各力的作用线任意分布的力系,称为**平面一般力系**。平面力系是一种最常见的力系,如图2-1(a)所示的三角形屋架受到屋面自重 W、风荷载 F 以及两端支座的约束反力 F_{Ax}、F_{Ay}、F_B,这些力组成平面一般力系,如图2-1(b)所示。又如图

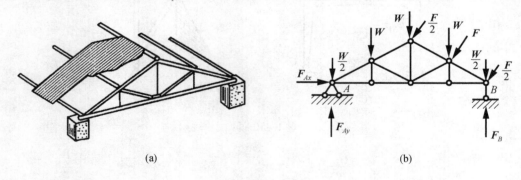

(a)   (b)

图2-1

2-2(a)所示的水坝,通常取单位长度的坝段进行受力分析,并将坝段所受的力简化为作用于坝段中央平面内的一个平面力系,如图2-2(b)所示。平面力系也是研究空间力系的基础。本章着重研究平面力系的合成和平衡问题。

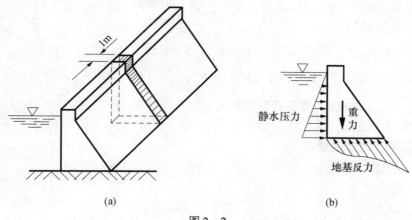

图 2-2

2.1.2 平面汇交力系的合成和平衡

平面汇交力系的合成可以分为**几何法**和**解析法**两种,几何法就是采用几何作图的方式,利用力的平行四边形(或三角形)法则,对力系进行合成。在这里侧重给大家介绍的是**解析法**,而解析法是通过矢量在坐标轴上的投影来求合力与诸分力之间的关系。为此,有必要先阐明力在坐标轴上的投影。

1. 力在坐标轴上的投影

设力 $F = \overline{AB}$ 在 Oxy 平面内,如图2-3所示。从力 F 的起点 A 和终点 B 作 Ox 轴的垂线 Aa 和 Bb,则线段 ab 称为力 F 在 x 轴上的投影。同理,从力 F 的起点 A 和终点 B 作 Oy 轴的垂线 Aa' 和 Bb',则线段 $a'b'$ 称为力 F 在 y 轴上的投影。通常,用 F_x(或 X)表示力在 x 轴上的投影,用 F_y(或 Y)表示力在 y 轴上的投影。

设 α 和 β 表示力 F 与 x 轴和 y 轴正向间的夹角,则由图2-3可知

$$\begin{cases} F_x = F\cos\alpha \\ F_y = F\cos\beta \end{cases} \quad (2-1)$$

力的投影为代数量。

如已知力 F 在 x 轴和 y 轴上的投影为 F_x 和 F_y,由几何关系即可求出力 F 的大小和方向余弦为

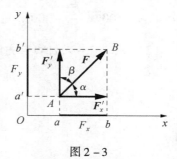

图 2-3

$$\begin{cases} F = \sqrt{F_x^2 + F_y^2} \\ \cos\alpha = \dfrac{F_x}{\sqrt{F_x^2 + F_y^2}} \\ \cos\beta = \dfrac{F_y}{\sqrt{F_x^2 + F_y^2}} \end{cases} \quad (2-2)$$

为了便于计算,通常采用力 F 与坐标轴所夹的锐角计算余弦,并且规定:当力的投影从始端 a 到末端 b 的指向与坐标轴的正向相同时,投影值为正,反之为负。

2. 合力投影定理

已知力系如图 2-4 所示,设合力在 x、y 轴上的投影分别用 F_{Rx} 和 F_{Ry} 表示,则有

$$\begin{cases} F_{Rx} = F_{x1} + F_{x2} + \cdots + F_{xn} = \sum F_{xi} \\ F_{Ry} = F_{y1} + F_{y2} + \cdots + F_{yn} = \sum F_{yi} \end{cases} \quad (2-3)$$

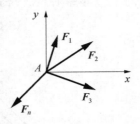

图 2-4

即合力在任意轴上的投影,等于各分力在同一轴上投影的代数和,称为合力投影定理。

3. 平面汇交力系的合成

算出合力的投影 F_{Rx}、F_{Ry} 后,就可按式(2-2)求出合力 F_R 的大小和方向。

$$\begin{cases} F_R = \sqrt{F_{Rx}^2 + F_{Ry}^2} = \sqrt{(\sum F_{xi})^2 + (\sum F_{yi})^2} \\ \tan\alpha = \left|\dfrac{F_{Ry}}{F_{Rx}}\right| = \left|\dfrac{\sum F_{yi}}{\sum F_{xi}}\right| \end{cases} \quad (2-4)$$

式中:α 表示合力 F_R 与 x 轴间所夹的锐角。合力指向由 F_{Rx}、F_{Ry} 的正负号判定。

运用式(2-4)计算合力 F_R 的大小和方向,这种方法称为合成的解析法。

例题 2-1 求图 2-5 所示的平面共点力系的合力。

解:(1) 由式(2-3)计算合力在轴上的投影:

$$F_{Rx} = \sum F_x = F_1\cos45° + F_2\cos90° + F_3\cos30°$$

$$= 1500 \times \frac{\sqrt{2}}{2} + 300 \times 0 + 600 \times \frac{\sqrt{3}}{2} = 1580\text{N}$$

$$F_{Ry} = \sum F_y = F_1\sin45° - F_2\cos0° - F_3\sin30°$$

$$= 1500 \times \frac{\sqrt{2}}{2} - 300 \times 1 - 600 \times \frac{1}{2} = 461\text{N}$$

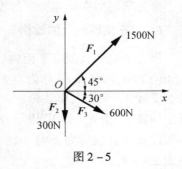

图 2-5

(2) 用式(2-4)计算合力的大小和方向:

$$F_R = \sqrt{F_{Rx}^2 + F_{Ry}^2} = \sqrt{1580^2 + 461^2} = 1646\text{N}$$

$$\tan\alpha = \left|\frac{F_{Ry}}{F_{Rx}}\right| = \left|\frac{461}{1580}\right| = 0.292$$

即

$$\alpha = 16.27°$$

4. 平面汇交力系的平衡

从上面已经知道,平面汇交力系合成的结果是一个合力。显然,如果物体处于平衡,则合力 F_R 应等于零,即

$$F_R = \sqrt{(\sum F_x)^2 + (\sum F_y)^2} = 0$$

反之，如果合力 F_R 等于零，则物体必处于平衡。由此得

$$\begin{cases} \sum F_x = 0 \\ \sum F_y = 0 \end{cases} \quad (2-5)$$

即平面汇交力系平衡的解析条件是：各力在 x 轴和 y 轴上投影的代数和分别等于零。式(2-5)称为平面汇交力系的平衡方程。运用这两个平衡方程，可以求解出两个未知量。

当应用式(2-5)求解平衡问题时，未知量的指向可先假设，如计算结果为正值，则表示所假设力的指向与实际指向相同；如为负值，则表示所假设力的指向与实际指向相反。

下面举例说明平面汇交力系平衡方程的应用。

例题 2-2 如图 2-6(a)所示，塔吊起重 $G=10\text{kN}$ 的构件。已知钢丝绳与水平线成 $\alpha=45°$ 的夹角，在构件匀速上升时，求钢丝绳 AC 和 BC 所受的拉力。

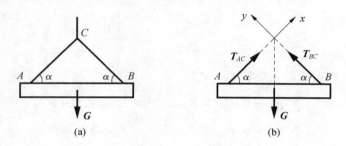

图 2-6

解：(1) 选取构件为研究对象。

(2) 分析构件的受力情况，画出受力图，如图 2-6(b)所示。

(3) 选取适当的坐标轴，如图 2-6(b)所示，选取坐标轴的原则是：尽量使力的投影计算简便，一般应使坐标轴与尽可能多的力平行或垂直。

(4) 列平衡方程，求解未知量 T_{AC}、T_{BC}：

$$\sum F_x = 0, \quad T_{AC} - G\cos45° = 0 \quad (1)$$

$$\sum F_y = 0, \quad T_{BC} - G\cos45° = 0 \quad (2)$$

由式(1)、式(2)得

$$T_{AC} = T_{BC} = G\cos45° = 7.07\text{kN}$$

例题 2-3 简易起重装置如图 2-7(a)所示。重物吊在钢丝绳的一端，钢丝绳的另一端跨过定滑轮 A，绕在绞车 D 的鼓轮上，定滑轮半径较小，其大小可略去不计。设重物重量 $G=20\text{kN}$，定滑轮、各杆以及钢丝绳的重量不计，各处接触均为光滑。试求匀速提升重物时，杆 AB 和 AC 所受的力。

解：(1) AB 杆和 AC 杆为二力构件，假定杆 AB 受拉力，杆 AC 受压力，如图 2-7(b)所示。两杆的受力可以通过它们对滑轮的反力求出。因此，可以选取滑轮 A 为研究对象。

(2) 分析滑轮 A 的受力情况，画出其受力图，如图 2-7(c)所示。由于滑轮的大小可忽略不计，故这些力可看作是平面汇交力系。其中 $T_1 = T_2 = G$。

(3) 选取坐标轴如图 2-7(c)所示。

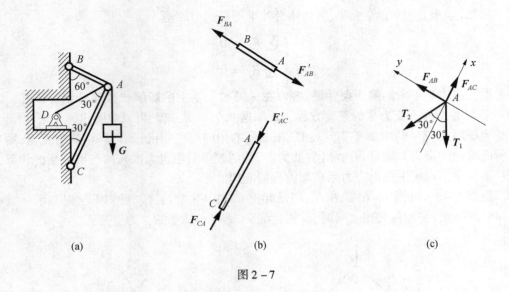

图 2-7

(4) 列平衡方程,求解未知量 F_{AB}、F_{AC}:

$$\sum F_x = 0, F_{AC} - T_2\cos30° - T_1\cos30° = 0 \quad (1)$$

$$\sum F_y = 0, F_{AB} + T_2\sin30° - T_1\sin30° = 0 \quad (2)$$

由式(1)、式(2)得

$$F_{AC} = 2G\cos30° = 20\sqrt{3} = 34.6\text{kN}$$

$$F_{AB} = 0$$

F_{AC} 为正值,表示其指向与假定指向一致,即杆 AC 受压。

例题 2-4 如图 2-8(a) 所示,重为 G 的均质圆球放在板 AB 与墙壁 AC 之间,D、E 两处均为光滑接触。设板 AB 的重量不计,求铰 A 处的约束反力及绳 BC 的拉力。

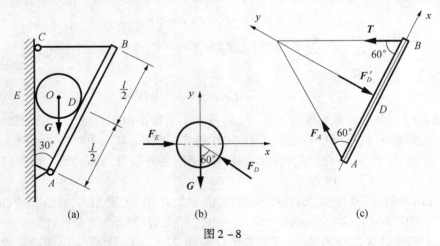

图 2-8

解:欲求铰 A 处的约束反力及绳 BC 的拉力,显然可选取杆件 AB 为研究对象,然后利用平衡方程求解未知量,但此时未知量数目多于两个,因此要先研究圆球的平衡才能解决。

(1) 选取圆球为研究对象,进行受力分析,其受力图和坐标轴选取如图2-8(b)所示。列平衡方程:

$$\sum F_y = 0, \quad -G + F_D\sin 30° = 0$$

由上式得

$$F_D = \frac{G}{\sin 30°} = 2G$$

(2) 选取杆件 AB 为研究对象,进行受力分析,其受力图和坐标轴选取如图2-8(c)所示。由作用与反作用定律可知,$F_D' = F_D = 2G$。列平衡方程:

$$\sum F_x = 0, \quad F_A\cos 60° - T\cos 60° = 0$$

解得

$$F_A = T$$

$$\sum F_y = 0, \quad F_A\sin 60° + T\sin 60° - F_D' = 0$$

解得

$$F_A = T = \frac{F_D'}{2\sin 60°} = \frac{2G}{2\sin 60°} = \frac{2G}{\sqrt{3}}$$

求得 F_A 为正值,其指向与图示假定指向一致。

例题 2-5 一结构受水平力 F 作用,如图2-9(a)所示。不计各杆自重,求三根杆 AB、BC、CA 所受的力。

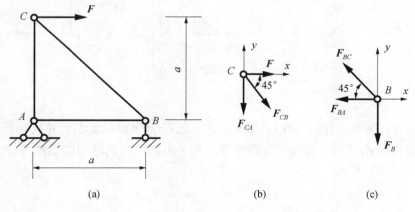

图 2-9

解:杆 AB、BC、CA 两端铰接,中间不受力,故三根杆都是二力杆。

先取铰链 C 为研究对象,假定杆 CA、BC 都受拉,画出铰 C 的受力图,如图2-9(b)所示。取直角坐标系如图2-9(b)所示,列平衡方程:

$$\sum F_x = 0, \quad F + F_{CB}\cos 45° = 0 \tag{1}$$

$$\sum F_y = 0, \quad F_{CA} - F_{CB}\sin 45° = 0 \tag{2}$$

由式(1),式(2)解得

$$F_{CB} = -\sqrt{2}F, F_{CA} = F$$

F_{CB} 的结果为负值,表示其指向与假设的方向相反,杆 BC 应是受压;F_{CA} 得正,表示其受力的方向与假设的方向相同,杆 CA 受拉。

再取铰链 B 为研究对象,假定杆 BC、AB 受拉,画出铰 B 的受力图,如图 2-9(c)所示。杆 BC 是二力杆,故它对两端铰链的作用力,大小相等,方向相反,作用线共线,用 F_{BC} 表示,即 $F_{BC} = F_{CB}$。

取直角坐标系如图 2-9(c)所示,列平衡方程:

$$\sum F_x = 0, \quad -F_{BA} - F_{BC}\cos 45° = 0 \tag{3}$$

由式(3)解得

$$F_{BA} = -F_{BC}\cos 45° = -(-\sqrt{2}F) \times \frac{\sqrt{2}}{2} = F$$

得正号表示其受力的方向与假设的方向相同,杆 BA 受拉。

2.1.3 平面力偶系的合成与平衡

作用在同一平面内的许多力偶称为平面力偶系。设在同一平面内的两个力偶(F_1,F_1')和(F_2,F_2'),它们的力偶臂各为 d_1 和 d_2,如图 2-10(a)所示,其力偶矩分别为 m_1 和 m_2。求其合成结果。

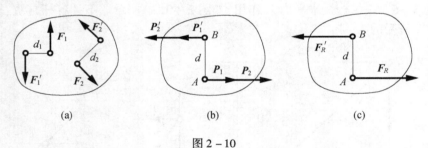

图 2-10

在力偶的作用面内任取一线段 $AB = d$,在不改变力偶矩的大小和转向的条件下将各力偶的臂都化为 d,于是得到与原力偶等效的两个力偶(P_1,P_1')和(P_2,P_2'),P_1 和 P_2 的大小可由下列等式算出:

$$m_1 = P_1 d, \quad m_2 = P_2 d$$

然后转移各力偶使它们的臂都与 AB 重合,如图 2-10(b)所示,再将作用于 A 点的各力合成,这些力沿同一直线作用,可得合力 F_R,其大小为

$$F_R = P_1 + P_2$$

同样,可将作用于 B 点的各力合成为一个合力 F_R',它与力 F_R 大小相等,方向相反,且不在同一直线上。因此,力 F_R 与 F_R' 组成一个力偶(F_R,F_R'),如图 2-10(c)所示,这就是两个已知力偶的合力偶,其力偶矩为

$$m = F_R d = (P_1 + P_2)d = P_1 d + P_2 d = m_1 + m_2$$

若作用在同一平面内有 n 个力偶,则其合力偶矩应为

$$m = m_1 + m_2 + \cdots + m_n = \sum m_i \qquad (2-6)$$

由上可知,平面力偶系的合成结果为一合力偶,合力偶矩等于各已知力偶矩的代数和。

平面力偶系的合成结果为一合力偶,若平面力偶系平衡,则合力偶矩必须等于零,即

$$\sum m_i = 0 \qquad (2-7)$$

反之,若合力偶矩为零,则平面力偶系平衡。

由此可知,**平面力偶系平衡的必要和充分条件是:力偶系中各力偶矩的代数和等于零**。

式(2-7)是解平面力偶系平衡问题的基本方程,运用这个平衡方程,可求出一个未知量。

例题2-6 横梁 AB 长 l,A 端用链杆 AD 支承,B 端为铰支座,梁上受到一力偶的作用,其力偶矩为 m,如图2-11(a)所示。不计梁和支杆的自重,求 A 和 B 端的约束力。

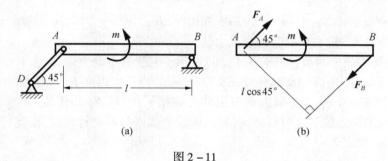

图2-11

解:选梁 AB 为研究对象,分析其受力情况。梁所受到的主动力为一力偶,在 A 和 B 端各受到一约束力的作用,可以判断 AD 是二力杆,因此 A 端的约束力必沿杆 AD 的方向。B 端是一铰链,根据约束的性质只知约束力通过铰的中心,方向不能确定。但考虑梁的平衡条件后,根据力偶只能与力偶平衡的性质,可以判断 A 与 B 端的约束力必构成一力偶,因此 B 端的约束力与 A 端的约束力作用线平行,大小相等且指向相反。梁 AB 的受力图如图2-11(b)所示。根据平面力偶系的平衡条件,F_A 与 F_B 构成一个转向与主动力偶相反的力偶,由此可以定出约束力 F_A 与 F_B 的指向,其大小由平衡条件确定:

$$\sum m_i = 0, \quad m - F_A l\cos 45° = 0$$

$$F_A = F_B = \frac{m}{l\cos 45°} = \frac{\sqrt{2}}{l}m$$

例题2-7 如图2-12(a)所示梁 AB,不计梁的自重,求 A、B 处的支座反力。

解:取梁 AB 为研究对象。图2-12(b)中两个主动力组成主动力偶,则由平衡条件知,F_A 与 F_B 必构成一个转向与主动力偶相反的力偶。又知 F_B 的作用线为过 B 点的铅垂线,则 F_A 作用线必过 A 点与 F_B 的作用线相平行。另外,因主动力偶为逆时针转向,则约束反作用力偶必为顺时针转向,由此可确定,F_B 的作用线方向铅直向下,F_A 的作用线方向铅直向上,如图2-12(b)所示。

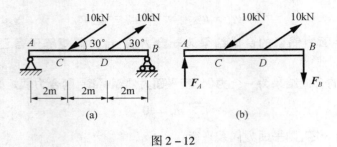

图 2-12

由平面力偶系平衡条件,得

$$\sum m_i = 0, \quad 6F_B - 10 \times 2\sin 30° = 0$$

解得

$$F_A = 1.67\text{kN}$$
$$F_B = 1.67\text{kN}$$

例题 2-8 如图 2-13(a)所示结构,在构件 AB 上作用一力偶,其力偶矩 $m = 800\text{N} \cdot \text{m}$,不计各杆件的自重,求 A、C 处的约束反力。

解:取整体为研究对象,如图 2-13(b)所示。它受有主动力偶 m 及 A、C 处的约束反力 F_A、F_C。当力偶作用于 AB 部分时,BC 部分为二力杆件,因此 F_C 作用线应为 BC 连线。由平衡条件知,F_A 与 F_C 必组成力偶与主动力偶相平衡,故 F_A 作用线与 F_C 的作用线相平行。又因为主动力偶为逆时针转向,则约束反力偶必为顺时针转向,由此可确定 F_A、F_C 的作用线方向,如图 2-13(b)所示。

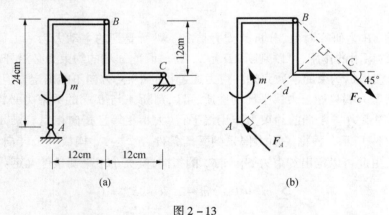

图 2-13

F_A 与 F_C 形成的力偶矩为

$$m_{AC} = F_C \cdot d = F_C(12\sqrt{2} + 6\sqrt{2}) \times 10^{-2} = 0.255 F_C(\text{N} \cdot \text{m})$$

由平面力偶系平衡条件,得

$$\sum m_i = 0, \quad m_{AC} - m = 0 \quad \text{或} \quad 0.255 R_C - m = 0$$

解得

$$F_C = \frac{m}{0.255} = \frac{800}{0.255} = 3137\text{N}$$
$$F_A = 3137\text{N}$$

2.2 平面一般力系

2.2.1 力线平移定理

作用在刚体上的力可以沿其作用线移动,那么力的作用线是否可以平行移动呢? 如图 2-14(a)所示,在轮子上 A 点作用一与轮缘相切的力 F,显然力 F 使轮子发生转动效应。如果把力 F 平行移动到轮轴 O 点,如图 2-14(b)所示(此时用 F' 表示 F,且 $F' = F$),则力 F' 不会使轮子转动,要使轮子的运动状态与力 F 平移前完全相同,则需在轮子上加一个力偶,其力偶矩 $m = F \cdot r$,而此力偶矩正是原力 F 对 O 点之矩,即

$$m_O(F) = F \cdot r$$

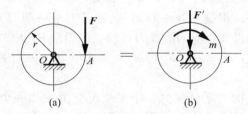

图 2-14

定理 作用在刚体上点 A 的力 F 可以平行移动到另一点 B,但必须同时附加一个力偶,这个附加力偶的矩等于原来力 F 对新作用点 B 点的矩。

证明 如图 2-15 所示,设一力 F 作用于刚体上的 A 点,在刚体上任取一点 B,在 B 点加上两个等值反向的力 F'、F'',使它们与力 F 平行,且 $F = F' = -F''$,显然这三个力构成的力系与原力系 F 等效。而这三个力又可看成是一个作用于 B 点的力 F' 和一个力偶 (F,F''),这样作用于 A 点的力 F 被一个作用于 B 点的力 F' 和一个力偶 (F,F'') 等效代替,也就是说,可以把作用于 A 点的力 F 平行移动到另一点 B,但必须同时附加一个力偶,此附加力偶的矩为

$$m = F \cdot d$$

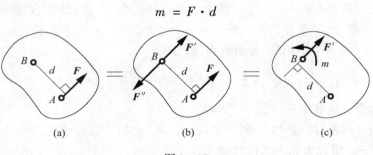

图 2-15

而乘积 $F \cdot d$ 又是原力 F 对于 B 点之矩,即

$$m_B(F) = F \cdot d$$

因此得

$$m = m_B(F)$$

即力线向一点平行时所得附加力偶的矩等于原力对平移点之矩。

力线平移定理不仅是力系简化的依据,而且也是分析力对物体作用效应的一个重要方法。

2.2.2 平面力系向一点简化及主矢、主矩

研究平面一般力系的简化时,可以连续应用力的平行四边形法则,将力依次合成。但是应用这种方法,极为烦琐,实际意义不大。为此采用另一种方法,即根据力线平移定理,将力系向某点简化。这个方法的**实质在于将一个平面力系分解为两个力系:平面汇交力系和平面力偶系**。然后再将这两个力系进行合成。

设刚体上作用一平面力系 F_1、F_2、$\cdots$、F_n,如图 2-16(a)所示。在力系所在平面内任选一点 O,称为简化中心。根据力线平移定理,将各力平移到 O 点。于是得到作用于 O 点的力 F_1'、F_2'、$\cdots$、F_n',以及相应的附加力偶 (F_1, F_1'')、(F_2, F_2'')、$\cdots$、(F_n, F_n''),它们的力偶矩分别是: $m_1 = F_1 \cdot d_1 = m_O(F_1)$、$m_2 = -F_2 \cdot d_2 = m_O(F_2)$、$\cdots$、$m_n = F_n \cdot d_n = m_O(F_n)$。

这样,就把原来的平面力系分解为一个平面汇交力系和一个平面附加力偶系,如图 2-16(b)所示。显然,原力系与此二力系的作用效应是相同的。

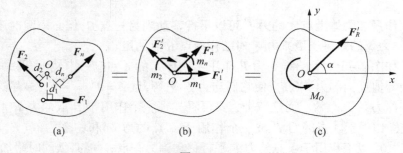

图 2-16

平面汇交力系 F_1'、F_2'、$\cdots$、F_n' 可按力的平行四边形(矢量)法则合成为一个合力,作用于 O 点,其矢量 F_R' 等于各力 F_1'、F_2'、$\cdots$、F_n' 的矢量和。因为 F_1'、F_2'、$\cdots$、F_n' 各力分别与 F_1、F_2、$\cdots$、F_n 各力大小相等、方向相同,所以有

$$F_R' = F_1 + F_2 + \cdots + F_n = \sum F$$

矢量 F_R' 称为原力系的主矢(图 2-16(c))。

平面附加力偶系 (F_1, F_1'')、(F_2, F_2'')、$\cdots$、(F_n, F_n'') 可以合成为一个合力偶,这个合力偶矩 M_O 等于各附加力偶矩的代数和,即

$$M_O = m_1 + m_2 + \cdots + m_n = m_O(F_1) + m_O(F_2) + \cdots + m_O(F_n) = \sum m_O(F)$$

M_O 称为原力系的主矩(图 2-16(c))。它等于原力系中各力对 O 点之矩的代数和。

综上所述,可得出如下结论:平面力系向作用面内任一点 O 简化,可得一个力和一个力偶。这个力作用于简化中心,其矢量等于该力系的主矢:

$$F_R' = \sum F \qquad (2-8)$$

这个力偶矩等于该力系对 O 点的主矩:

$$M_O = \sum m_O(F) \qquad (2-9)$$

值得注意的是,力系的主矢 F_R' 只是原力系中各力的矢量和,所以它与简化中心的选择无关。而力系对于简化中心的主矩 M_O 显然与简化中心的选择有关,选择不同的点为简化中心时,各力的力臂一般将要改变,因而各力对简化中心之矩也将随之改变。

现在讨论主矢 F_R' 的解析求法。通过 O 点作直角坐标系 Oxy,如图 2-16(c)所示。根据合力投影定理,得

$$F_{Rx}' = F_{x1} + F_{x2} + \cdots + F_{xn} = \sum F_x$$
$$F_{Ry}' = F_{y1} + F_{y2} + \cdots + F_{yn} = \sum F_y$$

于是,主矢 F_R' 的大小和方向可由下式确定:

$$\begin{cases} F_R' = \sqrt{F_{Rx}'^2 + F_{Ry}'^2} = \sqrt{(\sum F_x)^2 + (\sum F_y)^2} \\ \tan\alpha = \left|\dfrac{F_{Ry}'}{F_{Rx}'}\right| = \left|\dfrac{\sum F_y}{\sum F_x}\right| \end{cases} \qquad (2-10)$$

式中:α 为 F_R' 与 x 轴所夹的锐角。F_R' 的指向由 F_{Rx}'、F_{Ry}' 的正负号判定。

分析讨论 力系向一点简化的过程中得到一主矢和一主矩,其最后的结果有可能出现以下四种情况。

(1) 若 $F_R' = 0, M_O = 0$,则原力系是一个平衡力系。

(2) 若 $F_R' = 0, M_O \neq 0$,则原力系简化为一个力偶,力偶矩等于原力系对于简化中心的主矩。在这种情况下,简化结果与简化中心的选择无关。这就是说,不论向哪一点简化都是这个力偶,而且力偶矩保持不变。

(3) 若 $F_R' \neq 0, M_O = 0$,则原力系简化为一个合力,此合力通过简化中心。或者说 F_R' 即为原力系的合力 F_R。

(4) 若 $F_R' \neq 0, M_O \neq 0$,则力系仍然可以简化为一个合力,如图 2-17(a)所示。为

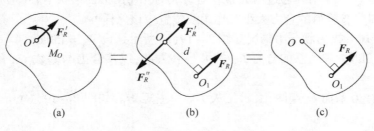

图 2-17

此只要将简化所得的力偶加以改变:将矩为 M_O 的力偶用两个力 F_R 和 F_R'' 表示,并令 $F_R' = F_R = -F_R''$,如图 2 – 17(b)所示,减去一对平衡力 F_R' 和 F_R'',则作用于 O 点的力 F_R' 和力偶(F_R,F_R'')合成为一个作用于 O_1 点的力 F_R,如图 2 – 17(c)所示,此力 F_R 即为原力系的合力,只是简化中心发生了变化,其作用线到 O 点的距离 d 可以按下式求得:

$$d = \frac{M_O}{F_R'} = \frac{M_O}{F_R}$$

至于作用线在 O 点的哪一侧,可以由主矩 M_O 的符号决定。

例题 2 – 9 如图 2 – 18 所示,试求单位长度的坝面所受的静水压力的合力 Q 的大小及其作用线位置。设水深为 h,水的容重为 γ。

解:此问题属于分布力系的合成问题。坝面所受的静水压力是与水深成正比的,在水面处线荷载集度 $q = 0$,在底部 $q = \gamma h$,按三角形分布。由于是同向力,所以其合力 Q 的方向与诸分力相同。

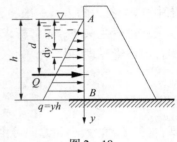

图 2 – 18

取水面 A 点为坐标原点,在水深 y 处取微段 dy,作用在此段的水压力(分布力)为 q_y,根据几何关系有 $q_y = \frac{y}{h}q$,在 dy 长度上的合力的大小为 $q_y dy$。故此静水压力的合力 Q 的大小,可用积分求出:

$$Q = \int_0^h q_y dy = \int_0^h \frac{q}{h} y dy = \frac{qh}{2} = \frac{1}{2}\gamma h^2$$

设合力 Q 的作用线到 A 点的距离为 d,则由合力矩定理,有

$$m_A(Q) = Qd = \int_0^h y q_y dy = \int_0^h \frac{y^2}{h} q dy = \frac{1}{3}qh^2 = \frac{1}{3}\gamma h^3$$

解得

$$d = \frac{2}{3}h$$

即合力作用点至水面距离为 $\frac{2}{3}h$。

由此可知:

(1) 合力 Q 的方向与分布力相同。

(2) 合力 Q 的大小等于由分布载荷组成的几何图形的面积。

(3) 合力 Q 的作用线通过由分布载荷组成的几何图形的形状中心(形心)。

试想均匀分布载荷的合力大小及作用线位置应该怎样?

例题 2 – 10 重力坝受力情况如图 2 – 19(a)所示。设 $W_1 = 450 \text{kN}, W_2 = 200 \text{kN}, F_1 = 300 \text{kN}, F_2 = 70 \text{kN}$。求力系的合力 F_R 的大小和方向,以及合力与基线 OA 的交点到点 O 的距离 x。

解:(1)将力系向 O 点简化,求主矢 F_R' 和主矩 M_O,如图 2 – 19(b)所示。由图 2 – 19(a)知

$$\theta = \angle ACB = \arctan\frac{AB}{CB} = 16.7°$$

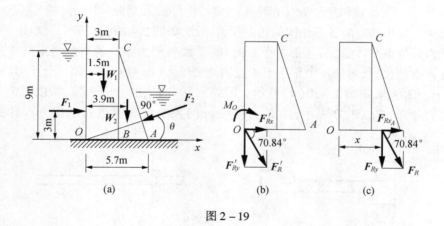

图 2-19

主矢 F_R' 在 x、y 轴上的投影为

$$F'_{Rx} = \sum F_x = F_1 - F_2\cos\theta = 232.9\text{kN}$$

$$F'_{Ry} = \sum F_y = -W_1 - W_2 - F_2\sin\theta = -670.1\text{kN}$$

主矢 F_R' 的大小为

$$F_R' = \sqrt{(\sum F_x)^2 + (\sum F_y)^2} = 709.4\text{kN}$$

主矢 F_R' 的方向为

$$\alpha = \arctan\frac{\sum F_x}{\sum F_y} = -70.84°$$

故主矢 F_R' 在第四象限内,与 x 轴的夹角为 70.84°。

力系对 O 点的主矩为

$$M_O = \sum m_O(F) = -3F_1 - 1.5W_1 - 3.9W_2 = -2355\text{kN}\cdot\text{m}$$

(2) 合力 F_R 的大小和方向与主矢 F_R' 相同。其作用线位置的 x 值可根据合力矩定理求得(图 2-19(c)),即

$$M_O = m_O(F_R) = m_O(F_{Rx}) + m_O(F_{Ry})$$

其中

$$m_O(F_{Rx}) = 0$$

故有

$$M_O = m_O(F_{Ry}) = F_{Ry} \cdot x$$

解得

$$x = \frac{M_O}{F_{Ry}} = 3.5\text{m}$$

力系简化在分析问题时应用广泛,例如图 2-20(a)所示雨篷,A 端嵌入墙内,当它受到荷载作用时,既不能沿任何方向移动,也不会绕任何点转动,形成固定端约束,简图如图

2-20(b)所示。当荷载作用于物体(雨篷)上时,构件插入部分(即固定端)与墙接触的各点都会受到大小和方向各不相同的约束反力作用,如图2-20(c)所示。这些任意分布的约束反力是分布在接触面上(书本平面内)的平面一般力系。若将此力系向构件端部截面中心 A 点简化,则得到一个作用于 A 点的约束反力(即主矢)F_{RA}和一个反力偶矩(即主矩)为 m_A 的力偶,如图 2-20(d) 所示。因约束反力 F_{RA} 的方向未知,所以通常用两个互相垂直的分力(F_{Ax}、F_{Ay})表示,而 F_{Ax}、F_{Ay}、m_A 的大小必须通过列平衡方程计算才能求得。

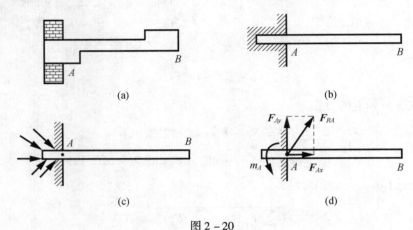

图 2-20

无论是日常生活还是生产实践中,都存在着这类约束,例如电线杆插入地面、工作台用卡盘夹紧固定以及车刀固定在刀架上等,这些约束所受的约束都是固定端约束(或插入端约束)。

2.2.3 平面一般力系的平衡条件与平衡方程

由前面的分析可知,只有当平面一般力系的简化结果主矢 $F_R' = 0$,主矩 $M_O = 0$ 时力系才是平衡的,而要力系平衡,则又必须满足此两个条件,有任何一个不等于零时,力系都不会平衡,所以可得如下结论。

平面一般力系平衡的必要和充分条件是,力系的主矢和对任一点的主矩都等于零。

可用解析表达式表示如下:

$$\begin{cases} \sum F_x = 0 \\ \sum F_y = 0 \\ \sum m_O(F) = 0 \end{cases} \quad (2-11)$$

此即平面一般力系的平衡方程,前两式为力在 x、y 轴上的投影方程,第三式为力矩方程,它是平衡方程的基本形式。由于只有三个独立的方程,所以只能求解出三个未知量。

例题 2-11 简易吊车如图 2-21(a) 所示。C 端悬挂的重物的重量为 G。求支座 A、B 处的约束反力。

解:(1) 选简易吊车为研究对象。

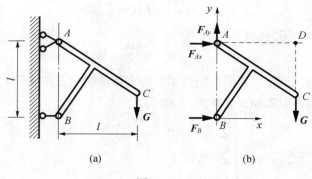

图 2-21

(2) 画受力图。作用于吊车的力有重物的重力 G，约束反力 F_{Ax}、F_{Ay} 和 F_B。显然，各力的作用线分布在同一平面内，而且组成平面力系，如图 2-21(b) 所示。

(3) 列平衡方程，求未知量。选坐标系如图 2-21(b) 所示，应用平面力系的平衡方程得

$$\sum F_x = 0, \quad F_{Ax} + F_B = 0 \tag{1}$$

$$\sum F_y = 0, \quad F_{Ay} - G = 0 \tag{2}$$

$$\sum m_A(F) = 0, \quad F_B l - G l = 0 \tag{3}$$

由式(2)、式(3)解得

$$F_{Ay} = G, \quad F_B = G$$

将 $F_B = G$ 代入式(1)，得

$$F_{Ax} = -G$$

式中：负号表明，约束反力 F_{Ax} 的实际指向与图中的指向相反。

(4) 分析讨论。

① 在本例中，如写出对 A、B 两点的力矩方程和对 y 轴的投影方程，同样可求解出相同的结果，且较为简便。

$$\sum m_A(F) = 0, \quad F_B l - G l = 0$$

$$\sum m_B(F) = 0, \quad -F_{Ax} l - G l = 0$$

$$\sum F_y = 0, \quad F_{Ay} - G = 0$$

求解以上三式，可得

$$F_{Ax} = -G, \quad F_{Ay} = G, \quad F_B = G$$

② 如果列出对 A、B、D 三点的力矩方程，同样也可以求解，其中 D 为力 F_{Ax} 和力 G 作用线的交点，即

$$\sum m_A(F) = 0, F_B l - G l = 0$$

$$\sum m_B(F) = 0, -F_{Ax} l - G l = 0$$

$$\sum m_D(\boldsymbol{F}) = 0, \quad F_B l - F_{Ay} l = 0$$

求解以上三式,解得相同的结果:

$$F_{Ax} = -G, \quad F_{Ay} = G, \quad F_B = G$$

从上面的分析可以看出,平面一般力系平衡方程除了前面所表示的基本形式外,还有其他形式,即还有二力矩式和三力矩式,其形式为

$$\begin{cases} \sum F_x = 0 (\text{或} \sum F_y = 0) \\ \sum m_A(\boldsymbol{F}) = 0 \\ \sum m_B(\boldsymbol{F}) = 0 \end{cases} \quad (2-12)$$

其中:A、B 两点的连线不能与 x 轴(或 y 轴)垂直。

$$\begin{cases} \sum m_A(\boldsymbol{F}) = 0 \\ \sum m_B(\boldsymbol{F}) = 0 \\ \sum m_C(\boldsymbol{F}) = 0 \end{cases} \quad (2-13)$$

其中:A、B、C 三点不能选在同一直线上。

如不满足上述条件,则所列三个方程将不都是独立的。

在应用平衡条件解平衡方程时,应注意灵活应用,选择不同形式的平衡方程求解。但应该注意,不论选用哪一组形式的平衡方程,对于同一个平面力系来说,最多只能列出三个独立的方程,求解三个未知量,任何其他多余的方程,只是前三个方程的线性组合,并不独立。

例题 2-12 钢筋混凝土梁 AB 的计算简图如图 2-22(a)所示,梁 AB 长 $l=4\text{m}$,其上作用有均布荷载 $q=2\text{kN}/\text{m}$,集中力 $F_1 = F_2 = 1\text{kN}$。已知 $a = 0.5\text{m}$,$b = 1\text{m}$。试求 A、B 两处的支座反力。

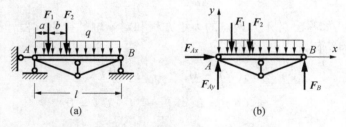

图 2-22

解:(1) 取整个钢筋混凝土梁为研究对象。

(2) 画受力图,如图 2-22(b)所示。

(3) 列平衡方程,求未知量。选坐标系,如图 2-22(b)所示,列平衡方程:

$$\sum m_A(\boldsymbol{F}) = 0, \quad F_B l - q l \cdot \frac{l}{2} - F_1 a - F_2(a+b) = 0 \quad (1)$$

$$\sum m_B(\boldsymbol{F}) = 0, \quad -F_{Ay} l + q l \cdot \frac{l}{2} + F_1(l-a) + F_2(l-a-b) = 0 \quad (2)$$

$$\sum F_x = 0, \quad F_{Ax} = 0 \tag{3}$$

由式(1)解得

$$F_B = 4.5\text{kN}$$

由式(2)解得

$$F_{Ay} = 5.5\text{kN}$$

例题 2-13 自重 $W = 100\text{kN}$ 的 T 形刚架 ABD，置于铅垂面内，载荷如图 2-23(a)所示。已知 $M = 20\text{kN} \cdot \text{m}, F = 400\text{kN}, q = 20\text{kN/m}, L = 1\text{m}$。求固定端 A 处的约束反力。

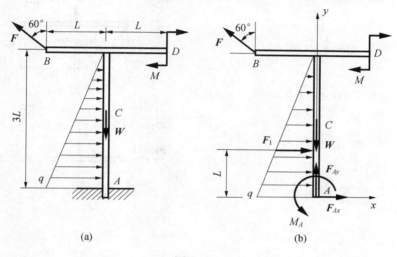

图 2-23

解：取 T 形刚架为研究对象，其上作用有主动力 W、F、M 和线性分布荷载。将线性分布荷载化为一个合力，其大小等于线性分布荷载的面积，即 $F_1 = \frac{1}{2}q \times 3L = 30\text{kN}$，其作用线作用于三角形分布荷载的几何中心，即距点 A 为 L 处。约束反力有 F_{Ax}、F_{Ay} 和 M_A。其受力与坐标如图 2-23(b)所示。列平衡方程：

$$\sum F_x = 0, \quad F_{Ax} + F_1 - F\sin 60° = 0$$

$$\sum F_y = 0, \quad F_{Ay} - W + F\cos 60° = 0$$

$$\sum M_A(\boldsymbol{F}) = 0, \quad M_A - M - LF_1 - LF\cos 60° + 3LF\sin 60° = 0$$

解得

$$F_{Ax} = 316.4\text{kN}, \quad F_{Ay} = -100\text{kN}, \quad M_A = -789.2\text{kN} \cdot \text{m}$$

例题 2-14 梁 AB 的两端支承在墙内，受荷载如图 2-24(a)所示。不计梁的自重，求墙壁对梁 A、B 端的约束反力。

解：先考虑墙壁对梁的约束应简化为哪种形式的支座。当梁端伸入墙内的长度较短时，墙壁可限制梁沿水平和铅垂方向的移动，而对梁的转动的约束能力很小，一般就不考虑阻止转动的约束性能，而将它简化为固定铰支座。在工程上，为了方便计算，通常又将墙体的另一端视为可动铰支座。同时近似地取支承长度的中点作为支座处，这种两端分别支承在固定铰支座和可动铰支座上的梁称为简支梁,如图 2-24(b)所示。

再求梁的约束反力。取梁 AB 为研究对象,画其受力图,如图 2-24(c)所示。梁的荷载和约束反力组成平面一般力系,建立坐标系,如图 2-24(c)所示。

由

$$\sum m_A = 0, \quad -10 \times 2 + 6 + 6F_B = 0$$

得

$$F_B = 2.33 \text{kN}$$

由

$$\sum m_B = 0, \quad 10 \times 4 + 6 - 6F_{Ay} = 0$$

得

$$F_{Ay} = 7.67 \text{kN}$$

由

$$\sum F_x = 0$$

得

$$F_{Ax} = 0$$

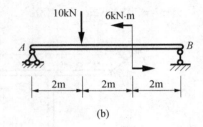

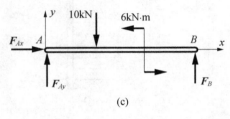

图 2-24

从上述例题可以看出,坐标轴和矩心的适当选取,可以减少单个方程中未知量的数目,所以矩心应取在未知力的交点上,而投影轴则应与较多的未知力作用线相垂直。

由平面一般力系,可推得其他几个简单的特殊力系。

(1) 当各力汇交于一点时,为平面汇交力系,此时有两个平衡方程。

(2) 当只有力偶时为平面力偶系,其平衡方程为力偶矩代数和等于零。

(3) 当力系中各力作用线都平行时,为平行力系,若取一投影轴与各力作用线平行,如图 2-25 所示,则另一与其垂直的轴的投影式自然满足,此时平衡方程为

$$\begin{cases} \sum F_y = 0 \\ \sum m_O(F) = 0 \end{cases} \quad (2-14)$$

也可以用两个力矩方程的形式表示,即

$$\begin{cases} \sum m_A(F) = 0 \\ \sum m_B(F) = 0 \end{cases} \quad (2-15)$$

图 2-25

其中:A、B 两点的连线不能与各力的作用线平行。

例题 2-15 塔式起重机机架重为 G,其作用线离右轨 B 的距离为 e,轨距为 b,最大载重 P 离右轨 B 的最大距离为 l,平衡配重重力 Q 的作用线离左轨 A 的距离为 a,如图

2-26(a)所示。欲使起重机满载及空载时均不翻倒,试求平衡配重的重量 Q。

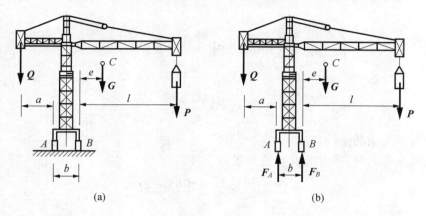

图 2-26

解:先研究满载时的情况。此时,作用于起重机的力有:机架重力 G、重物重力 P、平衡配重的重量 Q,钢轨反力 F_A 和 F_B,如图 2-26(b)所示。若起重机在满载时翻倒,将绕 B 顺时针转动,而轮 A 离开钢轨,F_A 为零。若使起重机在满载时不翻倒,必须 $F_A \geq 0$。

$$\sum m_B(F) = 0, \quad Q(a+b) - Ge - Pl - F_A b = 0 \tag{1}$$

得

$$F_A = \frac{1}{b}[Q(a+b) - Ge - Pl]$$

因

$$F_A \geq 0$$

故

$$\frac{1}{b}[Q(a+b) - Ge - Pl] \geq 0$$

得

$$Q \geq \frac{Ge + Pl}{a+b}$$

此即满载时不翻倒的条件。

再研究空载时的情况。此时,作用于起重机的力有 G、Q、F_A 和 F_B。若起重机在空载时翻倒,将绕 A 逆时针转动,而轮 B 离开钢轨,F_B 为零。若使起重机在空载时不翻倒,必须 $F_B \geq 0$。

$$\sum m_A(F) = 0, \quad Qa - G(b+e) + F_B b = 0 \tag{2}$$

得

$$F_B = \frac{1}{b}[G(b+e) - Qa]$$

因

$$F_B \geqslant 0$$

故

$$\frac{1}{b}[G(b+e) - Qa] \geqslant 0$$

得

$$Q \leqslant \frac{G(b+e)}{a}$$

此即空载时不翻倒的条件。

起重机不翻倒时,平衡配重 Q 应满足的条件为

$$\frac{Ge + Pl}{a+b} \leqslant Q \leqslant \frac{G(b+e)}{a}$$

请思考:在本例中如何确定 $F_{A\max}$ 和 $F_{B\max}$?

例题 2-16 在水平外伸梁上作用有集中荷载 F、矩为 m 的力偶和集度为 q 的均布荷载,如图 2-27(a)所示。如已知 $F=20\text{kN}, m=16\text{kN}\cdot\text{m}, q=20\text{kN/m}, a=0.8\text{m}$;求支座 A、B 的约束反力。

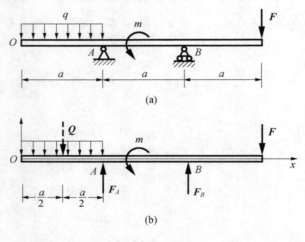

图 2-27

解:(1)选梁为研究对象,画出受力图,如图 2-27(b)所示。作用于梁上的力有力 F,均布荷载 q 的合力 Q(由合力矩定理知 $Q=qa$,作用在分布载荷区段的中点)以及矩为 m 的力偶和支座的约束反力 F_A、F_B。显然它们组成一个平面平行力系。

(2)取坐标轴如图 2-27(b)所示,列平衡方程:

$$\sum F_y = 0, \quad -q \cdot a - F + F_A + F_B = 0 \tag{1}$$

$$\sum m_A(F) = 0, \quad m + qa \cdot \frac{a}{2} - F \cdot 2a + F_B \cdot a = 0 \tag{2}$$

由式(2)得

$$F_B = -\frac{m}{a} - \frac{qa}{2} + 2F = 12\text{kN}$$

将 F_B 值代入式(1)得

$$F_A = q \cdot a + F - F_B = 24\text{kN}$$

2.3 物体系的平衡

工程结构都是由许多物体通过约束按一定方式连接而成的系统,这样的系统称为**物体系统**(简称**物体系**)。研究物体系统的平衡问题,不仅要研究物体系以外的物体对这个物体系的作用,同时还要研究物体系内各物体之间的相互作用。前者属于系统的外力,后者就是系统的内力。在考察整个系统的平衡时,不必考虑系统的内力。

当整个物体系平衡时,该物体系中的每个物体也必然处于平衡状态。对于每一个物体,可以列出若干个独立的平衡方程。一般情况下,将物体系中所有单个物体的独立平衡方程数相加与物体系未知量的总数相等。

由于物体系是由许多物体组成的,因此,在解物体系时,就有一个选择研究对象的问题。有时可以取整个系统,有时可以取系统局部,有时可以取其中的单个物体。总之,**选择的原则是:先选取运用平衡方程能确定某些未知量的部分为研究对象**。此外,在选择平衡方程时,应尽量避免解联立方程。

下面举例说明物体系平衡问题的解法。

例题 2 – 17 两跨梁的支承及荷载情况如图 2 – 28(a)所示。已知 $F_1 = 10\text{kN}$,$F_2 = 20\text{kN}$,试求支座 A、B、D 及铰 C 处的约束反力。

解:两跨梁式由梁 AC 和 CD 组成的,作用在每段梁上的力系都是平面力系,因此可列出六个独立的平衡方程。

由三个受力图可以看出,在梁 CD 上有三个未知力,而在梁 AC 及整体上都各有四个未知力。因此,应先取梁 CD 为研究对象,求出 F_D、F_{Cx}、F_{Cy},然后再取梁 AC 或整体梁为研究对象。求出 F_B、F_{Ax}、F_{Ay}。

(1) 取 CD 梁为研究对象,受力图如图 2 – 28(b)所示。

$$\sum M_C = 0, \quad -F_2\sin60° \times 2 + F_D \times 4 = 0$$

$$F_D = 8.66\text{kN}$$

$$\sum F_x = 0, \quad F_{Cx} - F_2\cos60° = 0$$

$$F_{Cx} = 10\text{kN}$$

$$\sum F_y = 0, \quad F_{Cy} + F_D - F_2\sin60° = 0$$

$$F_{Cy} = 8.66\text{kN}$$

(2) 取 AC 梁为研究对象,受力图如图 2 – 28(c)所示。

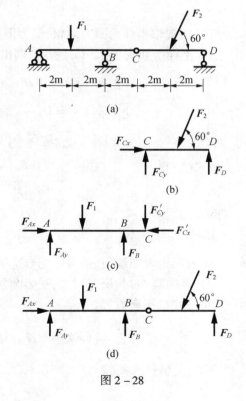

图 2 – 28

$$\sum M_A = 0, \quad -F_1 \times 2 - F'_{Cy} \times 6 + F_B \times 4 = 0$$

$$F_B = 17.99 \text{kN}$$

$$\sum F_x = 0, \quad F_{Ax} - F'_{Cx} = 0$$

$$F_{Ax} = F'_{Cx} = 10 \text{kN}$$

$$\sum F_y = 0, \quad F_{Ay} - F_1 + F_B - F'_{Cy} = 0$$

$$F_{Ay} = 0.67 \text{kN}$$

例题 2-18 如图 2-29(a)所示，三铰刚架的顶部受均布荷载作用，$q = 2\text{kN/m}$。AC 杆上作用一水平集中荷载 $F = 5\text{kN}$。已知 $l = a = 2\text{m}, h = 4\text{m}$，不计刚架自重，试求支座 A、B 的约束反力。

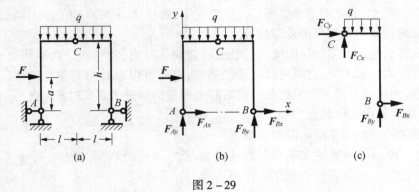

图 2-29

解：(1) 先取整体为研究对象，受力图如图 2-29(b)所示。
建立坐标系如图 2-29(b)所示，列出平衡方程：

$$\sum m_A(\boldsymbol{F}) = 0, F_{By} \cdot 2l - F \cdot a - q \cdot 2l \cdot l = 0 \tag{1}$$

$$\sum m_B(\boldsymbol{F}) = 0, -F_{Ay} \cdot 2l - F \cdot a + q \cdot 2l \cdot l = 0 \tag{2}$$

$$\sum F_x = 0, F_{Ax} + F_{Bx} + F = 0 \tag{3}$$

由式(1)得

$$F_{By} = 6.5 \text{kN}$$

由式(2)得

$$F_{Ay} = 1.5 \text{kN}$$

式(3)中有两个未知量，必须再补充与这两个未知量相关的方程才能求解。

(2) 再选取 BC 为研究对象，受力图如图 2-29(c)所示。
列出 BC 的平衡方程：

$$\sum m_C(\boldsymbol{F}) = 0, F_{Bx} \cdot h + F_{By} \cdot l - q \cdot l \cdot \frac{l}{2} = 0 \tag{4}$$

将 F_{By} 的值代入式(4)得

$$F_{Bx} = -2.25 \text{kN}$$

将 F_{Bx} 的值代入式(3)得

$$F_{Ax} = -2.75\text{kN}$$

F_{By} 和 F_{Bx} 为负值，说明力的实际方向与图示假设的方向相反。

例题 2-19 已知梁 AB 和 BC 在 B 点铰接，C 为固定端，如图 2-30(a)所示。若 $m = 20\text{kN}\cdot\text{m}$，$q = 15\text{kN/m}$，试求 A、B、C 三点的约束反力。

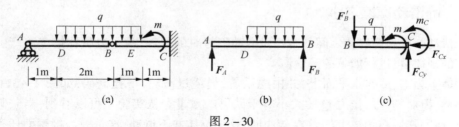

图 2-30

解：在这个例题里，如先选整个系统为研究对象，则未知量较多，不易求解，从本题的已知条件看，最好先考虑梁 AB 的平衡。

(1) 画出梁 AB 的受力图，如图 2-30(b)所示，列平衡方程：

$$\sum m_A(\boldsymbol{F}) = 0, 3F_B - 2q\cdot 2 = 0 \tag{1}$$

$$\sum m_B(\boldsymbol{F}) = 0, -3F_A + 2q\cdot 1 = 0 \tag{2}$$

由式(1)得

$$F_B = 20\text{kN}$$

由式(2)得

$$F_A = 10\text{kN}$$

(2) 再选取 BC 为研究对象，受力图如图 2-30(c)所示。列出 BC 的平衡方程：

$$\sum m_C(\boldsymbol{F}) = 0, 2F'_B + 1.5q + m + m_C = 0 \tag{3}$$

$$\sum m_B(\boldsymbol{F}) = 0, 2F_{Cy} - 0.5q + m + m_C = 0 \tag{4}$$

$$\sum F_x = 0, F_{Cx} = 0 \tag{5}$$

由式(3)得

$$m_C = -82.5\text{kN}\cdot\text{m}$$

由式(4)得

$$F_{Cy} = 35\text{kN}$$

*2.4 摩 擦

前面研究物体的平衡时，把物体的接触表面都看成是绝对光滑的，忽略了物体之间的摩擦。实际上，两物体的表面接触时都有一定的摩擦，如果摩擦力较小，即对问题的分析影响不大时，可忽略其影响，但有时摩擦还起着主要作用，因此，对摩擦必须予以考虑。例如，摩擦制动器靠制动块使轮停止转动、皮带轮靠摩擦力来传动，土粒之间也会存在着摩擦等。按照物体表面相对运动的情况,可将摩擦划分为滑动摩擦和滚动摩擦两类。滑动摩擦是两物体接触面作相对滑动或具有相对滑动趋势时的摩擦,所以滑动摩擦又分为动滑动摩擦和静滑动摩擦两种情况。滚动摩擦是一个物体在另一个物体上滚动时的摩擦,如轮子在轨道上的滚动。滑动摩擦和滚动摩擦之间有较大的差别。

本节只讨论静滑动摩擦。

2.4.1 静滑动摩擦定律

静滑动摩擦是两物体之间具有相对滑动趋势时的摩擦,为了分析物体之间产生静滑动摩擦的规律,可进行如下的实验:

物体重为 G,放在水平面上,并由绳系着,绳绕过滑轮,下挂砝码,如图 2-31(a)所示。显然,绳对物体的拉力 Q 的大小等于砝码的重量。从实验中可以看到,当砝码重量较小时,亦即作用在物体上的力 Q 较小时,这个物体并不滑动,这是因为接触面还存在着一个阻止物体滑动的力 F。此力称静滑动摩擦力(简称静摩擦力)。它的方向与两物体间相对滑动趋势时的方向相反,如图 2-31(b)所示,大小可根据平衡方程求得

$$\sum F_x = 0, Q - F = 0$$
$$F = Q$$

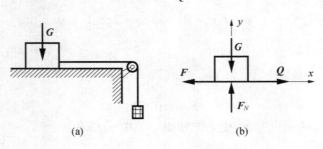

图 2-31

如果逐渐增加砝码的重量,即增大 Q,在一定范围内物体仍保持平衡,这表明在此范围内摩擦力随着力 Q 的增大而不断增大。但是,摩擦力不能随力 Q 无限增大。当力 Q 增加到某个值时,物体处于将动而未动的临界平衡状态,这时的摩擦力达到最大值称为最大静摩擦力,以 F_{max} 表示。

静滑动摩擦定律:大量实验证明,最大静摩擦力的大小与法向反力成正比,即

$$F_{max} = f_S F_N \tag{2-16}$$

式中:比例常数 f_S 称为静滑动摩擦因数(简称静摩擦因数)。f_S 的大小与接触物体的材料、接触面的粗糙程度、温度、湿度等情况有关,而与接触面积的大小无关。一般材料的 f_S 值可在相应的工程手册中查到。

由上述可见:静摩擦力随着主动力的不同而改变,它的大小介于零和最大值之间,即

$$0 \leq F \leq F_{max}$$

静摩擦力的方向与两物体间相对滑动趋势的方向相反。

2.4.2 考虑摩擦时的平衡问题举例

考虑摩擦时物体的平衡问题,与不考虑摩擦时的平衡问题有着共同点,如物体平衡时满足平衡条件,解题方法步骤也基本相同。但摩擦问题也有其特点,首先在画受力图时,要添上摩擦力,摩擦力的方向与相对滑动趋势的方向相反;由于在静滑动摩擦中,摩擦力 F 有一定的范围,即 $0 \leqslant F \leqslant F_{max}$,因此物体的平衡同样具有一定的范围;在解题过程中,除了列出平衡方程之外,尚需列出 $F_{max} = f_S F_N$ 的摩擦关系式。以上便是分析具有摩擦的平衡问题的主要特点。

例题 2-20 用绳拉一重 $G=500N$ 的物体,拉力 $F_P=100N$,物体与地面间的摩擦因数 $f_S=0.2$,绳与水平面的夹角为 $\alpha=30°$,如图 2-32(a)所示。试求:

(1) 当物体处于平衡状态时,摩擦力 F 的大小;
(2) 如使物体产生滑动,求拉动此物体所需的最小拉力 F_{Pmin}。

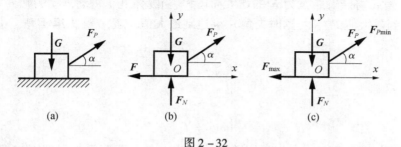

图 2-32

解:(1) 选物体为研究对象,画受力图如图 2-32(b)所示。建立坐标系,列平衡方程,求未知量:

由

$$\sum F_x = 0, \quad F_P \cos\alpha - F = 0$$

得

$$F = F_P \cos\alpha = 100 \times 0.867 = 86.7N$$

所以,此时摩擦力的大小为 $F=86.7N$。

(2) 为求拉动此物体所需的最小拉力 F_{Pmin},需要考虑物体将要滑动但还没有滑动的临界平衡情况,此时摩擦力达到最大值,即 $F_{max} = f_S F_N$,按图 2-32(c)列出平衡方程及摩擦定律关系式:

$$\sum F_x = 0, \quad F_{Pmin}\cos\alpha - F_{max} = 0 \tag{1}$$

$$\sum F_y = 0, \quad F_{Pmin}\sin\alpha - G + F_N = 0 \tag{2}$$

$$F_{max} = f_S F_N \tag{3}$$

由式(2)得

$$F_N = G - F_{Pmin}\sin\alpha$$

代入式(3)得

$$F_{max} = f_S F_N = f_S(G - F_{Pmin}\sin\alpha)$$

代入式(1)可得

$$F_{Pmin}\cos\alpha - f_S G + f_S F_{Pmin}\sin\alpha = 0$$

所以有

$$F_{Pmin} = 103N$$

因此,拉动物体时的最小拉力为103N。

2.4.3 摩擦角与自锁现象

首先介绍摩擦角的概念。图2-33(a)表示水平面上一物体,作用于物体上的主动力为 F_{P1},如考虑摩擦时,支承面对物体的作用力不仅有法向反力 F_N,同时还有摩擦力 F。法向反力 F_N 与摩擦力 F 的合力 F_R 称为支承面对物体的**全反力**。全反力 F_R 与法向反力 F_N 之间的夹角 α 将随着摩擦力 F 的增大而增大,当物体处于将动未动的临界状态时,即摩擦力 F 达到最大值 F_{max} 时,这时夹角 α 也达到最大值 ρ,把 ρ 称为**摩擦角**。由图2-33(b)可得

$$\tan\rho = \frac{F_{max}}{F_N} = \frac{f_S F_N}{F_N} = f_S$$

即

$$\tan\rho = f_S \qquad (2-17)$$

式(2-17)表明:摩擦角 ρ 的正切等于静摩擦因数。可见摩擦角与摩擦因数都是表示材料的表面性质的量。

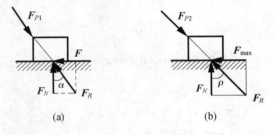

图2-33

下面研究自锁现象。

由于静摩擦力 F 的大小不能超过最大静摩擦力 F_{max},因此支承面的全反力 F_R 的作用线与接触面法线的夹角 α 也不可能大于摩擦角 ρ,即支承面的全反力 F_R 的作用线必定在摩擦角内。当物体处于将动未动的临界平衡状态时,全反力 F_R 的作用线在摩擦角的边缘。

由摩擦角的这一性质可知:如果作用于物体的主动力的合力 F_P 的作用线在摩擦角之内,如图2-34(a)所示,即 $\varphi \leqslant \rho$,则无论这个力有多大,总有一个全反力 F_R 与之平衡,物体保持静止;反之,如果主动力的合力 F_P 的作用线在摩擦角之外,如图2-34(b)所示,即 $\varphi > \rho$,则无论这个力怎样小,物体也不能保持平衡。这种与力的大小无关而与摩擦角(或摩擦因数)有关的平衡条件称为自锁条件。物体在这种条件下的平衡现象称为自锁

现象。

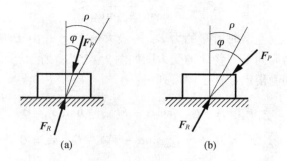

图 2-34

自锁被广泛地应用：在工程上，如螺旋千斤顶在被升起的重物重量作用下，不会自动下降，则千斤顶的螺旋升角必须小于摩擦角。但是，工程实际中有时也要避免自锁产生，如工作台在导轨中要求能顺利地滑动，不允许发生卡死现象（即自锁）。

例题 2-21 如图 2-35(a)所示，将重为 G 的物体放置在斜面上，斜面倾角 α 大于摩擦角 ρ。已知接触面间的静摩擦因数为 f_S，若加一水平力 F_P 使物体平衡，试求力 F_P 的值的范围。

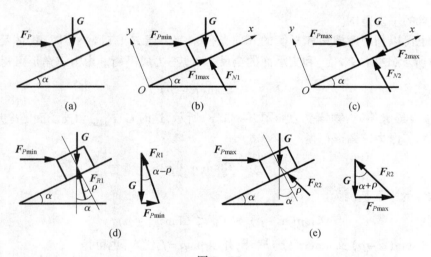

图 2-35

解：如果力 F_P 太小，物体将向下滑动；但如果力 F_P 太大，又将使物体向上滑动。

首先，求出使物体不致下滑时所需的力 F_P 的最小值 $F_{P\min}$。由于物体有向下滑动的趋势，所以摩擦力应沿斜面向上。物体的受力图如图 2-35(b)所示。设物体处于临界平衡状态，根据平衡方程和静滑动摩擦定律可列出：

$$\sum F_x = 0, \quad F_{P\min}\cos\alpha + F_{1\max} - G\sin\alpha = 0 \tag{1}$$

$$\sum F_y = 0, \quad -F_{P\min}\sin\alpha + F_{N1} - G\cos\alpha = 0 \tag{2}$$

$$F_{1\max} = f_S F_{N1} \tag{3}$$

将式(3)代入式(1)，再由式(1)与式(2)解出

$$F_{P\min} = \frac{\sin\alpha - f_S\cos\alpha}{\cos\alpha + f_S\sin\alpha}G$$

其次,求出物体不致上滑时所需的力 F_P 的最大值 $F_{P\max}$。由于物体有向上滑动的趋势,所以摩擦力应沿斜面向下。物体的受力图如图 2-35(c)所示。设物体处于临界平衡状态,根据平衡方程和静滑动摩擦定律可列出:

$$\sum F_x = 0, \quad F_{P\max}\cos\alpha - F_{2\max} - G\sin\alpha = 0$$

$$\sum F_y = 0, \quad -F_{P\max}\sin\alpha + F_{N2} - G\cos\alpha = 0$$

$$F_{2\max} = f_S F_{N2}$$

同理可解出

$$F_{P\max} = \frac{\sin\alpha + f_S\cos\alpha}{\cos\alpha - f_S\sin\alpha}G$$

所以,要维持物体平衡时,力 F_P 的值应满足的条件为

$$\frac{\sin\alpha - f_S\cos\alpha}{\cos\alpha + f_S\sin\alpha}G \leq F_P \leq \frac{\sin\alpha + f_S\cos\alpha}{\cos\alpha - f_S\sin\alpha}G$$

这就是所求的平衡范围。

本题也可以利用摩擦角和平衡的几何条件求解。当 F_P 有最小值时,物体受力如图 2-35(d)所示,这时 G、$F_{P\min}$ 和支承面的全反力 F_{R1} 三力成平衡。由力三角形可得

$$F_{P\min} = G\tan(\alpha - \rho)$$

当 F_P 有最大值时,物体受力如图 2-35(e)所示,这时 G、$F_{P\max}$ 和支承面的全反力 F_{R2} 三力成平衡。由力三角形可得

$$F_{P\max} = G\tan(\alpha + \rho)$$

所以,力 F_P 的平衡范围为

$$G\tan(\alpha - \rho) \leq F_P \leq G\tan(\alpha + \rho)$$

若将上式中 $\tan(\alpha - \rho)$ 及 $\tan(\alpha + \rho)$ 展开,并以 $\tan\rho = f_S$ 代入,也可得

$$\frac{\sin\alpha - f_S\cos\alpha}{\cos\alpha + f_S\sin\alpha}G \leq F_P \leq \frac{\sin\alpha + f_S\cos\alpha}{\cos\alpha - f_S\sin\alpha}G$$

现将物体平衡问题的解题步骤总结如下:
(1) 首先分析是单个物体还是物体系的平衡问题。
(2) 恰当选取研究对象,进行受力分析,画出受力图。
(3) 列方程,求未知量。
① 列平衡方程时,应尽量避免在方程中出现不必要的未知量。为此,可恰当地应用力矩方程,适当选择两个未知力的交点为矩心,所选的坐标轴应与较多的未知力作用线相垂直。
② 如果需要考虑摩擦,则除了列平衡方程之外,还要列补充方程。

小　结

一、力的投影知识
1. 力在坐标轴上的投影

设 α 和 β 表示力 $\boldsymbol{F}$ 与 x 轴和 y 轴正向间的夹角，则

$$\begin{cases} F_x = F\cos\alpha \\ F_y = F\cos\beta \end{cases}$$

力的投影为代数量。

2. 合力投影定理

合力在任意轴上的投影，等于各分力在同一轴上投影的代数和，称为合力投影定理，即

$$\begin{cases} F_{Rx} = F_{x1} + F_{x2} + \cdots + F_{xn} = \sum F_{xi} \\ F_{Ry} = F_{y1} + F_{y2} + \cdots + F_{yn} = \sum F_{yi} \end{cases}$$

二、汇交力系的合成和平衡
1. 平面汇交力系的合成

$$\begin{cases} F_R = \sqrt{F_{Rx}^2 + F_{Ry}^2} = \sqrt{(\sum F_{xi})^2 + (\sum F_{yi})^2} \\ \tan\alpha = \left|\dfrac{F_{Ry}}{F_{Rx}}\right| = \left|\dfrac{\sum F_{yi}}{\sum F_{xi}}\right| \end{cases}$$

2. 平面汇交力系的平衡及平衡方程

$$\begin{cases} \sum F_x = 0 \\ \sum F_y = 0 \end{cases}$$

三、平面力偶系的合成与平衡
平面力偶系的合成结果为一合力偶，合力偶矩等于各已知力偶矩的代数和，即

$$m = m_1 + m_2 + \cdots + m_n = \sum m_i$$

若平面力偶系平衡，则合力偶矩必须等于零，即

$$\sum m_i = 0$$

四、平面一般力系
1. 力线平移定理

略。

2. 平面力系向一点简化及主矢和主矩

主矢 $\boldsymbol{F}_R{}'$：

$$\boldsymbol{F}_R{}' = \boldsymbol{F}_1 + \boldsymbol{F}_2 + \cdots + \boldsymbol{F}_n = \sum \boldsymbol{F}$$

主矢 $\boldsymbol{F}_R{}'$ 的大小和方向可由下式确定：

$$\begin{cases} F_R' = \sqrt{F_{Rx}'^2 + F_{Ry}'^2} = \sqrt{(\sum F_x)^2 + (\sum F_y)^2} \\ \tan\alpha = \left|\dfrac{F_{Ry}'}{F_{Rx}'}\right| = \left|\dfrac{\sum F_y}{\sum F_x}\right| \end{cases}$$

主矩 M_O：$M_O = m_1 + m_2 + \cdots + m_n = m_O(F_1) + m_O(F_2) + \cdots + m_O(F_n) = \sum m_O(F)$

3. 平面一般力系的平衡条件与平衡方程

平面一般力系平衡的必要和充分条件是,力系的主矢和对任一点的主矩都等于零。平衡方程有三种形式。

投影式：

$$\begin{cases} \sum F_x = 0 \\ \sum F_y = 0 \\ \sum m_O(F) = 0 \end{cases}$$

二矩式：

$$\begin{cases} \sum F_x = 0 (或 \sum F_y = 0) \\ \sum m_A(F) = 0 \\ \sum m_B(F) = 0 \end{cases}$$

其中：A、B 两点的连线不能与 x 轴（或 y 轴）垂直。

三矩式：

$$\begin{cases} \sum m_A(F) = 0 \\ \sum m_B(F) = 0 \\ \sum m_C(F) = 0 \end{cases}$$

其中：A、B、C 三点不能选在同一直线上。

五、摩擦

(1) 静滑动摩擦定律：大量实验证明,最大静摩擦力的大小与法向反力成正比。即

$$F_{\max} = f_S F_N$$

(2) 全反力：法向反力 F_N 与摩擦力 F 的合力 F_R 称为支承面对物体的全反力。

(3) 摩擦角：全反力 F_R 与法向反力 F_N 之间的夹角（将随着摩擦力 F 的增大而增大,当物体处于将动未动的临界状态时,即摩擦力 F 达到最大值 $F_{\max}$ 时,这时夹角 α 也达到最大值 ρ,把 ρ 称为**摩擦角**。

(4) 自锁现象：如果作用于物体的主动力的合力 F_P 的作用线在摩擦角之内,即 $\varphi \leq \rho$,则无论这个力有多大,总有一个全反力 F_R 与之平衡,物体保持静止。这种与力的大小无关而与摩擦角(或摩擦因数)有关的平衡条件称为自锁条件。物体在这种条件下的平衡现象称为自锁现象。

思 考 题

2-1 何谓力在坐标轴上的投影？与力沿相应轴向的分力有什么区别和联系？

2-2 什么是力线平移定理？力线平移和力沿作用线移动对物体的作用效果是否相同？

2-3 怎样将一个平面一般力系简化？

2-4 试分别说明力系的主矢、主矩与合力、合力偶的区别和联系。

2-5 若平面力系向平面内两点 A、B 简化得到的主矢都为零，试问该力系是否为平衡力系？为什么？

2-6 平面汇交力系和平面平行力系各可列几个独立的平衡方程？解得几个未知力？

2-7 平面一般力系平衡方程有几种表达形式？各有什么条件限制？

2-8 对于一个受平面一般力系作用的物体平衡时，能够列几个平衡方程？是三个、六个还是九个？

2-9 在等边三角板上 A、B、C 三点分别作用三个力 F_1、F_2、F_3，且 $F_1 = F_2 = F_3 = F$，如思考题 2-9 图所示，问三角板是否平衡？为什么？

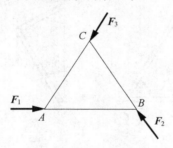

思考题 2-9 图

2-10 思考题 2-10 图所示表示一桁架中杆件铰接的几种情况。设图(a)和图(c)的结点上没有荷载作用。图(b)的结点上受到外力 F 的作用，该力作用线沿水平杆。问以上 7 根杆件中哪些杆的力一定等于零？为什么？

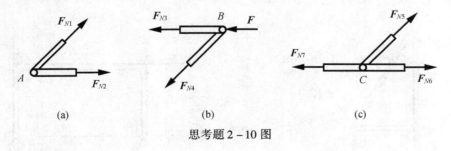

思考题 2-10 图

习 题

2-1 固定环受三条绳的拉力,已知 F_1,F_2,F_3,各力方向如题 2-1 图所示,试求该力系的合力。

2-2 题 2-2 图所示三铰拱由 AC 和 BC 两部分组成,A、B 为固定铰支座,C 为中间铰链,试求铰链 A、B 的反力。

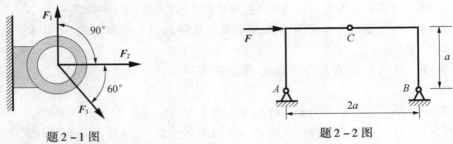

题 2-1 图 题 2-2 图

2-3 支架由杆 AB、AC 构成,A、B、C 点都是铰链,在 A 点作用有铅垂力 W,求在题 2-3 图所示四种情况下,杆 AB、AC 所受的力,并说明杆件受拉还是受压(杆的自重不计)。

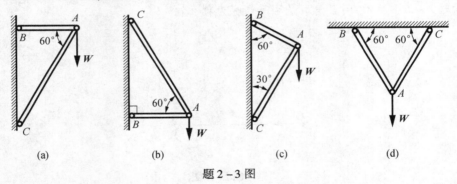

题 2-3 图

2-4 杆 AC、BC 在 C 处铰接,另一端均与墙面铰接,如题 2-4 图所示,F_1 和 F_2 作用在销钉 C 上,$F_1=445\text{N}$,$F_2=535\text{N}$,不计杆重,试求两杆所受的力。

2-5 水平力 F 作用在刚架的 B 点,如题 2-5 图所示。如不计刚架重量,试求支座 A 和 D 处的约束力(利用汇交力系平衡方程求解)。

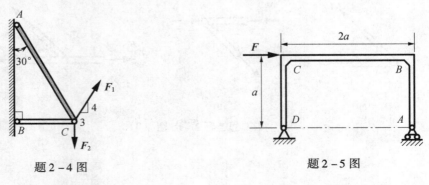

题 2-4 图 题 2-5 图

2-6 在简支梁 AB 的中点 C 作用一个倾斜 45°的力 F=40kN,如题 2-6 图所示,若梁的自重不计,试求图示两种情况下支座 A 和 B 的约束力(利用汇交力系平衡方程求解)。

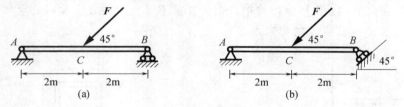

题 2-6 图

2-7 已知梁 AB 上作用一力偶,力偶矩为 M,梁长为 l,梁重不计,求在题 2-7 图 (a)、(b)、(c) 三种情况下,支座 A 和 B 的约束力。

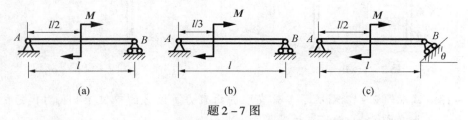

题 2-7 图

2-8 齿轮箱的两个轴上作用的力偶如题 2-8 图所示,它们的力偶矩的大小分别为 $M_1=500$N·m,$M_2=125$N·m,求两螺栓处的铅垂约束力,图中长度单位为 cm。

2-9 在题 2-9 图所示结构中,各构件的自重都不计,在构件 BC 上作用一力偶矩为 M 的力偶,各尺寸如图,求支座 A 的约束力。

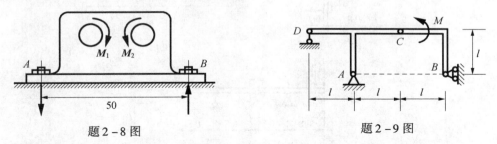

题 2-8 图 题 2-9 图

2-10 试求题 2-10 图所示各梁支座的约束力(图中 F、M、q、l 均为已知)。

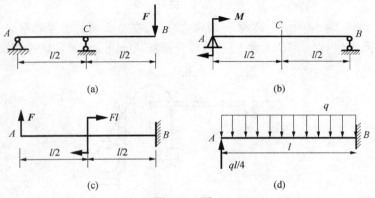

题 2-10 图

2-11 如题 2-11 图所示结构由两弯杆 ABC 和 DE 构成。构件重量不计,图中的长度单位为 cm,已知 $F=500\text{N}$,试求支座 A 和 E 的约束力。

2-12 在题 2-12 图所示结构中二曲杆自重不计,曲杆 AB 上作用有主动力偶,其力偶矩为 M,试求 A 和 C 点处的约束力。

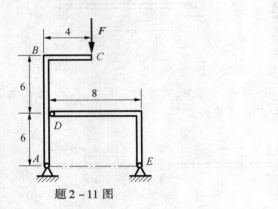

题 2-11 图

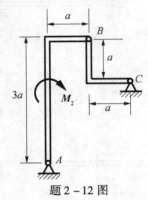

题 2-12 图

2-13 试求题 2-13 图所示各梁支座的约束力。设力的单位为 kN,力偶矩的单位为 kN·m,长度单位为 m,分布载荷集度为 kN/m。

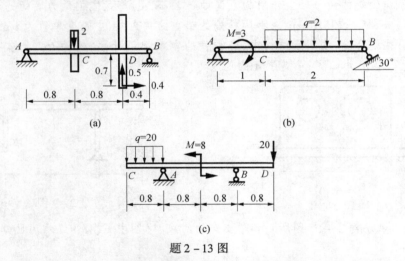

题 2-13 图

2-14 如题 2-14 所示,AB 梁一端砌在墙内,在自由端装有滑轮用以匀速吊起重物 D,设重物的重量为 W,又 AB 长为 b,斜绳与铅垂线成 α 角,求固定端的约束力。

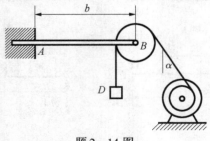

题 2-14 图

2-15 由 AC 和 CD 构成的复合梁通过铰链 C 连接，它的支承和受力如题 2-15 图所示。已知均布载荷集度 $q=10\text{kN/m}$，力偶 $M=40\text{kN}\cdot\text{m}$，$a=2\text{m}$，不计梁重，试求支座 A、B、D 的约束力和铰链 C 所受的力。

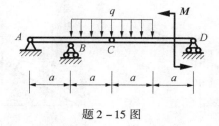

题 2-15 图

2-16 刚架 ABC 和刚架 CD 通过铰链 C 连接，并与地面通过铰链 A、B、D 连接，载荷如题 2-16 图所示。试求刚架的支座约束力（尺寸单位为 m，力的单位为 kN，载荷集度单位为 kN/m）。

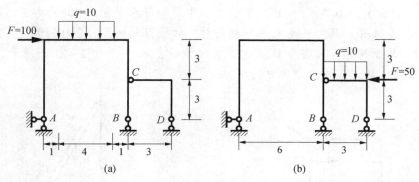

题 2-16 图

2-17 由杆 AB、BC 和 CE 组成的支架和滑轮 E 支持着物体。物体重 $W=12\text{kN}$。D 处亦为铰链连接，尺寸如题 2-17 图所示。试求固定铰链支座 A 和滚动铰链支座 B 的约束力以及杆 BC 所受的力。

2-18 起重构架如题 2-18 图所示，尺寸单位为 mm。滑轮直径 $d=200\text{mm}$，钢丝绳的倾斜部分平行于杆 BE，吊起的载荷 $W=10\text{kN}$，其他重量不计，求固定铰链支座 A、B 的约束力。

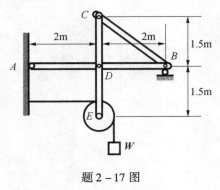 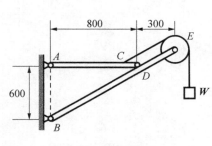

题 2-17 图　　　　　　　　题 2-18 图

2-19 如题2-19图所示,已知物体重 $W=100\text{N}$,斜面倾角为 $\alpha=30°$($\tan 30°=0.577$),物块与斜面间摩擦因数为 $f_s=0.38$,$f'_s=0.37$,求物块与斜面间的摩擦力,并问物体在斜面上是静止、下滑还是上滑?如果使物块沿斜面向上运动,求施加于物块并与斜面平行的力 F 至少应为多大?

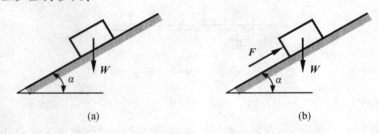

题2-19图

2-20 重500N的物体 A 置于重400N的物体 B 上,B 又置于水平面 C 上,如题2-20图所示。已知 $f_{AB}=0.3$,$f_{BC}=0.2$,今在 A 上作用一与水平面成30°的力 F。问当 F 力逐渐加大时,是 A 先动呢?还是 A、B 一起滑动?如果 B 物体重为200N,情况又如何?

2-21 均质梯长为 l,重为 W,B 端靠在光滑铅直墙上,如题2-21图所示,已知梯与地面的静摩擦因数 f_{sA}。求平衡时 θ 的值。

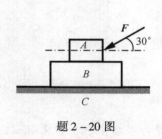

题2-20图

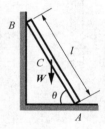

题2-21图

*第3章 空间力系简介

本章提要

【知识点】力在空间坐标轴上的投影,力对轴之矩的概念,空间力系的合力矩定理,空间力系的平衡方程。

【重点】力在空间坐标轴上的投影,空间力系的平衡方程。

【难点】空间力系的平衡方程的应用。

3.1 力在空间坐标轴上的投影

当作用在物体上的力系,其作用线分布在空间,而且也不能简化到某一平面内时,这种力系称为**空间力系**。空间力系是最一般的力系,在工程实际中经常遇到。在此对空间力系的平衡问题作简要介绍。

在研究平面力系时,需要计算力在坐标轴上的投影。研究空间力系时,同样需要计算力在空间直角坐标轴上的投影。设作用于物体上 O 点的力如图 3-1(a) 所示,已知力 F 与三轴 x、y、z 正向间的夹角分别为 α、β、γ,根据力的投影定义,可直接将力 F 向三个坐标轴上投影,得

$$\begin{cases} F_x = F\cos\alpha \\ F_y = F\cos\beta \\ F_z = F\cos\gamma \end{cases} \tag{3-1a}$$

以上投影方法称为直接投影法或一次投影法。

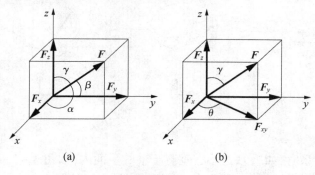

图 3-1

求力在坐标轴上的投影时,也可以采用二次投影的方法,如图 3-1(b) 所示,当已知空间力 F 与某一轴(如 z 轴)的夹角 γ 及力 F 在垂直此轴的平面(Oxy 面)上的投影与另一坐标轴(如 x 轴)的夹角 θ 时,先将力 F 投影到 Oxy 坐标平面上,以 F_{xy} 表示,然后再将

力 F_{xy} 投影到 x 轴和 y 轴上。故力在坐标轴上的投影公式又可写为

$$\begin{cases} F_x = F\sin\gamma\cos\theta \\ F_y = F\sin\gamma\sin\theta \\ F_z = F\cos\gamma \end{cases} \quad (3-1b)$$

在具体计算时,究竟取哪种方法投影,要看问题给出的条件来定。

反之,如果已知力 F 在三轴 x、y、z 上的投影 F_x、F_y、F_z,也可求出力 F 的大小和方向,即

$$\begin{cases} F = \sqrt{F_x^2 + F_y^2 + F_z^2} \\ \cos\alpha = \dfrac{F_x}{F},\cos\beta = \dfrac{F_y}{F},\cos\gamma = \dfrac{F_z}{F} \end{cases} \quad (3-2)$$

3.2 力对轴之矩

3.2.1 力对轴之矩的概念

在第 2 章中,建立了在平面内力对点之矩的概念。如图 3-2(a)所示,力 F 在圆轮平面内,力产生使物体绕 O 点转动的作用,从而建立了在平面内力对点之矩的概念,即

$$m_O(F) = \pm Fd$$

从图 3-2(a)可以看到,平面里物体绕 O 点的转动,实际上就是空间里物体绕通过 O 点且与该平面垂直的轴转动,即物体绕 z 轴转动,如图 3-2(b)所示。所以,平面里力对点之矩,实际上就是空间里力对轴之矩。力 F 对 z 轴之矩用符号 $m_z(F)$ 表示。

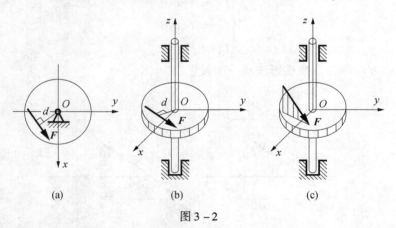

图 3-2

在研究空间力系时,如果力 F 不在垂直于轴的平面内,如图 3-2(c)所示,则仅仅知道上述有关力矩的概念还不够,尚需建立空间力对轴之矩的概念。

下面以开门动作为例来加以说明。设门上作用的力 F 不在垂直于转轴的平面内,如图 3-3(a)所示,现将力 F 分解为两个分力,如图 3-3(a)所示。分力 F_z 平行于转轴 z,分力 F_{xy} 在垂直于转轴 z 的平面内。因力 F_z 与 z 轴平行,所以力 F_z 不会使门绕 z 轴转动,只能使门沿 z 轴移动。因此力 F_z 对轴之矩为零。分力 F_{xy} 在垂直于轴的平面内,它对 z 轴

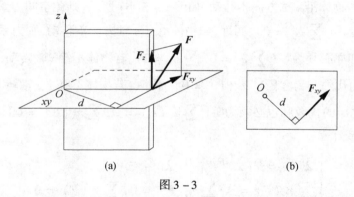

图 3-3

之矩实际上就是它对平面内 O 点(轴与平面的交点)之矩,如图 3-3(b)所示,故

$$m_z(\boldsymbol{F}) = m_O(\boldsymbol{F}) = \pm F_{xy}d \tag{3-3}$$

式中:正负号表示力对轴之矩的转向。

通常规定:从 z 轴的正向看去,逆时针方向转动的力矩为正,顺时针方向转动的力矩为负,如图 3-4 所示。或用右手法则来判定:用右手握住 z 轴,使四个指头顺着力矩转动的方向,如果大拇指指向 z 轴的正向,则力矩为正;反之,如果大拇指指向 z 轴的负向,则力矩为负。力对轴之矩是一个代数量,其单位与力对点之矩相同。

综上所述,可得如下结论:**力对轴之矩的大小等于力在垂直于轴的平面内的投影与力臂(即轴与平面的交点 O 到力 F_{xy} 的垂直距离)的乘积。**显然,当力 F 平行于 z 轴时,或力 F 的作用线与 z 轴相交($d=0$),即力 F 与 z 轴共面时,力 F 对轴之矩均等于零。

力对轴之矩是用来度量力使物体绕轴转动效应的物理量。

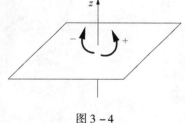

图 3-4

3.2.2 合力矩定理

空间力系的合力对某一轴之矩等于力系中各分力对同一轴之矩的代数和,此即为空间力系的合力矩定理。用公式表示为

$$m_x(\boldsymbol{F}_R) = \sum m_x(\boldsymbol{F}_i) \tag{3-4}$$

空间合力矩定理常常被用来确定物体的重心位置,并且也提供了用分力矩来计算合力矩的方法。

3.3 空间力系的平衡方程

任一物体上作用着一个空间一般力系 F_1、F_2、$\cdots$、F_n,如图 3-5(a)所示,则力系既能产生使物体沿空间直角坐标 x、y、z 轴方向移动的效应,又能产生使物体绕 x、y、z 轴转动的效应。若物体在空间力系作用下保持平衡,则物体既不能沿 x、y、z 三轴移动,也不能绕 x、

y、z 三轴转动。若物体沿 x 轴方向不移动,如图 3-5(b) 所示,则此空间力系各力在 x 轴上投影的代数和为零($\sum F_x = 0$);同理,如物体沿 y、z 轴方向不移动,则力系各力在 y、z 轴上投影的代数和亦必须为零($\sum F_y = 0$, $\sum F_z = 0$)。若物体不绕 x 轴转动,则空间力系各力对 x 轴之矩的代数和为零[$\sum m_x(\boldsymbol{F}) = 0$];同理,若物体不绕 y、z 轴转动,则空间力系各力对 y、z 轴之矩的代数和也必须为零[$\sum m_y(\boldsymbol{F}) = 0$, $\sum m_z(\boldsymbol{F}) = 0$]。由此得到空间力系的平衡方程为

$$\begin{cases} \sum F_x = 0, \sum F_y = 0, \sum F_z = 0 \\ \sum m_x(\boldsymbol{F}) = 0, \sum m_y(\boldsymbol{F}) = 0, \sum m_z(\boldsymbol{F}) = 0 \end{cases} \quad (3-5)$$

式(3-5)表明,物体若平衡,则必须满足上述方程。反之,空间力系若满足上述六个方程,则物体必然保持平衡状态。所以,式(3-5)表示了空间力系平衡的必要和充分条件。

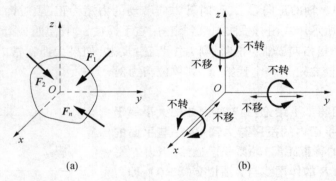

图 3-5

空间力系有六个独立的平衡方程,只能求解六个未知量。

对于空间汇交力系,因为力系中各力均与坐标轴相交,所以平衡方程中的三个力矩方程式自然满足,因此其平衡方程式为

$$\begin{cases} \sum F_x = 0 \\ \sum F_y = 0 \\ \sum F_z = 0 \end{cases} \quad (3-6)$$

对于空间平行力系,设力系中各力与 z 轴平行,如图 3-6 所示,则各力在 x、y 轴上投影代数和为零,同时各力对 z 轴的矩亦为零,因此空间平行力系的平衡方程式为

$$\begin{cases} \sum F_z = 0 \\ \sum m_x(\boldsymbol{F}) = 0 \\ \sum m_y(\boldsymbol{F}) = 0 \end{cases} \quad (3-7)$$

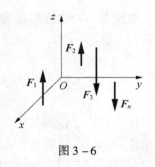

图 3-6

例题 3-1 有一空间支架固定在相互垂直的墙上。支架由垂直于两端的铰接二力杆 OA、OB 和钢绳 OC 组成。已知 $\theta=30°$，$\varphi=60°$，O 点吊一重力为 $G=1.2\text{kN}$ 的重物，如图 3-7(a) 所示。试求两杆和钢绳所受的力(图中 O、A、B、D 四点都在同一水平面上，杆和绳的自重不计)。

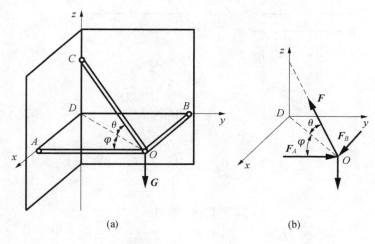

图 3-7

解：(1) 取铰链 O 为研究对象，画受力图。设坐标系为 $Oxyz$，受力如图 3-7(b) 所示。

(2) 列空间汇交力系的平衡方程：

$$\sum F_x = 0, \quad F_B - F\cos\theta\sin\varphi = 0$$

$$\sum F_y = 0, \quad F_A - F\cos\theta\cos\varphi = 0$$

$$\sum F_z = 0, \quad F\sin\theta - G = 0$$

解上述方程得

$$F = \frac{G}{\sin\theta} = 2.4\text{kN}$$

$$F_A = F\cos\theta\cos\varphi = 1.04\text{kN}$$

$$F_B = F\cos\theta\sin\varphi = 1.8\text{kN}$$

例题 3-2 图 3-8(a) 所示为一均质矩形板，重量为 $G=600\text{N}$，用三条铅垂的绳索悬挂在水平位置。试求各绳所受的拉力。

解：以板为研究对象，受力如图 3-8(b) 所示。板分别受到各绳对板的拉力 T_1、T_2、T_3 及本身的重量 G 的作用，因为它们的作用线相互平行，所以本题属于空间平行力系，列平衡方程求解。

由

$$\sum m_x(F) = 0, \quad -6T_3 + 3G = 0$$

得

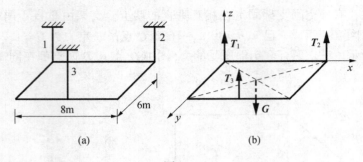

图 3-8

$$T_3 = 300\text{N}$$

由

$$\sum m_y(F) = 0, \quad -4G + 4T_3 + 8T_2 = 0$$

得

$$T_2 = 150\text{N}$$

由

$$\sum F_z = 0, \quad T_1 + T_2 + T_3 - G = 0$$

得

$$T_1 = 150\text{N}$$

即绳 1、2、3 所受的拉力分别为 150N、150N、300N。

例题 3-3 悬臂刚架上作用有 $q = 2\text{kN/m}$ 的均布荷载以及作用线分别平行于 x 轴、y 轴的集中力 F_1、F_2，如图 3-9 所示。已知 $F_1 = 5\text{kN}$，$F_2 = 4\text{kN}$。求固定端 A 处的约束反力和约束反力偶。

解：取悬臂刚架为研究对象，画出受力图，如图 3-9 所示。作用于刚架上的力有荷载 q、F_1、F_2，A 处的反力有 F_{Ax}、F_{Ay}、F_{Az} 及反力偶矩 M_{Ax}、M_{Ay}、M_{Az}。

列出平衡方程：

$$\sum F_x = 0, \quad F_{Ax} + F_1 = 0$$

$$\sum F_y = 0, \quad F_{Ay} + F_2 = 0$$

$$\sum F_z = 0, \quad F_{Az} - q \times 4 = 0$$

$$\sum M_x = 0, \quad M_{Ax} - F_2 \times 4 - q \times 4 \times 2 = 0$$

$$\sum M_y = 0, \quad M_{Ay} + F_1 \times 5 = 0$$

$$\sum M_z = 0, \quad M_{Az} - F_1 \times 4 = 0$$

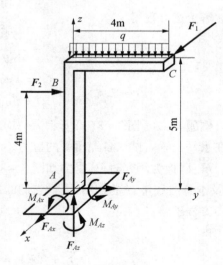

图 3-9

解上述方程得

$$F_{Ax} = -5\text{kN}$$
$$F_{Ay} = -4\text{kN}$$
$$F_{Az} = 8\text{kN}$$
$$M_{Ax} = 32\text{kN}\cdot\text{m}$$
$$M_{Ay} = -25\text{kN}\cdot\text{m}$$
$$M_{Az} = 20\text{kN}\cdot\text{m}$$

小　结

一、力在空间坐标轴上的投影

1. 直接投影

$$\begin{cases} F_x = F\cos\alpha \\ F_y = F\cos\beta \\ F_z = F\cos\gamma \end{cases}$$

2. 二次投影

$$\begin{cases} F_x = F\sin\gamma\cos\theta \\ F_y = F\sin\gamma\sin\theta \\ F_z = F\cos\gamma \end{cases}$$

二、力对轴之矩

1. 力对轴之矩

力对轴之矩的大小等于力在垂直于轴的平面内的投影与力臂(即轴与平面的交点 O 到力 $\boldsymbol{F}_{xy}$ 的垂直距离)的乘积。

$$m_z(\boldsymbol{F}) = m_O(\boldsymbol{F}) = \pm F_{xy}d$$

2. 合力矩定理

空间力系的合力对某一轴之矩等于力系中各分力对同一轴之矩的代数和,此即为空间力系的合力矩定理。用公式表示为

$$m_x(\boldsymbol{F}_R) = \sum m_x(\boldsymbol{F}_i)$$

三、空间力系的平衡方程

$$\begin{cases} \sum F_x = 0, \sum F_y = 0, \sum F_z = 0 \\ \sum m_x(\boldsymbol{F}) = 0, \sum m_y(\boldsymbol{F}) = 0, \sum m_z(\boldsymbol{F}) = 0 \end{cases}$$

空间汇交力系平衡方程式为

$$\begin{cases} \sum F_x = 0 \\ \sum F_y = 0 \\ \sum F_z = 0 \end{cases}$$

空间平行力系的平衡方程式为

$$\begin{cases} \sum F_z = 0 \\ \sum m_x(\boldsymbol{F}) = 0 \\ \sum m_y(\boldsymbol{F}) = 0 \end{cases}$$

思 考 题

3-1 力在空间坐标轴上的投影和力在平面坐标轴上的投影有什么区别？

3-2 怎样计算力对轴的矩？空间力对轴之矩和平面力对点之矩有什么关系？

3-3 空间一般力系的平衡方程能否为六个矩方程？若可以，如何选取这六个力矩轴？

3-4 若空间力系中各力的作用线平行于某一固定平面，这个力系有几个独立的平衡方程？

3-5 怎样确定沿坐标轴的三个分力的作用线与坐标轴之间的距离？

习　题

3-1 如题 3-1 图所示，长方体的顶角 A 和 B 处分别作用有力 F_1 和 F_2。已知 $F_1 = 500\text{N}$，$F_2 = 700\text{N}$。求此二力在图示 $Oxyz$ 坐标系上的三个轴上的投影。

3-2 已知 $F_1 = 50\text{N}$，$F_2 = 100\text{N}$，$F_3 = 70\text{N}$，作用在长方体上，如题 3-2 图所示。求各力对 x、y、z 轴之矩。

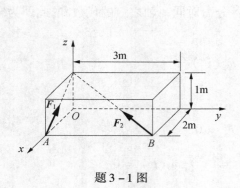

题 3-1 图

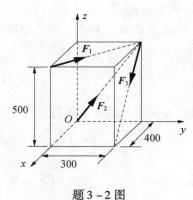

题 3-2 图

3-3 三根不计重量的杆 AB、AC、AD 在 A 点用铰链连接,各杆与水平面的夹角分别为 $45°$、$45°$ 和 $60°$,如题 3-3 图所示。试求在与 OD 平行的力 F 作用下,各杆所受的力,已知 $F=3\text{kN}$。

3-4 一重 W 边长为 a 的正方形板,在 A、B、C 三点用三根铅垂绳吊起来,使板保持水平。B、C 为两边的中点,如题 3-4 图所示。求绳子的拉力。

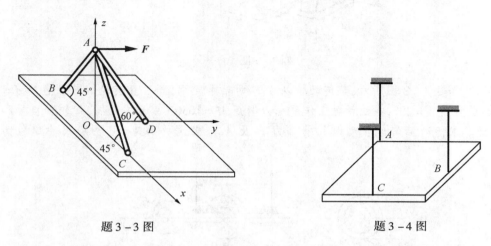

题 3-3 图 题 3-4 图

3-5 均质矩形平板重 $W=200\text{kN}$,用过其中心铅垂线上 D 点的三根绳索悬挂在水平位置,已知 $DO=60\text{mm}$、$AB=60\text{mm}$、$BE=80\text{mm}$,C 点为 EF 的中点,如题 3-5 图所示。求各绳所受拉力。

3-6 如题 3-6 图所示,一重量 $W=1000\text{N}$ 的匀质薄板用推力轴承 A、径向轴承 B 和绳索 CE 支持在水平面上,可以绕水平轴 AB 转动,今在板上作用一力偶,其力偶矩为 M,并设薄板平衡。已知 $a=3\text{m}$,$b=4\text{m}$,$h=5\text{m}$,$M=2000\text{N}\cdot\text{m}$。试求绳子的拉力和轴承 A、B 约束力。

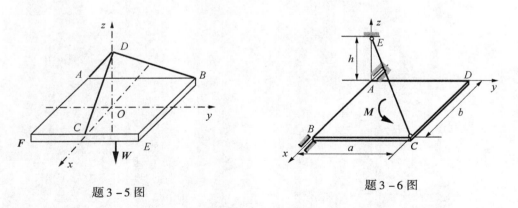

题 3-5 图 题 3-6 图

3-7 作用于半径为 120mm 的齿轮上的啮合力 F 推动皮带绕水平轴 AB 作匀速转动。已知皮带紧边拉力为 200N,松边拉力为 100N,尺寸如题 3-7 图所示。试求力 F 的大小以及轴承 A、B 的约束力(尺寸单位 mm)。

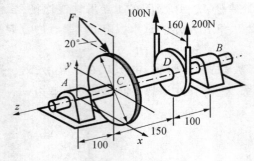

题 3-7 图

3-8 如题 3-8 图所示,某传动轴以 A、B 两轴承支承,圆柱直齿轮的节圆直径 $d = 17.3\text{cm}$,压力角 $\alpha = 20°$,在法兰盘上作用一力偶矩 $M = 1030\text{N} \cdot \text{m}$ 的力偶,如轮轴自重和摩擦不计。求传动轴匀速转动时的啮合力 F 及 A、B 轴承的约束力(图中尺寸单位为 cm)。

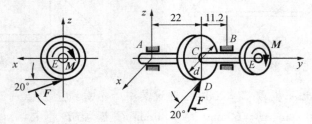

题 3-8 图

模块三　内力分析与计算

第4章　杆件的内力分析与内力图

本章提要

【知识点】变形固体及基本假定,内力的概念,内力分析与计算的方法——截面法,杆件变形的基本形式,轴向拉压杆的受力特点,轴向拉压杆的变形特点,轴向拉压杆的内力、内力图——轴力、轴力图,扭转变形杆件的受力特点,扭转变形杆件的变形特点,杆件扭转时的内力、内力图——扭矩、扭矩图,梁、梁的纵向对称平面概念,平面弯曲的受力特点,平面弯曲的变形特点,静定梁的基本形式,梁的内力——剪力和弯矩,利用剪力方程、弯矩方程绘制剪力图、弯矩图,利用剪力、弯矩和分布荷载集度之间微分关系绘制剪力图、弯矩图。

【重点】轴向拉压杆的受力特点,轴向拉压杆的变形特点,轴向拉压杆的内力、内力图——轴力、轴力图,扭转变形杆件的受力特点,扭转变形杆件的变形特点,杆件扭转时的内力、内力图——扭矩、扭矩图,平面弯曲的受力特点,平面弯曲的变形特点,梁的内力——剪力和弯矩,利用剪力方程、弯矩方程绘制剪力图、弯矩图,利用剪力、弯矩和分布荷载集度之间微分关系绘制剪力图、弯矩图。

【难点】轴向拉压杆的内力、内力图——轴力、轴力图,平面弯曲的变形特点,梁的内力——剪力和弯矩,利用剪力方程、弯矩方程绘制剪力图、弯矩图,利用剪力、弯矩和分布荷载集度之间微分关系绘制剪力图、弯矩图。

4.1　概　述

4.1.1　变形固体及基本假定

在静力分析部分,主要研究了物体在外力作用下的平衡问题。为了研究问题的方便,将固体视为刚体,这是一种理想化的模型。实际上,任何固体在外力作用下都会发生形状和尺寸的改变,即变形。因此,研究外力与变形间的关系,则必须将构成构件的固体看作变形固体。

变形固体在外力作用下发生的变形可分为弹性变形和塑性变形两类。当所受的外力卸去后能消失的变形为**弹性变形**;当外力卸去后固体变形只能部分消失,还残留下一部分不能消失的变形,这种不能消失的残余变形称为**塑性变形**。当所受的外力在一定范围时,绝大多数工程材料在外力卸去后,其变形可以完全消失,具有这类变形性质的变形固体称为**完全弹性体**；当所受的外力卸去后，其变形可部分消失，而遗留一部分不能消失的变形，这种变形固体称为**部分弹性体**。本课程只研究完全弹性体。

工程中使用的变形固体材料是多种多样的，而且其微观结构和力学性质也是各不相同的，为了使研究问题简化通常对变形固体作出以下几个基本假定，作为理论分析的一般基础。在以后各章中除特别说明外，它们都是研究问题的前提。

1. 连续均匀性假设

假设变形固体内毫无间隙、均匀地充满了物质，各处的力学性能都相同。

2. 各向同性假设

假设材料沿各方向都有相同的力学性能。除木材等部分整体力学性能具有明显方向性的材料外，通常认为钢材、混凝土等均为各向同性材料。

3. 小变形假设

认为构件的变形量远小于其外形尺寸。根据这一假设，在研究构件的平衡问题时就可采用构件变形前的原尺寸和形状进行分析，对计算中变形的高次方项也可忽略。但是对变形比较大的"大变形"构件，不能采用小变形假设，对大变形问题本书将不做讨论。

4.1.2 内力

1. 内力

内力是指物体内部某一部分与另一部分之间的相互作用力。这里的内力不是物体内分子间的结合力，而是由外力引起的一种附加相互作用力。物体在外力作用下，内力会伴随着变形的产生而产生，这时内力又具有力图保持物体原形状、抵抗变形的性质，所以也称内力为抗力。由于有均匀连续性假设，所以这种物体内部相邻部分间的相互作用力实际上是分布于截面上的一个连续分布的内力系，将分布内力系的合力（力或力偶），简称为内力。内力是指由外力引起的、物体内相邻部分之间分布力系的合力。

2. 内力分析与计算的方法——截面法

截面法是用来分析构件内力的一种方法。将构件用假想的一个截面分成两部分，取其任意一部分为研究对象，并称为**隔离体**。由于原构件在外力作用下处于平衡状态，则在隔离体相应截面上必有一个连续分布的内力系与外力平衡，应用静力平衡条件可确定内力的大小和方向。

这种用假想的截面将构件截开为两部分，并取其中一部分为隔离体，建立静力平衡方程求截面上内力的方法称为**截面法**。截面法可按以下三步完成。

（1）截开：用假想的截面将构件在待求内力的截面处截开。

（2）替代：取被截开的构件的一部分为隔离体，用作用于截面上的内力替代另一部分对该部分的作用。

（3）求解：建立关于隔离体的静力平衡方程，求解未知内力。

4.1.3 杆件变形的基本形式

杆件受外力作用后产生的变形也是多种多样的。如对杆件的变形进行仔细分析，可以把杆件的变形分解为四种基本变形。

1. 轴向拉伸或压缩变形

在一对大小相等、方向相反、作用线与杆轴线重合的外力作用下,杆件沿轴向伸长或缩短,如图 4-1(a)、(b)所示。

起吊重物的钢索、桁架的杆件等的变形都属于拉伸或压缩变形。

2. 剪切变形

在一对相距很近、大小相等、方向相反且垂直于杆轴线的外力(称横向力)作用下,杆件的横截面将沿外力作用方向发生错动,如图 4-1(c)所示。

机械中常用的联接件,如铆钉、螺栓等的变形属于剪切变形。

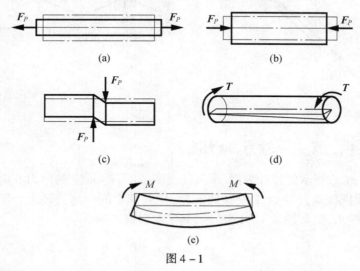

图 4-1

3. 扭转变形

在一对大小相等、方向相反、作用面垂直于杆轴的外力偶作用下,杆件任意两横截面绕轴线产生相对转动,如图 4-1(d)所示。

在机械中,传动轴的变形属于扭转变形。

4. 弯曲变形

由外力偶及垂直于杆轴的外力作用在杆的纵向平面内,使得杆件的轴线由直线变为曲线,如图 4-1(e)所示。

杆件的弯曲变形在工程中是最常遇到的基本变形之一,桥梁的主梁、机车车轴、吊车梁等的变形属于弯曲变形。

实际杆件的变形是多种多样的,可能只是某一种基本变形,也可能是由两种或两种以上的基本变形的组合,称为**组合变形**。本书将先讨论四种基本变形的内力计算、强度及刚度计算,然后再讨论组合变形。

4.2 轴向拉伸和压缩杆件的内力分析

4.2.1 基本概念和工程实例

在工程实际中,许多杆件承受拉力和压力的作用。如图 4-2(a)三角支架中的 *AB*、

BC 均为二力杆,AB 杆在轴向力 F_1 作用下沿杆轴线发生拉伸变形,BC 杆在轴向力 F_2 作用下沿杆轴线发生压缩变形;如图 4-2(b)房架中,竖杆、上弦、下弦及斜杆均为二力杆。也发生轴向拉伸或压缩变形。轴向拉压杆的**受力特点**是:构件所受的外力或合外力与构件的轴线完全重合;轴向拉压杆的**变形特点**是:构件沿轴线方向伸长或缩短。

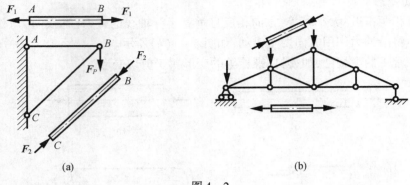

图 4-2

4.2.2 内力、内力图——轴力、轴力图

现以图 4-3(a)所示的拉杆为例,求其任意横截面 $m-m$ 上的内力。应用截面法,假想沿 $m-m$ 截面把杆截开分为 A 和 B 两部分,任取其中的一部分(如 A 部分)为研究对象,根据平衡画受力图,如图 4-3(b)所示,列平衡方程:

$$\sum F_x = 0, \quad F_N - F = 0$$

得

$$F_N = F$$

由于内力 F_N 的作用线与杆的轴线重合,故称 F_N 为**轴力**。若取杆的 B 部分为研究对象,如图 4-3(c)所示,同样可求得 $m-m$ 截面的内力为 $F'_N = F$,但 F'_N 与 F_N 的方向相

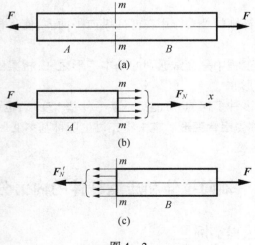

图 4-3

反。为了使取左部分或右部分的结果都相同,规定轴力的符号如下:当轴力的方向与横截面的外法线方向一致时,杆件受拉伸长,轴力为正;反之,杆件受压缩短,轴力为负。

在工程中,常有一些杆件,其上受到多个轴向外力作用,这时杆件不同横截面上的轴力将不相同。为了表示轴力随横截面位置的变化情况,用平行于杆件轴线的坐标 x 表示横截面的位置,以垂直于杆件轴线的坐标 F_N 表示轴力的数值,将各横截面的轴力按一定比例画在坐标图上,正轴力画在 x 轴上方,负轴力画在 x 轴下方,绘出轴力与横截面位置关系的图线,即为**轴力图**。

例题 4-1 如图 4-4(a)所示的 AB 杆,在 A、C 两截面上受力,求此杆各段的轴力,并画出其轴力图。

解:(1)求各段杆的轴力。

AC 段:假想用 1-1 截面截开,取其左部分为研究对象,如图 4-4(b)所示。

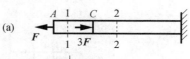

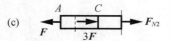

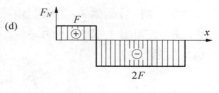

$$\sum F_x = 0, \quad F_{N1} - F = 0$$
$$F_{N1} = F$$

CB 段:假想用 2-2 截面截开,取其左部分为研究对象,如图 4-4(c)所示。

$$\sum F_x = 0, \quad F_{N2} - F + 3F = 0$$
$$F_{N2} = -2F$$

(2)绘制轴力图。用平行于杆件轴线的坐标 x 表示横截面的位置,以垂直于杆件轴线的坐标 F_N 表示轴力的数值,按比例画出轴力图,如图 4-4(d)所示。

图 4-4

例题 4-2 等直杆受四个轴向外力作用,如图 4-5(a)所示,试求杆件横截面 1-1、2-2、3-3 上的轴力,并画出其轴力图。

解:(1)用截面法确定各段的轴力。在 AB 段内,沿截面 1-1 假想地将杆截开,取其左部分为研究对象,假设横截面上的轴力 F_{N1} 为正,如图 4-5(b)所示。

由平衡条件

$$\sum F_x = 0, \quad -F_1 + F_{N1} = 0$$

得

$$F_{N1} = F_1 = 10 \text{kN}$$

F_{N1} 是正值,说明所设的 F_{N1} 方向是实际方向,且 F_{N1} 是拉力。

同理,在 BC 段内,沿截面 2-2 假想地将杆截开,取其左部分为研究对象,假设横截面上的轴力 F_{N2} 为正,如图 4-5(c)所示。

由平衡条件

$$\sum F_x = 0, \quad -F_1 - F_2 + F_{N2} = 0$$

得

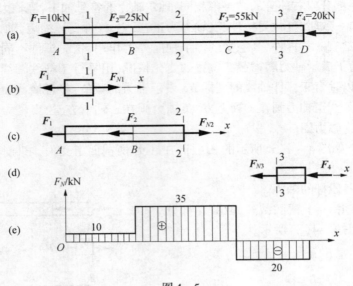

图 4-5

$$F_{N2} = F_1 + F_2 = 35\text{kN}$$

在 CD 段内,沿截面 3-3 假想地将杆截开,取其右部分为研究对象,假设横截面上的轴力 F_{N3} 为正,如图 4-5(d)所示。

由平衡条件

$$\sum F_x = 0, \quad -F_{N3} - F_4 = 0$$

得

$$F_{N3} = -F_4 = -20\text{kN}$$

F_{N3} 是负值,说明所设的 F_{N3} 方向与实际方向相反,且 F_{N1} 是压力。

(2)绘制轴力图。用平行于杆件轴线的坐标 x 表示横截面的位置,以垂直于杆件轴线的坐标 F_N 表示轴力的数值,按比例画出轴力图,如图 4-5(e)所示。

例题 4-3 有一高度为 H 的正方形石柱,其横截面面积为 A,如图 4-6(a)所示,顶部作用有一集中力 F_P。已知材料容重为 γ,画柱的轴力图。

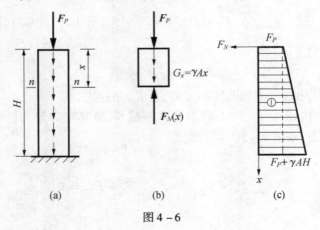

图 4-6

解：立柱的自重可以看成是沿柱高均匀分布的荷载，为确定任一横截面上的轴力，沿距柱顶距离为 x 的任一横截面截开，取上半部分为研究对象，画受力图，如图 4-6(b) 所示。由平衡条件

$$\sum F_x = 0, \quad F_P + \gamma Ax - F_N(x) = 0$$

得

$$F_N(x) = F_P + \gamma Ax \quad (0 < x < H)$$

可见，轴力沿轴线按线性规律变化，其轴力如图 4-6(c) 所示。

4.3 扭转杆件的内力分析

4.3.1 工程实际中的扭转问题

在工程实际中有许多杆件受力后产生扭转变形，如汽车的方向盘轴、驱动轴，如图 4-7(a) 所示，机械中的传动轴，如图 4-7(b) 所示，钻探机的钻杆，如图 4-7(c) 所示等。

从以上实例可以看出，**扭转变形杆件的受力特点**：杆件在垂直于轴线的平面内受到两个力偶作用，且两力偶的大小相等，方向相反；**扭转变形杆件的变形特点**：各截面绕轴线发生相对转动。在工程中，常把产生扭转变形的杆件称为轴，其计算简图如图 4-7(d) 所示。扭转变形用两个横截面绕轴线的相对扭转角 φ 表示。

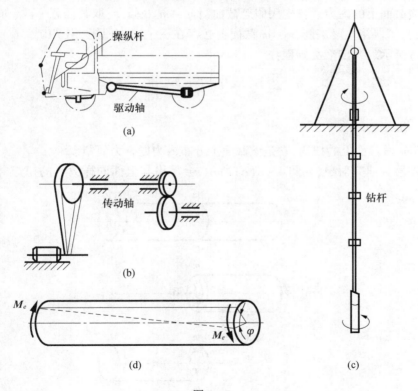

图 4-7

4.3.2 杆件扭转时的内力

1. 外力偶矩的计算

在工程中,作用在轴上的外力偶矩一般不是直接给出的,一般给出轴的转速和传递的功率。它们之间的换算关系为

$$M_e = 9549 \frac{P_K}{n} \tag{4-1}$$

式中:M_e 为作用在轴上的外力偶矩,单位为 N·m;P_K 为轴传递的功率,单位为 kW;n 为轴的转速,单位为 r/min。

由式(4-1)可以看出,轴所承受的外力与其传递的功率成正比,与轴的转速成反比,因此,在传递同样的功率时,低速轴所受的力偶矩比高速轴的大。

2. 扭矩和扭矩图

确定了作用在轴上的外力偶矩之后,即可应用截面法求横截面上的内力。步骤可以分两步:

(1)用假想的截面将受扭构件在相应的截面截开,取其中的一段进行受力分析。

(2)利用相应的平衡条件进行计算,即 $\sum M_x = 0$,求出该截面上的内力。

取一简化的传动轴模型,设两端作用的反向外力偶矩 M_e 为已知,如图 4-8(a)所示,求 $m-m$ 横截面上的内力。首先用假想截面沿 $m-m$ 处截开,取其任意一段(如左段)为研究对象,为了保持左段平衡,$m-m$ 截面上必存在一个内力偶矩,用 T(或 M_T)表示,如图 4-8(b)所示。列出平衡方程:

$$\sum M_x = 0 \quad T - M_e = 0$$

得

$$T = M_e$$

T 称为 $m-m$ 横截面上的**扭矩**,它是该截面上分布内力的合力偶矩。

如取左段为研究对象,如图 4-8(c)所示,会得出与上面同样大小的扭矩,但两者的

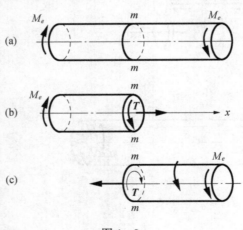

图 4-8

转向相反。

为了使取左段时或取右段时,同一横截面上的扭矩不仅数值相等,而且符号相同,对扭矩的正负号规定如下:采用右手螺旋法则,如果以右手四指表示扭矩的转向,则拇指的指向离开截面时的扭矩为正,如图4-9所示,反之为负。

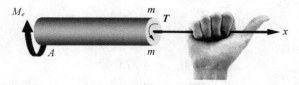

图 4-9

工程中,常有一些杆件,其上受到多个外力偶矩作用,这时杆件不同横截面上的扭矩将不相同。为了表示扭矩随横截面位置的变化情况,用平行于杆件轴线的坐标 x 表示横截面的位置,以垂直于杆件轴线的坐标 T 表示扭矩的数值,将各横截面的扭矩按一定比例画在坐标图上,正扭矩画在 x 轴上方,负扭矩画在 x 轴下方,绘出扭矩与横截面位置关系的图线,即为**扭矩图**。

例题 4-4 图 4-10(a)所示为一传动主轴,其转速 $n=960\mathrm{r/min}$,输入功率 $P_A=27.5\mathrm{kW}$,输出功率 $P_B=20\mathrm{kW}$、$P_C=7.5\mathrm{kW}$,不计轴承摩擦等功率消耗。试绘制 ABC 轴的扭矩图。

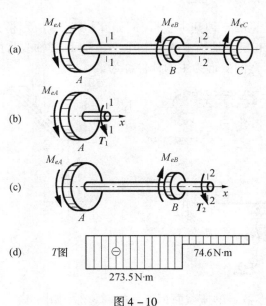

图 4-10

解:(1) 计算外力偶矩。根据公式,作用在各轮上的外力偶矩分别为

$$M_{eA} = 9549\frac{P_A}{n} = 9549 \times \frac{27.5}{960} = 273.5\mathrm{N\cdot m}$$

$$M_{eB} = 9549\frac{P_B}{n} = 9549 \times \frac{20}{960} = 198.9\mathrm{N\cdot m}$$

$$M_{eC} = 9549 \frac{P_C}{n} = 9549 \frac{7.5}{960} = 74.6 \text{N} \cdot \text{m}$$

(2) 计算扭矩。将轴分为 AB 和 BC 两段，逐段计算扭矩。

取 1-1 截面左侧部分为隔离体，如图 4-10(b) 所示，列平衡方程：

$$\sum M_x = 0, \quad T_1 + M_{eA} = 0$$

得

$$T = -M_{eA} = -273.5 \text{N} \cdot \text{m}$$

同理，取 2-2 截面左侧部分为隔离体，如图 4-10(c) 所示，列平衡方程：

$$\sum M_x = 0, \quad T_1 + M_{eA} - M_{eB} = 0$$

得

$$T = -M_{eA} + M_{eB} = -273.5 + 198.9 = -74.6 \text{N} \cdot \text{m}$$

(3) 绘制 T 图，如图 4-10(d) 所示。

4.4 弯曲杆件的内力分析

4.4.1 工程实际中的弯曲问题

弯曲是工程中最常见的一种基本变形，例如，图 4-11 所示桥式起重机大梁，图 4-12 所示闸门的立柱，还有桥梁结构中的主梁等。受力后，其轴线将由直线弯成曲线，这种变形称为**弯曲变形**。以弯曲变形为主的杆件称为**梁**。

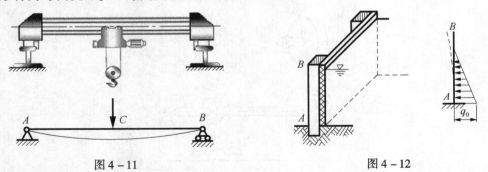

图 4-11   图 4-12

4.4.2 平面弯曲的概念

在工程问题中，大多数梁的横截面都有一根对称轴，如图 4-13 所示，梁的轴线与横截面的对称轴构成的平面称为**梁的纵向对称面**。如果作用于梁上的所有外力都在梁的纵向对称面内，则变形后梁的轴线也将在此对称平面内弯曲成一条平面曲线，这种弯曲称为**平面弯曲**。如图 4-14 所示，即**平面弯曲的受力特点**：梁上的所有外力都在梁的纵向对称面内；**平面弯曲的变形特点**：变形后梁的轴线也将在此对称平面内弯曲成一条平面曲线。本节只研究梁的平面弯曲问题。

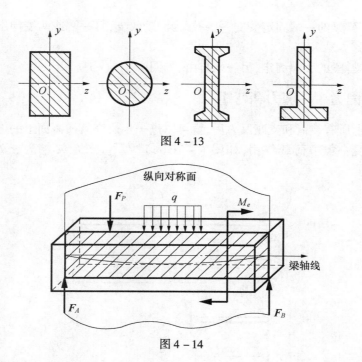

图 4-13

图 4-14

4.4.3 静定梁的基本形式

在工程上,应用的主要是等截面直梁,且外力作用在梁的纵向对称平面内,而梁的支座和载荷有各种不同情况,一般比较复杂。为得到梁的计算简图,须对梁进行以下三方面的简化。

(1) 梁本身的简化:不论梁的截面形状如何复杂,通常取梁的轴线来代替实际的梁。

(2) 载荷的简化:作用在梁上的载荷一般可以简化为集中载荷、分布载荷或集中力偶。

(3) 支座的简化:按支座对梁的约束不同,可简化为活动铰支座、固定铰支座或固定端支座(固定端)。

在工程中,根据支座的简化情况,静定梁可分为三种基本形式。

(1) 简支梁:梁的一端为固定铰支座,另一端为滑动铰支座,如图 4-15(a)所示。

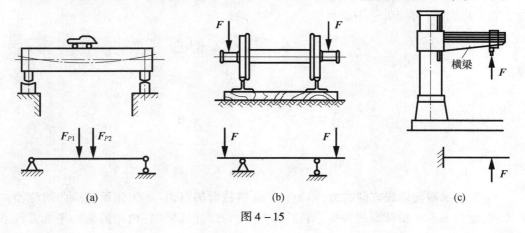

图 4-15

(2) 外伸梁:梁的一端固定铰支,另一端为滑动铰支,且一端或两端伸出支座外,如图 4-15(b)所示。

(3) 悬臂梁:梁的一端固定,另一端自由,如图 4-15(c)所示。

4.4.4 梁的内力——剪力和弯矩

确定了梁上所有载荷和支座反力后,就可以进一步研究其横截面上的内力。

设简支梁受一集中荷载作用,如图 4-16(a)所示。求距 A 端为 x 处横截面上的内力。

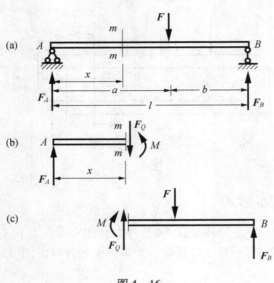

图 4-16

首先,取梁整体为研究对象,求出梁的支座反力 F_A、F_B,然后,用截面法沿所求截面处将梁截开分为两部分,取其左部分为研究对象,得到分离体如图 4-16(b)所示。由于整个梁处于平衡状态,左部分也应保持平衡,故在 $m-m$ 横截面上必有一个作用线与 F_A 平行而指向与 F_A 相反的切向内力 F_Q 存在;同时 F_A 与 F_Q 形成一个力偶,其力偶矩为 $F_A x$,使左部分有顺时针转动的趋势,因此在 $m-m$ 横截面一定有一个逆时针转向的内力偶矩 M 存在,才能使左部分处于平衡状态。由平衡方程

$$\sum F_y = 0, \quad F_A - F_Q = 0$$

得

$$F_Q = F_A$$

$$\sum M = 0, \quad M - F_A \cdot x = 0$$

得

$$M = F_A \cdot x$$

F_Q 为沿横截面切线方向的力,称为 $m-m$ 横截面的剪力;M 为作用在纵向对称面内的力偶,称为 $m-m$ 横截面的弯矩。它们的大小和方向(或转向)由左段梁的平衡方程来

确定。

若取梁的右部分进行分析,如图4-16(c)所示,同样可得 $m-m$ 截面上的弯矩 M 和剪力 F_Q,在数值上与上述结果相等,但其方向均相反。这一结果是必然的,因为它们是作用力与反作用力的关系。

为了使取左部分或右部分为研究对象时,求得的同一横截面 $m-m$ 上的内力不仅内力大小相等,而且有相同的符号,对剪力、弯矩的正负号作如下规定,与拉压、扭转类似。

剪力的符号规定为:剪力使研究的部分梁段有顺时针转动趋势时,剪力为正,反之为负,如图4-17(a)、(b)所示。

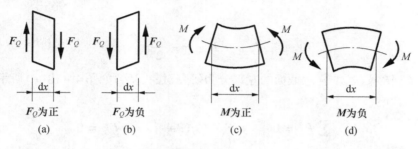

图4-17

弯矩的符号规定为:弯矩使梁弯曲成下凸变形时,弯矩为正,反之为负,如图4-17(c)、(d)所示。

例题4-5 图4-18(a)所示外伸梁,支座反力已经求出,计算 KA 梁段、AB 梁段任意横截面的内力。

解:设梁的左端 K 为坐标原点,在同一坐标系下用 x 表示 KA 梁段、AB 梁段任意横截面的位置。在指定梁段的任意截面处假想地将梁截开为两部分,取受力较少的部分为研究对象,画受力图,未知力设为正向。

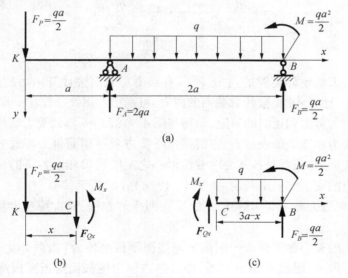

图4-18

(1) 在 KA 梁段，取任意截面的左部分为研究对象，受力如图 4-18(b) 所示。列平衡方程

$$\sum F_y = 0, \quad F_{Qx} + F_P = 0$$

得

$$F_{Qx} = -F_P = -\frac{qa}{2}$$

$$\sum M_C(\boldsymbol{F}) = 0, \quad M_x + F_P x = 0$$

得

$$M_x = -F_P x = -\frac{qa}{2}x$$

(2) 在 AB 梁段，取任意截面的左部分为研究对象，受力如图 4-18(c) 所示。列平衡方程

$$\sum F_y = 0, \quad -F_{Qx} + q(3a - x) - F_B = 0$$

得

$$F_{Qx} = q(3a - x) - F_B = q(3a - x) - \frac{qa}{2} = -qx + \frac{5qa}{2}$$

$$\sum M_C(\boldsymbol{F}) = 0, \quad M_x + \frac{q(3a-x)^2}{2} - M - F_B(3a - x) = 0$$

得

$$M_x = -\frac{q(3a-x)^2}{2} + M + F_B(3a - x)$$

$$= -\frac{q(3a-x)^2}{2} + \frac{qa^2}{2} + \frac{qa}{2}(3a - x)$$

$$= -\frac{q}{2}x^2 + \frac{5qa}{2}x - \frac{5qa^2}{2}$$

以后会经常大量地计算梁的内力，所以有必要对截面法计算内力的过程进行简化。比如例题 4-5 中计算 AB 梁段任意截面的内力，可在梁上用纸片盖住 x 截面以左的梁，在纸片上画出正向的剪力和正向的弯矩，即得与图 4-18(c) 一样的受力图(图 4-19(a))。

观察前例剪力和弯矩的表达式，它们是由平衡方程移项而得。等式的右边为隔离体上横向外力的代数和，或者是各外力对截面形心之矩的代数和。各项的正负号可由外力单独作用所对应的变形方向来判定，如图 4-19(d)、(e) 所示。

这样，就可以省去画隔离体的受力图，略去列平衡方程，而直接写出截面的内力表达式。记法如下：

梁横截面上的**剪力**等于截面一侧梁上与截面平行的外力(横向外力)的代数和。各项的正负号这样取定：假想地固定截面，外力单独作用使截面附近梁段顺时针方向错动取正。

梁横截面上的**弯矩**等于截面一侧梁上外力对截面形心之矩的代数和。各项的正负号

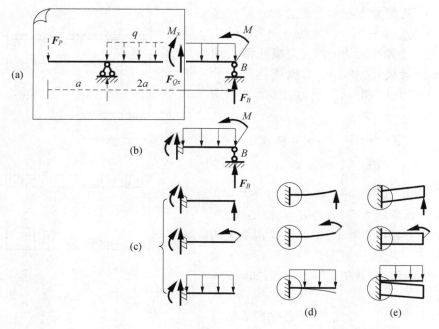

图 4-19

(a) 用纸片盖住截面以左部分,画正向 F_Q、M,即得分离体的受力图;(b) 相当于悬臂梁受力和变形;
(c) 分解为单个外力作用;(d) 弯曲方向;(e) 错动方向。

这样取定:假想地固定截面,外力单独作用使截面附近梁段下凸弯曲取正。

利用此截面法的简化方法,可以迅速地写出指定截面和任意截面的内力表达式。

4.4.5 剪力图和弯矩图

梁横截面上的剪力和弯矩一般是随横截面位置而变化的。为了描述其变化规律,可以用坐标 x 来表示横截面的位置,梁各横截面上的剪力和弯矩可以表示为坐标 x 的函数,即

$$\begin{cases} F_Q = F_Q(x) \\ M = M(x) \end{cases} \tag{4-2}$$

这两个函数的表达式分别称为**剪力方程**和**弯矩方程**。

为了能够直观地表明梁各横截面上剪力和弯矩沿梁轴线的变化情况,在计算中,常把各横截面上的剪力和弯矩用图形表示,这种由函数 $F_Q = F_Q(x)$、$M = M(x)$ 而做出的图形叫做**剪力图**和**弯矩图**。

利用方程做剪力图、弯矩图的步骤:
(1) 求出梁的支座反力。
(2) 根据构件的受力情况分段、取分离体、进行受力分析,列出剪力方程和弯矩方程。
(3) 根据剪力方程和弯矩方程,做出相应的剪力图和弯矩图。

举例说明如下。

例题 4-6 悬臂梁受集中荷载作用,如图 4-20(a)所示。试列出此梁的剪力方程和弯矩方程,并绘制剪力图和弯矩图。

解：(1)列剪力方程和弯矩方程。建立坐标系，取 A 点为坐标原点，AB 的方向为 x 轴正向，然后在梁上取坐标为 x 的任意横截面 C，用假想平面将梁截开。取 AC 为隔离体进行分析，如图 4-20(b)所示，列出剪力方程和弯矩方程：

$$\sum M_C(F) = 0, \quad F \cdot x + M = 0$$
$$M = -Fx \quad (0 \leqslant x < L)$$
$$\sum F_y = 0, \quad F_Q = -F \quad (0 < x < L)$$

(2)根据弯矩方程、剪力方程，画出 M、F_Q 图。由剪力方程可以看出，梁的各横截面上的剪力均等于 $-F$，故剪力图是一条平行于 x 轴的直线，F_Q 为负，应画在 x 轴的下方，如图 4-20(c)所示。

由弯矩方程可以看出，梁的各横截面的弯矩为 x 的一次函数，弯矩图应该是一条斜线，只要确定直线的两个边缘点，便可画出弯矩图。

当 $x=0$ 时，有

$$M_A = 0$$

当 $x \to L$ 时，有

$$M_B = -FL$$

根据这两个数据就可以画出弯矩图，将正值的弯矩值画在 x 轴的下方，负弯矩值画在轴线的上方，如图 4-20(d)所示。

从弯矩图可以看出，在悬臂梁的固定端弯矩值最大，$|M|_{max} = FL$。

例题 4-7 简支梁受均布荷载作用，如图 4-21(a)所示。试列出此梁的剪力方程和弯矩方程，并绘制剪力图和弯矩图。

解：(1)求支座反力。以整个梁为研究对象，由平衡方程求得

$$F_A = \frac{ql}{2}, \quad F_B = \frac{ql}{2}$$

(2)列出剪力方程、弯矩方程。以 A 点为坐标原点，AB 的方向为 x 轴正向，然后在梁上取坐标为 x 的任意横截面 C，用假想平面将梁截开。取 x 横截面的左段为研究对象，由内力计算法，即可得到

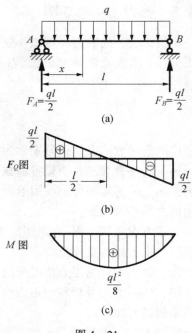

图 4-21

梁的剪力方程和弯矩方程：

$$F_Q(x) = F_A - q \cdot x = \frac{ql}{2} - qx \quad (0 < x < l)$$

$$M(x) = F_A \cdot x - qx \cdot x/2$$

$$= \frac{ql}{2} \cdot x - q\frac{x^2}{2} \quad (0 \leq x \leq l)$$

(3) 画剪力图和弯矩图。由剪力方程可知，剪力是 x 的一次函数，因而剪力图是一条斜线，只要确定两个边缘点，如 $x = 0 + \Delta$ 处，$F_Q = \frac{ql}{2}$；$x = l - \Delta$ 处，$F_Q = -\frac{ql}{2}$，便可画出弯矩图，如图 4-21(b) 所示。

由弯矩方程可知，弯矩是 x 的二次函数，因而弯矩图是二次抛物线，只要确定两个边缘点和一个中间点(或极值点)，在 $x = 0$ 和 $x = l$ 处，$M = 0$；在 $x = \frac{l}{2}$ 处，$M = \frac{ql^2}{8}$。由此可绘出弯矩图，如图 4-21(c) 所示。

求弯矩的极值及其所在的位置，对弯矩求一阶导数，并令其等于零：$\frac{dM(x)}{dx} = \frac{qx}{2} - qx = 0$，得 $x = \frac{l}{2}$。代入弯矩方程，可得最大弯矩为

$$M_{\max} = \frac{ql^2}{8}$$

例题 4-8 绘出图 4-22(a) 所示简支梁的剪力图和弯矩图。

解：(1) 求支座反力。以整个梁为研究对象，由平衡方程求得

$$F_A = \frac{M}{l}(\uparrow), \quad F_B = -\frac{M}{l}(\downarrow)$$

(2) 列出剪力方程、弯矩方程。由于 C 处有集中力偶 M 作用，应将梁分为 AC 和 CB 两段分别在两段内取截面，根据横截面左侧梁上的外力列出剪力方程、弯矩方程，取 AC 段分析：

$$\sum M_C = 0, \quad -F_A \cdot x + M_1 = 0$$

$$M_1 = F_A \cdot x = \frac{M}{l} \cdot x$$

$$(0 \leq x < a)$$

$$\sum F_y = 0, \quad F_{Q1} = F_A = \frac{M}{l}$$

$$(0 < x \leq a)$$

取 CB 段分析：

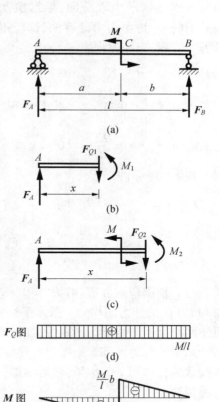

图 4-22

$$\sum M_C = 0, \quad -F_A \cdot x + M_2 + M = 0$$

$$M_2 = F_A \cdot x - M = \frac{M}{l}(l-x) \quad (a < x \leq l)$$

$$\sum F_y = 0, \quad F_{Q2} = F_A = \frac{M}{l} \quad (a \leq x < l)$$

(3) 根据弯矩方程、剪力方程,作 M、F_Q 图。由 AC 段和 CB 段的剪力方程,可知 AC 段和 CB 段的剪力相同,两段的剪力图为同一条水平线,画 F_Q 图,如图 4-22(d)所示;由 AC 段和 CB 段的弯矩方程,可知两段梁的弯矩图为斜直线,如图 4-22(e)所示。

例题 4-9 绘出图 4-23(a)所示简支梁的剪力图和弯矩图。

解:(1) 求支座反力。以整个梁为研究对象,由平衡方程求得

$$F_A = \frac{Fb}{l} \quad F_B = \frac{Fa}{l}$$

(2) 列出剪力方程、弯矩方程。由于 C 处有集中力 F 作用,应将梁分为 AC 和 CB 两段分别在两段内取截面,根据横截面左侧梁上的外力,由内力计算法,即可得到梁的剪力方程、弯矩方程。

取 AC 段分析:

$$F_{Q1} = F_A = \frac{Fb}{l} \quad (0 < x < a)$$

$$M_1 = F_A \cdot x = \frac{Fb}{l}x \quad (0 \leq x \leq a)$$

取 CB 段分析:

$$F_{Q2} = -F_B = -\frac{Fa}{l} \quad (a < x < l)$$

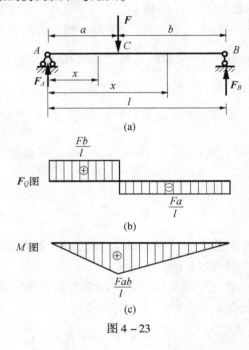

图 4-23

$$M_2 = F_B \cdot (l-x) = \frac{Fa}{l}(l-x)$$

$$(a \leq x \leq l)$$

(3) 根据弯矩方程、剪力方程,作 M、F_Q 图。由 AC 段和 CB 段的剪力方程,可知 AC 段和 CB 段的剪力图均为一条水平线,如图 4-23(b)所示;由 AC 段和 CB 段的弯矩方程,可知两段梁的弯矩图为斜直线,如图 4-23(c)所示。

画梁的剪力图和弯矩图也可用叠加法:对于梁上同时作用几个荷载时,可以分别求出各荷载单独作用下的结果,然后相加,从而得到各荷载同时作用下的结果。这种方法,称为**叠加法**。

4.4.6 剪力、弯矩和分布荷载集度之间微分关系的应用

在例题 4-7 中,若将弯矩方程对 x 求一阶导数,得 $\dfrac{\mathrm{d}M(x)}{\mathrm{d}x} = \dfrac{ql}{2} - qx$,这恰是剪力方

程,即

$$\frac{dM(x)}{dx} = F_Q(x) \tag{4-3}$$

若再将剪力方程对 x 求一阶导数,得 $\frac{dF_Q(x)}{dx} = -q$,这恰是载荷集度。若载荷集度方向向上 $q(\uparrow)$,则有

$$\frac{dF_Q(x)}{dx} = q(x) \tag{4-4}$$

由式(4-3)和式(4-4)还可以得

$$\frac{d^2M(x)}{dx^2} = q(x) \tag{4-5}$$

以上的微分关系说明:剪力图中曲线上某点切线的斜率等于梁上对应点处的荷载集度;弯矩图中曲线上某点切线的斜率等于梁在对应截面上的剪力。

根据上述关系,可以得到直杆上荷载、剪力图和弯矩图三者之间的关系,见表4-1。

表4-1 直杆上荷载、剪力图和弯矩图三者之间的关系

梁上情况	$q=0$	$q=C$ $q\downarrow$ $\uparrow q$		F 作用处	m 作用处	铰处
F_Q	水平线	斜直线	为零处	有突变,突变值为 F 如变号	无变化	无影响
M	斜直线	抛物线	有极值	有尖角,尖角指向同 F 有极值	有突变,突变值为 m	为零

剪力图和弯矩图有以下规律。

(1)梁上没有分布荷载的区段,剪力图为水平线;弯矩图为斜直线。

(2)有均布荷载的一段梁内,剪力图为倾斜直线;弯矩图为抛物线。

(3)在集中力作用处,剪力图有突变,突变值即为该处的集中力的大小;弯矩图在此有一折角。

(4)在集中力偶作用处,剪力图没有变化,弯矩图有突变,突变值即为该处的集中力偶的大小。

利用微分关系做内力图的步骤为:根据梁上荷载将梁分为几段,再由各段内荷载的分布情况初步判断剪力图和弯矩图的形状,然后求出控制截面上的内力值,从而画出全梁的剪力图和弯矩图。下列截面均可能为控制截面:

① 集中力作用点两侧截面。

② 集中力偶作用点两侧截面。

③ 集度相同、连续变化的分布荷载起点和终点处截面。

以上作内力图的步骤简言为分段、定点、计算、连线。

例题 4-10 一外伸梁,梁上荷载如图 4-24(a)所示,画出该梁的内力图。

解:(1)求支座反力。以整个梁为研究对象,由平衡方程求得

$$\sum M_B = 0, \quad F_A = 8\text{kN}$$

$$\sum M_A = 0, \quad F_B = 20\text{kN}$$

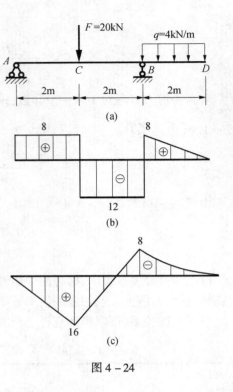

(2)画内力图。画内力图时,应根据梁上所受的载荷情况将梁分成 AC、CB、BD 三段。

① 剪力图。

AC 段:梁上无载荷,该段的剪力图是一水平线(—)。

$$F_{QA\text{右}} = F_{QC\text{左}} = F_A = 8\text{kN}$$

CB 段:梁上无载荷,该段的剪力图是一水平线(—)。

$$F_{QC\text{右}} = F_{QB\text{左}} = F_A - F = 8 - 20 = -12\text{kN}$$

BD 段:有均布荷载 $q = 4\text{kN/m}$,且方向向下,所以剪力图为向右下方的一条斜直线(\),斜率为负。

$$F_{QB\text{右}} = 8\text{kN}, \quad F_{QD} = 0$$

最后作出剪力图,如图 4-24(b)所示。

② 弯矩图。

AC 段:梁上无载荷,该段的弯矩图是向右下方的一条斜直线(\,因为 $F_Q > 0$),斜率为正。

$$M_A = 0, \quad M_C = 16\text{kN·m}$$

CB 段:梁上无载荷,该段的弯矩图是向右上方的一条斜直线(/,因为 $F_Q < 0$),斜率为负。

$$M_C = 16\text{kN·m}, \quad M_B = -8\text{kN·m}$$

BD 段:有均布荷载 $q = 4\text{kN/m}$,且方向向下,所以弯矩图为向下凹的二次抛物线。

最后作出弯矩图,如图 4-24(c)所示。

例题 4-11 一简支梁,梁上荷载如图 4-25(a)所示,画出该梁的内力图。

解:(1)求支座反力。以整个梁为研究对象,由平衡方程求得

$$\sum M_B = 0, \quad F_A = 8\text{kN}$$

$$\sum M_A = 0, \quad F_B = 4\text{kN}$$

(2)画内力图。画内力图时,应根据梁上所受的载荷情况将梁分成 AC、CD、DB 三段。

① 剪力图。

AC 段:梁上有均布荷载 $q=4\mathrm{kN/m}$,且方向向下,所以剪力图为向右下方的一条斜直线(\),斜率为负。

$$F_{QA右} = 8\mathrm{kN}, \quad F_{QC} = 8 - 4 \times 3 = -4\mathrm{kN}$$

CD 段:梁上无载荷,该段的剪力图是一水平线(—)。

$$F_{QC} = F_{QD} = -4\mathrm{kN}$$

DB 段:梁上无载荷,该段的剪力图是一水平线(—)。

$$F_{QB} = F_{QD} = -4\mathrm{kN}$$

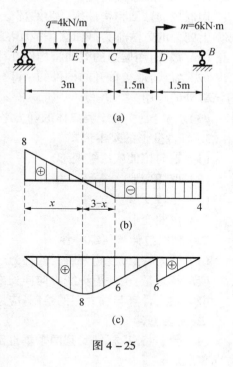

图 4-25

最后作出剪力图,如图 4-25(b)所示。

② 弯矩图。

AC 段:有均布荷载 $q=4\mathrm{kN/m}$,且方向向下,所以弯矩图为向下凸的二次抛物线。

$$M_A = 0, \quad M_C = 6\mathrm{kN \cdot m}$$

在 $F_Q=0$ 处,弯矩有极值:

$$\frac{x}{3-x} = \frac{8}{4}, \quad x = 2\mathrm{m}$$

即在 $x=2\mathrm{m}$ 时,AC 段有极值,极值点弯矩值为

$$M_E = F_A \cdot x - q \cdot x \cdot \frac{x}{2} = 2 \times 8 - 4 \times 2 \times 1 = 8\mathrm{kN \cdot m}$$

CD 段:梁上无载荷,该段的弯矩图是向右上方的一条斜直线(/,因为 $F_Q<0$),斜率为负。

$$M_C = 6\mathrm{kN \cdot m}, \quad M_{D左} = 6 - 4 \times 1.5 = 0$$

DB 段:梁上无载荷,该段的弯矩图是向右上方的一条斜直线(/,因为 $F_Q<0$),斜率为负。

$$M_{D右} = 4 \times 1.5 = 6\mathrm{kN \cdot m}, M_B = 0$$

最后作出弯矩图,如图 4-25(c)所示。

小　结

一、基本概念

1. 基本假定

(1) 连续均匀性假设。

(2) 各向同性假设。

(3) 小变形假设。

2. 内力与截面法

用假想的截面将构件截开为两部分,并取其中一部分为隔离体,建立静力平衡方程求截面上内力的方法称为截面法。截面法可按以下三步完成。

(1) 截开:用假想的截面将构件在待求内力的截面处截开。

(2) 替代:取被截开的构件的一部分为隔离体,用作用于截面上的内力替代另一部分对该部分的作用。

(3) 求解:建立关于隔离体的静力平衡方程,求解未知内力。

3. 杆件变形的基本形式

(1) 轴向拉伸或压缩变形。

(2) 剪切变形。

(3) 扭转变形。

(4) 弯曲变形。

二、轴向拉伸和压缩杆件

(1) 受力特点是:构件所受的外力或合外力与构件的轴线完全重合。

变形特点是:构件沿轴线方向伸长或缩短。

(2) 轴力计算与轴力图的绘制:应用截面法计算截面轴力值,描点画轴力图。

三、扭转杆件

(1) 受力特点:杆件受到两个垂直于轴线平面内的力偶作用,且两力偶的大小相等,方向相反。

变形特点:各截面绕轴线发生相对转动。

(2) 外力偶矩的计算:

$$M_e = 9549 \frac{P_K}{n}$$

(3) 扭矩计算和扭矩图绘制:应用截面法计算截面扭矩值,描点画扭矩图。

四、弯曲杆件

(1) 受力特点:杆件受到垂直于轴线的力作用。

变形特点:杆件轴线由直线变为曲线。

(2) 平面弯曲:作用于梁上的所有外力都在纵向对称面内,则变形后梁的轴线也将在此对称平面内弯曲成一条平面曲线。

(3) 静定梁的基本形式:简支梁、外伸梁、悬臂梁。

(4) 梁的内力——剪力和弯矩。

① 正负号规定:剪力使研究的部分梁段有顺时针转动趋势时,剪力为正,反之为负。弯矩使梁弯曲成下凸变形时,弯矩为正,反之为负。

② 截面法计算剪力和弯矩的规律:

剪力等于截面一侧梁上与截面平行的外力(横向外力)的代数和。

弯矩等于截面一侧梁上外力对截面形心之矩的代数和。

③ 剪力图和弯矩图的绘制:列方程绘制或简易法绘制。

思 考 题

4-1 什么是内力？内力分析常用什么方法？

4-2 什么是截面法？试叙述截面法的一般步骤。

4-3 轴向拉压杆、扭转轴、梁的受力特点和变性特点是什么样的？试列举你身边或生活中的轴向拉压杆、扭转轴、梁式杆。

4-4 轴力、扭矩、剪力、弯矩的正负号是怎样规定的？试分别以杆件横截面以左部分或以右部分为隔离体，在横截面上以正值的形式画出轴力、扭矩、剪力、弯矩。

4-5 什么是纵向对称面？什么是平面弯曲？

4-6 试分析扭矩和弯矩有什么区别。

4-7 怎样确定内力图的控制面？

4-8 单跨静定梁有几种类型？分别叙述出它们的特点。

4-9 怎样用截面法快速地求梁的剪力值和弯矩值？

4-10 已知某梁段上无分布荷载，试叙述该段剪力图和弯矩图的形状。

4-11 已知某梁段上有向下的均布荷载，试叙述该段剪力图和弯矩图的形状。

4-12 分别说明，在怎样的截面处内力图有突变？

4-13 求极值弯矩可以采用哪些方法？叙述求极值弯矩的步骤。

习 题

4-1 计算题4-1图中各杆1-1、2-2、3-3截面的轴力。

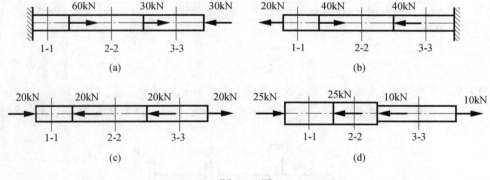

题4-1图

4-2 试作题4-2图所示各杆的轴力图，并指出轴力的最大值。

4-3 如题4-3图所示，已知直杆的材料重度 γ，长度 L，受外力 F。试绘制杆的轴力图。

4-4 正方形截面杆有切槽，$a=30\text{mm}$，$b=10\text{mm}$，受力如题4-4图所示，$F=30\text{kN}$。试绘出杆的轴力图。

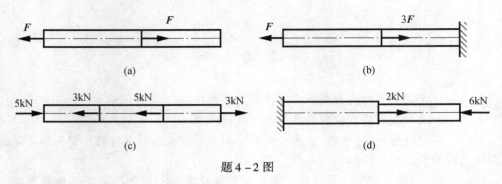

题 4 – 2 图

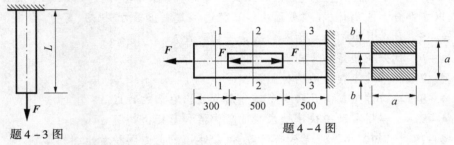

题 4 – 3 图　　　　　　　　　题 4 – 4 图

4 – 5 试求题 4 – 5 图所示轴的各截面扭矩。

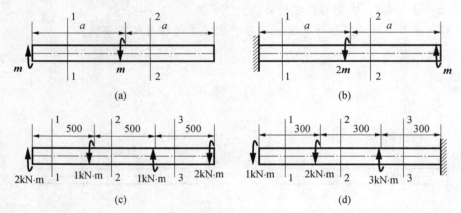

题 4 – 5 图

4 – 6 试画题 4 – 5 图所示各轴的扭矩图,并指出最大扭矩值。

4 – 7 如题 4 – 7 图所示,某传动轴,转速 $n = 300\text{r/min}$,轮 1 为主动轮,输入的功率

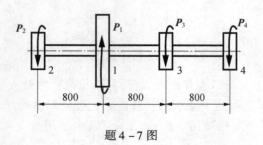

题 4 – 7 图

$P_1 = 50\text{kW}$,轮 2、轮 3 与轮 4 为从动轮,输出功率分别为 $P_2 = 10\text{ kW}$, $P_3 = P_4 = 20\text{ kW}$。(1)试画轴的扭矩图,并求轴的最大扭矩。(2)若将轮 1 与轮 3 的位置对调,轴的最大扭矩变为何值?对轴的受力是否有利?

4-8 如题 4-8 图所示,在一直径为 75mm 的等截面圆轴上,作用着外力偶矩 $m_1 = 1\text{kN}\cdot\text{m}$、$m_2 = 0.6\text{kN}\cdot\text{m}$、$m_3 = 0.2\text{kN}\cdot\text{m}$、$m_4 = 0.2\text{kN}\cdot\text{m}$。试绘制轴的扭矩图。

4-9 作题 4-9 图所示杆的扭矩图。

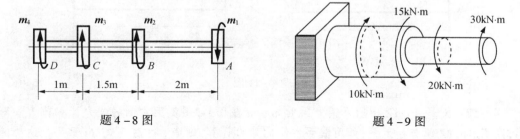

题 4-8 图　　　　　　　　题 4-9 图

4-10 试计算题 4-10 图所示各梁指定截面(标有细线的截面)的剪力与弯矩。

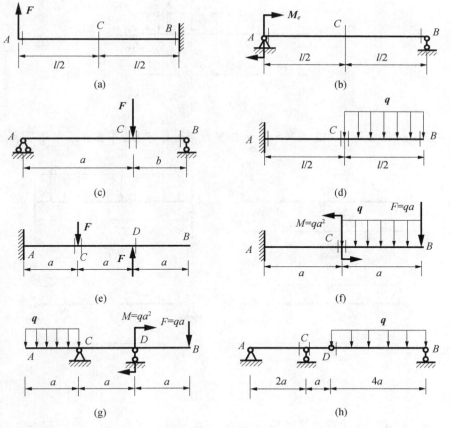

题 4-10 图

4-11 试建立题4-11图所示各梁的剪力与弯矩方程,并画出剪力图与弯矩图。

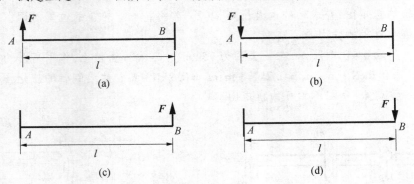

题 4-11 图

4-12 对题4-12图所示简支梁的 $m-m$ 截面,如用截面左侧的外力计算剪力和弯矩,则 F_Q 和 M 便与 q 无关;如用截面右侧的外力计算,则 F_Q 和 M 又与 F 无关。这样的论断正确吗?为什么?

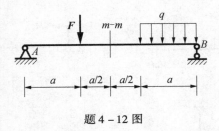

题 4-12 图

4-13 试建立题4-13图所示各梁的剪力与弯矩方程,并画出剪力与弯矩图。

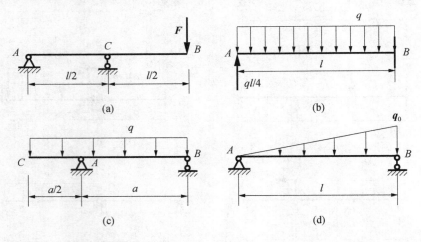

题 4-13 图

4-14 题4-14图所示简支梁,载荷 F 可按四种方式作用于梁上,试分别画出弯矩图,并从强度方面考虑,指出何种加载方式最好。

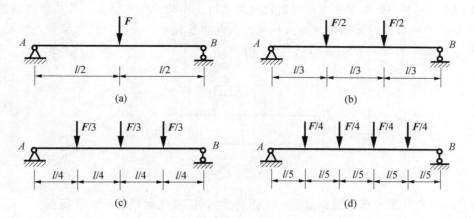

题 4–14 图

4–15 题 4–15 图所示各梁,试利用剪力、弯矩与载荷集度的关系画剪力与弯矩图。

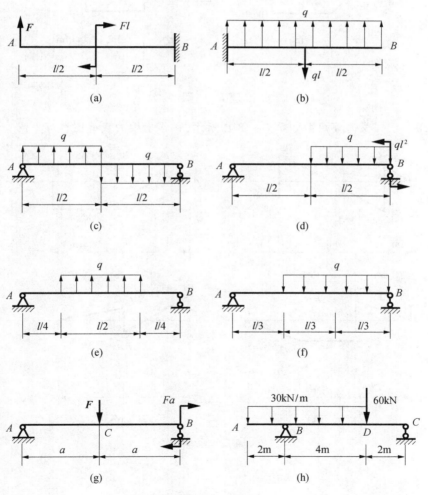

题 4–15 图

4-16 题4-16图所示桥式起重机大梁上的小车的每个轮子对大梁的压力均为 F,试问小车在什么位置时梁内的弯矩为最大?其最大弯矩等于多少?最大弯矩的作用截面在何处?设小车的轮距为 d,大梁的跨度为 l。

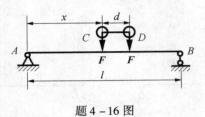

题 4-16 图

4-17 已知梁的剪力图如题4-17图所示,试画出梁的载荷图和弯矩图。

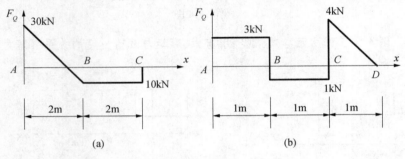

题 4-17 图

4-18 已知梁的弯矩图如题4-18图所示,试作出梁的载荷图和剪力图。

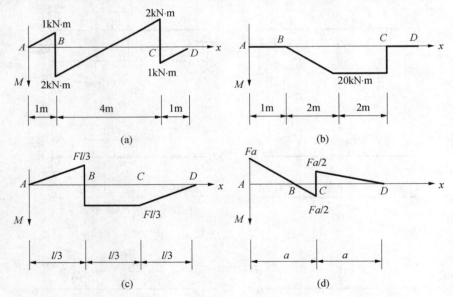

题 4-18 图

模块四 强度、刚度及稳定性分析

第5章 轴向拉伸和压缩时杆件的应力与强度计算

本章提要

【知识点】应力的概念,拉(压)杆横截面及斜截面上的正应力,轴向拉伸和压缩时材料的力学性能,应力-应变曲线,极限应力、安全系数和许用应力,轴向拉伸和压缩时杆件的强度计算,应力集中的概念。

【重点】应力的概念,轴向拉伸和压缩时材料的力学性能,轴向拉伸和压缩时杆件的强度计算。

【难点】轴向拉伸和压缩时杆件的强度计算。

5.1 轴向拉伸和压缩时杆件截面上的应力

5.1.1 应力的概念

内力是截面上分布内力系的主矢和主矩,它只表示截面上总的受力情况,还不能说明内力系在截面上各点处的密集程度(简称集度)。所以仅确定内力还不足以解决构件的强度问题。例如,用同一种材料制成粗细不同的两根圆杆,二者承受相同的拉力,当拉力同步增加时,细杆将先被拉断。这表明,虽然两杆截面上的内力相等,但由于两杆截面面积不同,所以杆件上内力分布的集度不同,即细杆截面上内力分布的集度比粗杆截面上的集度大。所以,在材料相同的情况下,判断杆件破坏的依据不是内力的大小,而是内力分布的集度。**受力构件某截面上一点处的内力集度称为应力。**

构件在一般受力情况下,其截面上的分布内力不是均匀的。而且,大小相同的内力以不同方式分布在截面上,产生的效果也不同。因此,需要建立应力的概念,以确切地描述内力在截面上的分布规律。

设在受力构件的 $m-m$ 截面上围绕 M 点取一微小面积 ΔA,如图 5-1(a)所示,设在 ΔA 上分布内力的合力为 ΔF,则 ΔF 与 ΔA 的比值称为 ΔA 微面积上的平均应力,用 p_m 表示:

$$p_\mathrm{m} = \frac{\Delta F}{\Delta A}$$

一般情况下,内力在截面上的分布不是均匀的,ΔF 与平均应力 p_m 随着 ΔA 的大小而

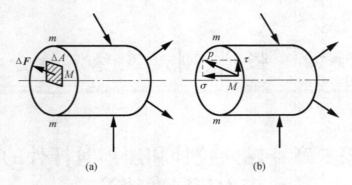

图 5-1

变化。为了消除微面积 ΔA 大小的影响,确切地描述 M 点处内力的分布集度,使 ΔA 趋于零,则平均应力 p_m 的极限值称为 $m-m$ 截面上 M 点处的应力,用 p 表示,即

$$p = \lim_{\Delta A \to 0} p_\text{m} = \lim_{\Delta A \to 0} \frac{\Delta F}{\Delta A} = \frac{\mathrm{d}F}{\mathrm{d}A}$$

应力 p 是一个矢量,使用中常将其分解成垂直于截面的法线分量 σ 和与截面相切的切向分量 τ。σ 称为 M 点的**正应力**,τ 称为 M 点的**剪应力**,如图 5-1(b)所示。

关于应力,以下几点应注意。

(1) 应力是指受力构件某一截面某一点处的应力,在讨论应力时必须明确其是在哪个截面的哪个点上。

(2) 某一截面上一点处的应力是矢量。其法向分量(σ)称为正应力,其切向分量(τ)称为剪应力,正应力、剪应力的符号法则在以后相应的章节中讲述。

(3) 在国际单位制中,应力的单位为 Pa(N/m^2),读作"帕斯卡",简称"帕"。工程上,常采用"千帕"(kPa,即 kN/m^2)、"兆帕"(MPa,即 MN/m^2 = N/mm^2)和"吉帕"(GPa,即 GN/m^2)。它们之间的关系是 $1\text{kPa} = 10^3\text{Pa}$;$1\text{MPa} = 10^6\text{Pa}$;$1\text{GPa} = 10^9\text{Pa}$。

5.1.2 拉(压)杆横截面上的应力

建立了应力的概念后,现在来研究等截面直杆受拉(压)时横截面上的应力,为了求得横截面上任意一点的应力,必须了解内力在横截面上的分布规律。又由于内力和变形之间存在一定的物理关系,所以可通过实验观察变形的方法来了解内力的分布。

取一个(易于变形的材料)等截面直杆,实验前,在其侧面任意画两条垂直杆轴的横向线 ab 和 cd,并在两横向线之间任意画两条平行于杆轴的纵向线,如图 5-2(a)所示,然后在杆的两端加一对轴向的拉力观察其变形。观察到横向线分别平移,并仍与杆轴线垂直;纵向线伸长且仍与杆轴线平行,如图 5-2(b)所示。根据这些变形特点,可得由表及里的推理,并作如下假设:

(1) 变形前的横截面,在杆变形后仍为平面,仅沿轴线产生了相对平移,并仍然与杆的轴线垂直,这就是平面假设。

(2) 杆件可以看作是由许多纵向纤维组成的,在受拉后,所有的纵向纤维都有相同的伸长量,这就是单向受力假设。

从上述假设,轴向拉压杆,横截面上只有垂直于横截面方向的正应力,且该正应力在横截面上均匀分布,如图 5-2(c)所示。设杆的横截面面积为 A,因为轴力 F_N 是横截面上分布内力的合力,于是有

$$F_N = \int_A \sigma dA = \sigma A$$

或

$$\sigma = \frac{F_N}{A} \qquad (5-1)$$

式中:σ 为横截面上的应力,单位为 Pa;F_N 为横截面上的轴力,单位为 N;A 为横截面的面积,单位为 m^2。

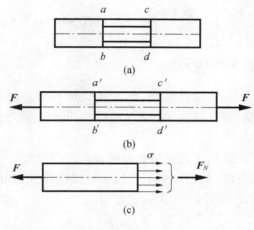

图 5-2

式(5-1)同样适用于轴向受压的等截面直杆。正应力的正负符号与轴力符号规定相同,即拉应力为正,压应力为负。

例题 5-1 图 5-3(a)所示为一阶形变截面杆,其横截面为圆形,AB 段杆直径 $d_1 = 200mm$,BC 段杆直径 $d_2 = 150mm$,所受轴向力 $F_1 = 30kN$,$F_2 = 100kN$。试求各段杆横截面上的正应力。

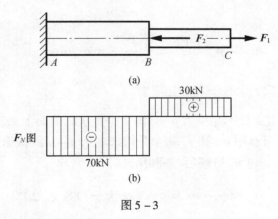

图 5-3

解:首先绘制杆的轴力图,如图 5-3(b)所示。

由于各段杆上的横截面积与轴力均不同,则须分段计算各段横截面上的正应力。
AB 段横截面上的正应力为

$$A_1 = \frac{\pi \cdot d_1^2}{4} = \frac{3.14 \times 200^2}{4} = 3.14 \times 10^4 \text{mm}^2$$

$$\sigma_1 = \frac{F_{N1}}{A_1} = \frac{-70 \times 10^3}{3.14 \times 10^4} = -2.23 \text{N/mm}^2 = -2.23 \text{MPa}$$

BC 段横截面上的正应力为

$$A_2 = \frac{\pi \cdot d_2^2}{4} = \frac{3.14 \times 150^2}{4} = 1.77 \times 10^4 \text{mm}^2$$

$$\sigma_2 = \frac{F_{N2}}{A_2} = \frac{30 \times 10^3}{1.77 \times 10^4} = 1.69 \text{N/mm}^2 = 1.69 \text{MPa}$$

5.1.3 拉压杆斜截面上的应力

轴向拉压杆的破坏有时不沿横截面,例如铸铁压缩破坏时,其断面与轴线大致成45°。因此,为了全面分析拉压杆的强度,除了横截面的正应力以外,还需要进一步研究其他斜截面上的应力。

取一受轴向拉伸的等直杆,研究与横截面成 α 角的斜截面 $n-n$ 上的应力情况,如图 5-4(a)所示。运用截面法,假想地将杆在 $n-n$ 截面切开,并研究左段的平衡,如图 5-4(b)所示,则得到此斜截面 $n-n$ 上的内力为

$$F_\alpha = F \tag{1}$$

仿照求解横截面上正应力变化规律的过程,同样可以得到斜截面上各点处的总应力 p_α 相等的结论。于是有

$$p_\alpha = \frac{F_\alpha}{A_\alpha} \tag{2}$$

设横截面的面积为 A,则斜截面的面积为 $A_\alpha = \frac{A}{\cos\alpha}$,将此关系式代入式(2),并利用式(5-1),可得

$$p_\alpha = \frac{F_\alpha}{A_\alpha} = \frac{F}{A/\cos\alpha} = \sigma\cos\alpha \tag{5-2}$$

式中:$\sigma = \frac{F}{A}$ 是杆件横截面上任一点的正应力。

将斜截面上任一点 k 处的总应力 p_α 分解为垂直于斜截面上的正应力 σ_α 和沿斜截面的切应力 τ_α,这样,就可以用 σ_α 和 τ_α 两个分量来表示 $n-n$ 斜截面上任一点 k 的应力情况,如图 5-4(c)所示。将 p_α 分解后,并利用式(5-2),得

$$\sigma_\alpha = p_\alpha\cos\alpha = \sigma\cos^2\alpha = \frac{\sigma}{2}(1 + \cos2\alpha) \tag{5-3}$$

$$\tau_\alpha = p_\alpha\sin\alpha = \sigma\sin\alpha\cos\alpha = \frac{\sigma}{2}\sin2\alpha \tag{5-4}$$

由式(5-3)、式(5-4)可知,σ_α 和 τ_α 都是 α 角的函数,所以截面的方位不同,截面上的应力也就不同。

当 $\alpha=0$ 时,斜截面 $n-n$ 成为垂直于轴线的横截面,如图5-5(a)所示,σ_α 达到最大值,即

$$\sigma_{0°} = \sigma_{max} = \sigma$$

当 $\alpha = \pm 45°$ 时,切应力 τ_α 达到极值,如图5-5(b)、(c)所示,分别为

$$\tau_{45°} = \tau_{max} = \frac{\sigma}{2}$$

$$\tau_{-45°} = \tau_{min} = -\frac{\sigma}{2}$$

当 $\alpha=90°$ 时,σ_α 和 τ_α 均为零。表明轴向拉压杆在平行于杆轴的纵向截面上无任何应力。

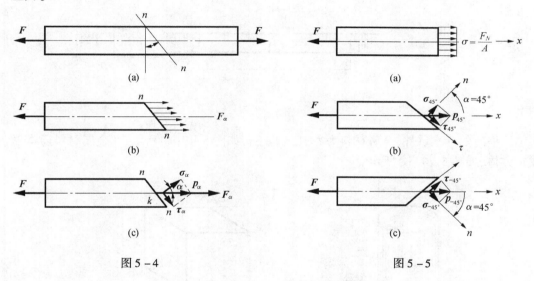

图 5-4   图 5-5

在使用式(5-3)、式(5-4)时,应注意 σ_α、τ_α 和 α 角的正负号。σ_α 仍以拉应力为正,压应力为负;τ_α 使研究的部分顺时针转为正,反之为负;α 角则以横截面外法线转到斜截面外法线时,逆时针转为正,顺时针转为负。

5.2 轴向拉伸和压缩时材料的力学性能

材料的力学性能是指材料在拉伸、压缩时所体现出的应力、应变、强度和变形等方面的性质,它是构件强度计算及材料选用的重要依据。材料的力学性能可由实验来测定。通过试验建立理论,再通过实验来验证理论是科学研究的基本方法。

温度和加载方式对材料的力学性能有很大的影响,这里介绍的力学性能是指常温(室温)、静载下的性能。

拉压试验的主要设备有两部分:一是加力和测力的设备,常用的是液压万能试验机;二是测量变形的仪器,常用的有球铰式引伸仪(或电阻应变仪)等。

为了便于比较不同材料的试验结果,必须将试验材料按照国家颁布的标准制成**标准试件**。

拉伸试件分为长试件和短试件。图 5-6(a)中的 d 为试件中部等截面段的直径,l 为试件中段用来测量变形的工作段,或称标距。一般规定,圆截面标准试件的标距 l 与截面直径 d 的比例为

$$l = 10d \quad 或 \quad l = 5d$$

图 5-6(b)所示的是矩形截面标准试件,试件的标距 l 与截面面积 A 的比例为

$$l = 11.3\sqrt{A} \quad 或 \quad l = 5.63\sqrt{A}$$

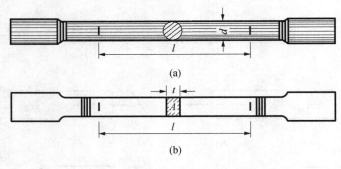

图 5-6

压缩时的标准试件,金属材料为 $l = 1.5d \sim 3d$,如图 5-7(a)所示;非金属材料通常做成正方体,如图 5-7(b)所示。

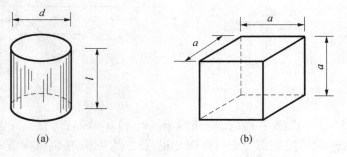

图 5-7

本节以工程中广泛使用的低碳钢和铸铁两类材料为代表,分别介绍两种材料拉伸和压缩时的力学性能。

5.2.1 低碳钢拉伸时的力学性能

低碳钢是工程上广泛使用的材料,其含碳量一般在 0.3% 以下,它在拉伸试验中表现出来的力学性能最为典型。

试验时,将标准试件装入试验机夹头内,然后缓慢加载直至拉断。从开始加载直到试件被拉断的过程中,对应着每一个拉力 F,标准试件的标距 l 内都有一个伸长量 Δl。若以力 F 为纵坐标,伸长量 Δl 为横坐标,根据拉力 F 和伸长量 Δl 的数值即可绘制出载荷 F

和伸长量 Δl 关系的曲线,称为**拉伸图**,或称 $F - \Delta l$ **曲线**,如图 5 – 8(a)所示。一般情况下,万能试验机可以自动绘出拉伸图。

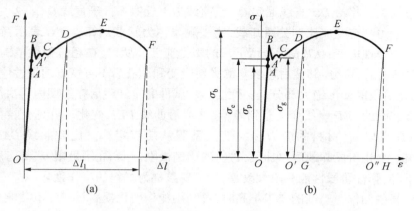

图 5 – 8

为了消除试件尺寸的影响,了解材料本身的力学性能,通常将拉伸图的纵坐标 F 除以试件的截面面积 A,即纵坐标为应力 $\sigma = F/A$;将横坐标 Δl 除试件原标距 l,即横坐标为**试件纵向线应变** $\varepsilon = \Delta l/l$,可得到试件的 $\sigma – \varepsilon$ **曲线**,如图 5 – 8(b)所示。从 $\sigma – \varepsilon$ 曲线和试验中观察到的现象,低碳钢的拉伸试验可以分为以下四个阶段。

1. 弹性阶段

在 $\sigma – \varepsilon$ 曲线的 OA' 段称为材料的弹性变形阶段。在此阶段内,可以认为变形是完全弹性的,即在此阶段内若将荷载卸去,则变形将完全消失。其中,OA 部分为直线,表示在这一阶段内,应力 σ 与应变 ε 成正比,即 $\sigma = E\varepsilon$,这就是拉伸或压缩的胡克定律,斜直线 OA 的斜率就是材料的弹性模量 E。斜直线 OA 的最高点 A 所对应的应力是与应变保持线性关系的最大应力值,称为**比例极限**,以 σ_p 表示,低碳钢的比例极限约为 200MPa。

AA' 段微弯,从 A 点到 A' 点,应力和应变不再保持比例关系,但变形仍然是弹性的,即加载到 A' 点卸载变形将完全消失,A' 点为弹性变形阶段的最高点,所对应的应力值称为弹性极限,以 σ_e 表示。对大多数材料,在应力 – 应变曲线上 A 点和 A' 点两点非常接近,工程上常忽略这两点差别。常说应力不超过弹性极限时,材料服从胡克定律。

2. 屈服阶段

在 $\sigma – \varepsilon$ 曲线的 $A'C$ 段称为屈服变形阶段。此段为上下波动的锯齿形状,应力基本上保持不变,但应变增加很快。这种应力变化不大,而应变显著增加,从而产生明显变形的现象称为**屈服**或**流动**。屈服阶段最低点所对应的应力值称为**屈服极限**,以 σ_s 表示,低碳钢的屈服极限约为 240MPa。在屈服阶段,如果试件表面光滑,可以看到试件表面有与轴线大约成 45°的条纹,称为**滑移线**。通常认为,材料进入到屈服阶段时,材料已失去正常的工作能力,即发生失效,所以**屈服极限 σ_s 是衡量材料强度的一个重要指标。**

3. 强化阶段

在 $\sigma – \varepsilon$ 曲线的 CE 段称为强化变形阶段。屈服阶段后,材料又恢复了抵抗变形的能力,要使它继续变形,必须增加应力。这种现象称为**材料的强化**。曲线的最高点 E 所对应的应力值称为**强度极限**,以 σ_b 表示,低碳钢的强度极限约为 400MPa。**强度极限是衡**

量材料强度的另一个重要指标。

如将试件拉伸到强化阶段的任意一点处,如图 5-8(b)中的 D 点,然后逐渐卸除荷载,应力、应变关系将沿 DO' 直线回到 O' 点,直线 DO' 近似平行于直线 OA。这说明材料在卸载过程中应力与应变成比例关系卸载,这一规律称为**卸载规律**。$O'G$ 表示荷载全部卸除后消失了的弹性应变;OO' 表示残留下来的塑性应变。所以,在超过弹性范围后的任一点 D,其应变包括两部分:卸载后可恢复的弹性应变和卸载后不可恢复的塑性应变。由图可见,在强化阶段的变形绝大部分是塑性变形。试件完全卸载后在短期内再次加载,应力和应变沿卸载时的 $O'D$ 直线变化直到 D 点,之后沿曲线 DEF 变化。可见,在再次加载过程中,直到 D 点以前,材料的应力和应变关系服从胡克定律。比较曲线 $OABCDEF$ 和 $O'DEF$ 可知,强化阶段卸载后再加载,材料的比例极限 σ_p 和屈服极限 σ_s 都有所提高,而塑性有所下降,弹性阶段性能有较大改善,这一现象称为材料的**冷作硬化**。

工程中某些构件对塑性的要求不高时,可利用冷作硬化提高材料的承载能力,如起重用的钢索和建筑用的钢筋,常用冷拔工艺来提高材料的承载能力。同时冷作硬化过程也可带来某些不利因素,如构件加工后,由于冷作硬化使材料变脆变硬,给进一步加工带来困难,且容易产生裂纹,形成隐患。因此,往往就需要在工序之间安排退火,以消除冷作硬化的影响。

4. 颈缩阶段

在 $\sigma-\varepsilon$ 曲线的 EF 段称为颈缩变形阶段。材料的前三个阶段所产生的变形,无论是弹性变形还是塑性变形,都是沿整个试件均匀产生的。当应力超过强度极限后,变形集中在试件的某一局部,变形显著增加,该处横截面面积显著减小,出现瓶颈,称为**颈缩现象**。由于局部横截面面积显著减小,试件被迅速拉断。

试件拉断后,弹性变形消失了,只剩下塑性变形,可在断口处把试件对接起来,量出标距间的长度 l_1,若原标距长为 l,则试件的相对塑性变形用百分比表示为

$$\delta = \frac{l_1 - l}{l} \times 100\% \tag{5-5}$$

δ 称为材料的**伸长率**(或延伸率)。反映了材料在破坏时所发生的最大塑性变形程度。

工程中,通常把 $\delta \geq 5\%$ 的材料称为塑性材料;$\delta < 5\%$ 的材料称为脆性材料。

试件拉断后,可在断口处把试件对接起来,量出试件拉断后断口处的最小截面面积 A_1,设试件的原始横截面面积为 A_0,用百分比表示的比值

$$\psi = \frac{A_0 - A_1}{A_0} \times 100\% \tag{5-6}$$

称为断面收缩率(或截面收缩率)。

显然,材料的塑性越大,其 δ、ψ 值也就越大,因此,**伸长率和断面收缩率是衡量材料塑性的两个重要指标**。低碳钢的 $\delta = 25\% \sim 27\%$,$\psi = 60\%$ 左右。

5.2.2 其他材料拉伸时的力学性能

1. 其他塑性材料

其他塑性材料的拉伸试验和低碳钢拉伸试验的方法相同,图 5-9(a)中给出了锰钢、

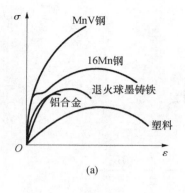 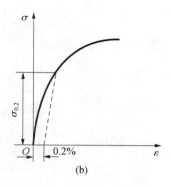

图 5-9

退火球墨铸铁、铝合金、塑料等材料的应力-应变曲线。由图可知,当应力较小时,这些材料的应力与应变也成直线关系,符合胡克定律。这里除了 16Mn 钢与低碳钢的应力-应变曲线比较相似外,其他材料(如铝合金)没有明显的屈服阶段。对于没有明显屈服阶段的塑性材料,工程上规定,以产生 0.2% 塑性应变时的应力值来代替屈服极限,并将其称为**名义屈服应力**,以 $\sigma_{0.2}$ 表示,如图 5-9(b)所示。

2. 铸铁

灰铸铁可作为脆性材料的代表,其拉伸时的应力-应变曲线是一段微弯的曲线,没有明显的直线部分,如图 5-10 所示。灰铸铁在较小的拉力下就被突然拉断,断口与轴线垂直,没有屈服和颈缩现象,只有唯一的指标是抗拉强度 σ_b,即拉断时的应力,其值约为 140MPa。由于灰铸铁的应力-应变曲线中没有明显的直线部分,所以它不符合胡克定律。但由于灰铸铁构件总是在较小的应力范围内工作,故这时近似地用割线(图 5-10 中的虚线)来代替曲线,认为胡克定律在较小应力的范围内可以近似地使用。

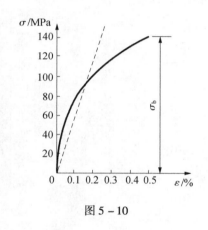

图 5-10

灰铸铁断裂时的变形很小,肉眼几乎观察不到。伸长率 δ = 0.4% ~ 0.5%,远小于 5%,是典型的脆性材料,不宜用于制作受拉构件。

5.2.3 材料压缩时的力学性能

1. 低碳钢的压缩试验

低碳钢压缩时的应力-应变曲线如图 5-11 所示。试验结果表明:**低碳钢压缩时的弹性模量 E、屈服极限 σ_s 都与低碳钢拉伸时基本相同**。当应力超过屈服极限后,试件产生显著的横向塑性变形,随着压力的不断增加,试件越压越扁,横截面面积不断增大,试件的抗压能力也继续提高,因而无强度极限。低碳钢的力学性能一般都可通过拉伸试验测定,不做压缩试验。

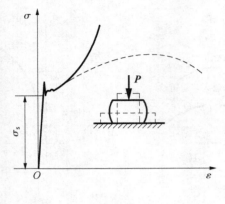

图 5-11

2. 铸铁的压缩试验

灰铸铁压缩时的应力-应变曲线如图 5-12 所示。试件仍然在较小的变形下突然破坏,破坏断面与轴线大致成 45°的倾角。这表明沿这些斜截面试件因剪切而破坏。铸铁的抗压强度 σ_c 比拉伸时高达 4~5 倍,其他脆性材料,如混凝土、石料等抗压强度远高于抗拉强度。

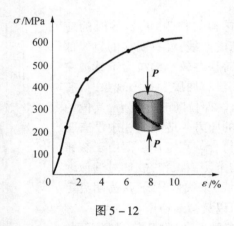

图 5-12

脆性材料抗拉强度低,塑性性能差,但抗压能力强,且价格低廉,适合于作为抗压零件的材料。铸铁坚硬耐磨,多用于浇铸成形状复杂的零部件,广泛地用于铸造机床床身、机座、缸体及轴承座等受压零部件。因此,其压缩试验比拉伸试验更为重要。

两类材料的力学性能的区别:①塑性材料在断裂前有很大的塑性变形;脆性材料断裂前的变形较小。②脆性材料的抗压能力远比抗拉能力强,因此适用于受压的构件;塑性材料的抗压、抗拉能力相同,适用于受拉的构件。

综上所述,衡量材料力学性能的指标主要有比例极限 σ_p、弹性极限 σ_e、屈服极限 σ_s(或规定名义屈服强度)、强度极限 σ_b、弹性模量 E、断后伸长率 δ 和断面收缩率 ψ 等。对很多金属材料来说,这些量往往受温度、热处理等条件的影响。表 5-1 中列出了几种常用金属材料在室温、静载下的相关数值。

表 5-1 几种常用材料的主要力学性能

材料名称	牌号	代号	σ_s/MPa	σ_b/MPa	δ_5/%
普通碳素钢	甲3	A₃	235	372~392	27~25
	甲5	A₅	274	490~519	21
优质碳素钢	35	35	314	529	20
	45	45	353	598	16
	50	50	372	627	14
低合金钢	09锰钢	09MnV	294	431	22
	16锰	16Mn	343	510	21

5.3 轴向拉伸和压缩时杆件的强度计算

5.3.1 安全系数和许用应力

由材料的力学性能和工程实践可知,对于塑性材料的构件,当工作应力达到屈服极限时,就会出现明显的塑性变形,使构件不能维持其正常的工作状态;对于脆性材料的构件来说,当工作应力达到强度极限时,会发生断裂破坏。**材料因过大的塑性变形或断裂破坏而丧失工作能力时的应力,称为极限应力,用 σ_0 表示**。对于塑性材料,$\sigma_0 = \sigma_s$ 或 $\sigma_0 = \sigma_{0.2}$;对于脆性材料,$\sigma_0 = \sigma_b$。

为了保证构件有足够的强度,应使杆件的工作应力小于材料的极限应力,并使构件有必要的安全储备。为此将材料的极限应力除以一个大于 1 的系数 n,作为构件允许达到的最大应力值,称为**许用应力**,用 $[\sigma]$ 表示,即

$$[\sigma] = \frac{\sigma_0}{n} \tag{5-7}$$

式中:n 称为**安全系数**,它表示材料安全储备程度或强度的富裕程度。

确定安全系数是一个复杂的问题。一般来说,应考虑荷载估计的准确程度、计算简图和计算方法的精确程度、材料的均匀性程度、杆件在结构中的重要性以及杆件的工作条件等。安全系数的选取直接关系到安全性和经济性。选取过大的安全系数会浪费材料;反之,太小的安全系数,杆件工作时危险。在工程设计时,安全系数的选取,可从规范或有关工程手册查到。在常温静载下,对于塑性材料,一般取 $n = 1.3 \sim 2.0$;对脆性材料,一般取 $n = 2.0 \sim 3.5$。

5.3.2 拉压杆的强度计算

为了保证构件安全可靠地工作,必须使其最大工作应力不超过材料的许用应力。对于拉压杆应满足的条件为

$$\sigma_{max} = \frac{F_N}{A} \leqslant [\sigma] \tag{5-8}$$

式(5-8)是拉(压)杆的强度条件。我们把产生最大工作应力 σ_{max} 的截面称为危险

截面。

式中 σ_{max}——杆件横截面上的最大工作应力；

$[\sigma]$——材料的许用应力；

F_N——危险截面上的轴力；

A——危险截面的面积。

根据强度条件,可以解决下述三种类型的强度计算问题。

1. 强度校核

已知杆件的材料、截面尺寸和所承受的荷载,校核杆件是否满足强度条件式(5-8),从而判断杆件能否安全地工作。

2. 选择截面

已知杆件的材料和所承受的载荷,确定杆件的截面面积和相应的尺寸。为此将式(5-8)改写为

$$A \geqslant \frac{F_N}{[\sigma]}$$

由此确定危险横截面面积。再根据横截面的形状,确定横截面的尺寸。

3. 许用荷载

已知杆件的材料和截面尺寸,确定杆件所承担的最大载荷。为此将式(5-8)改写为

$$F_N \leqslant A[\sigma]$$

由此确定危险截面的轴力,再由荷载与轴力的关系确定杆件的许用荷载。

例题 5-2 图 5-13(a)为一简易吊车的简图。斜杆 AB 为直径 $d = 20\text{mm}$ 的圆形钢杆,材料为 Q235 钢,其许用应力 $[\sigma] = 160\text{MPa}$,载荷 $F = 19\text{kN}$。试校核斜杆 AB 的强度(图中单位:mm)。

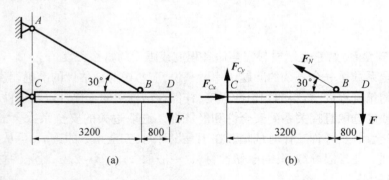

图 5-13

解:(1) 外力分析。简易吊车中 AB 为二力杆,为计算两杆的外力,取 CD 点为研究对象,画受力图,如图 5-13(b)所示。建立坐标系,由平衡方程 $\sum m_C(F) = 0$ 可得

$$F_N \sin 30° \times 3.2 - F \times 4 = 0$$

故有

$$F_N = \frac{F \times 4}{3.2 \times \sin 30°} = \frac{19 \times 4}{3.2 \times 0.5} = 47.5\text{kN}$$

（2）强度校核。斜杆 AB 横截面上的应力为

$$\sigma = \frac{F_N}{\frac{1}{4}\pi d^2} = \frac{47.5 \times 10^3}{\frac{1}{4}\pi \times 20^2 \times 10^{-6}} = 151.2 \times 10^6 \text{Pa} = 151.2 \text{MPa} < [\sigma] = 160 \text{MPa}$$

所以杆 AB 的强度是足够的。

例题 5-3 三铰架结构如图 5-14(a)所示。A、B、C 三点都是铰链连接,两杆截面均为圆形,材料为钢,许用应力$[\sigma] = 58\text{MPa}$,设 B 点挂货物重 $F = 20\text{kN}$。按要求解决如下三种强度问题。

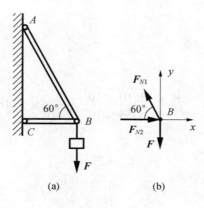

图 5-14

（1）如果 AB、BC 杆直径 $d = 20\text{mm}$,试校核此三铰架的强度。

解：①外力分析。三铰架中 AB、BC 均为二力杆,为计算两杆的外力,取 B 点为研究对象,画受力图,如图 5-14(b)所示。建立坐标系,由平衡方程

$$\sum F_y = 0, \quad F_{N1}\sin 60° - F = 0$$

求得 AB 杆的轴力为

$$F_{N1} = \frac{F}{\sin 60°} = 23.10 \text{kN}$$

$$\sum F_x = 0, \quad F_{N2} - F_{N1}\cos 60° = 0$$

求得 BC 杆的轴力为

$$F_{N2} = F_{N1}\cos 60° = 11.55 \text{kN}$$

② 校核强度。

AB 杆：

$$\sigma_1 = \frac{F_{N1}}{A} = \frac{23.10 \times 10^3}{\pi \times 20^2 \times 10^{-6}/4}$$
$$= 73.6 \times 10^6 \text{Pa} = 73.6 \text{MPa} > 58 \text{MPa} = [\sigma]$$

BC 杆：

$$\sigma_2 = \frac{F_{N2}}{A} = \frac{11.55 \times 10^3}{\pi \times 20^2 \times 10^{-6}/4} = 36.78 \times 10^6 \text{Pa} = 36.78 \text{MPa} < 58 \text{MPa} = [\sigma]$$

从以上结果可以看出,AB 杆工作应力超出许用应力,使三铰架强度不足。为了能够安全使用,方法之一是增大 AB 杆直径,从而降低 AB 杆的工作应力;而 BC 杆工作应力远没有达到许用应力,说明 BC 杆直径太大,浪费材料,不够经济。

(2) 考虑安全性和经济性,重新设计两杆的直径。

解:由强度条件:

$$\sigma = \frac{F_N}{A} = \frac{F_N}{\pi d^2/4} \leqslant [\sigma]$$

得直径

$$d \geqslant \sqrt{\frac{4F_N}{\pi[\sigma]}}$$

AB 杆的直径:

$$d_1 \geqslant \sqrt{\frac{4F_{N1}}{\pi[\sigma]}} = \sqrt{\frac{4 \times 23.10 \times 10^3}{3.14 \times 58 \times 10^6}} = 22.5 \times 10^{-3}\text{m} = 22.5\text{mm}$$

取

$$d_1 = 23\text{mm}$$

BC 杆的直径:

$$d_2 \geqslant \sqrt{\frac{4F_{N2}}{\pi[\sigma]}} = \sqrt{\frac{4 \times 11.55 \times 10^3}{3.14 \times 58 \times 10^6}} = 15.9 \times 10^{-3}\text{m} = 15.9\text{mm}$$

取

$$d_2 = 16\text{mm}$$

(3) 如果两杆只能采用 20mm 直径,那么此三铰架最多能挂起多重的货物。

解:根据强度条件:

$$F_N \leqslant A[\sigma] = \frac{\pi}{4} \times 20^2 \times 10^{-6} \times 58 \times 10^6 = 18212\text{N} = 18.2\text{kN}$$

由于受力形式没有变,由第(1)问题的静力学关系:

$$F_{N1} = \frac{F}{\sin 60°} \leqslant 18.2\text{kN}$$

得

$$F_1 \leqslant 18.2\sin 60° = 15.76\text{kN}$$

由第(1)问题的静力学关系:

$$F_{N2} = F_{N1}\cos 60° = 18.2 \times \frac{1}{2} = 9.1\text{kN}$$

所以有

$$F_2 \leqslant 15.76 \times 2 = 31.5\text{kN}$$

若要使两杆都满足强度条件,此三铰架最多能挂起重物的重量为 15.76kN。

例题 5-4 现有 A_3 钢板,厚度 $t=12$mm,宽 $b=100$mm,钢板上开四个铆钉孔以固定钢板,每个铆钉孔孔径 $d=17$mm,钢板所受荷载 $F=100$kN,设每个铆钉孔承受 $F/4$,如图 5-15(a)所示,A_3 钢屈服极限 $\sigma_s=200$MPa,安全系数 $n=2$,试校核钢板的强度。

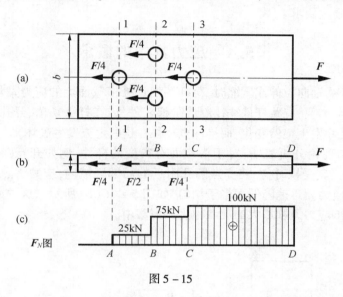

图 5-15

解:(1) 外力分析。将钢板沿纵向看成杆,中间两孔受力取合力作用在轴线上,画受力简图,如图 5-15(b) 所示。

(2) 内力分析。四个外力将杆分成 AB、BC、CD 三段。它们的轴力分别为

$$F_{N1} = \frac{F}{4} = 25\text{kN}$$

$$F_{N2} = \frac{3F}{4} = 75\text{kN}$$

$$F_{N3} = F = 100\text{kN}$$

绘制轴力图,如图 5-15(c) 所示。

(3) 应力分析。钢板开孔处,由于横截面面积减少,会使应力增大,成为危险截面。1-1 与 3-3 截面相比,截面面积相同,轴力不同,所以 1-1 截面不是危险截面。而 2-2 与 3-3 截面相比,轴力大,截面面积也大;轴力小,截面面积也小,看不出哪个是危险截面,可以同时列为可能的危险截面进行校核。

(4) 校核强度。

2-2 截面:

$$\sigma_2 = \frac{F_{N2}}{A_2} = \frac{3F/4}{(b-2d)t} = \frac{75 \times 10^3}{(100-2\times 17)\times 12 \times 10^{-6}}$$

$$= 94.7 \times 10^6 \text{Pa} = 94.7\text{MPa} < [\sigma] = \frac{\sigma_s}{n} = 100\text{MPa}$$

3-3 截面:

$$\sigma_3 = \frac{F_{N3}}{A_3} = \frac{F}{(b-d)t} = \frac{100 \times 10^3}{(100-17) \times 12 \times 10^{-6}}$$

$$= 100 \times 10^6 \text{Pa} = 100 \text{MPa} \leq [\sigma] = \frac{\sigma_s}{n} = 100 \text{MPa}$$

所以,钢板满足强度要求。

*5.4 应力集中的概念

等截面直杆受轴向拉伸或压缩时,距杆端稍远处横截面上的应力是均匀分布的。但是,由于工程实际需要,有些杆件往往制成阶梯杆件,或在杆上切槽、开孔等,以致在这些部位上横截面尺寸发生突然变化,而构件也往往在这些地方发生破坏。

实验结果和理论分析表明:对于横截面有突变的杆件,例如开有圆孔的板条,如图5-16(a)所示,当其受拉时,在突变点圆孔附近的局部区域内,应力将急剧增加,但在离开圆孔稍远处,应力就迅速降低而趋于均匀,如图5-16(b)所示。这种因杆件外形突然变化,而引起局部应力急剧增大的现象称为**应力集中**。

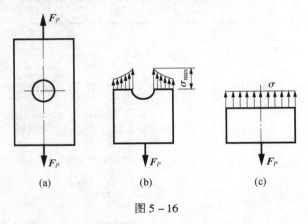

图 5-16

发生应力集中的横截面上的最大应力与该截面上平均应力的比值,称为理论应力集中因数,用 α 表示,即

$$\alpha = \frac{\sigma_{max}}{\sigma_m}$$

α 反映了应力集中的程度,是一个大于 1 的因数。截面尺寸改变越急剧,应力集中的程度就越严重。对于工程中各种典型的应力集中情况,如开孔、浅槽、螺纹等,其应力集中因数 α 可从有关手册中查到。查出应力集中因数后,利用上式求得最大应力,然后进行强度计算。

应该指出,在静载荷情况下,塑性材料及组织不均匀的脆性材料可以不考虑应力集中的影响,而组织均匀的脆性材料则必须加以考虑。但在周期性变化的载荷或冲击载荷作用下,无论是塑性材料,还是脆性材料,应力集中的影响都必须加以考虑。

应力集中对杆件的工作是不利的。因此,在设计时应尽可能使杆的截面尺寸不发生突变,并使杆的外形平缓光滑,尽可能避免带尖角的孔、槽和划痕等,以降低应力集中的影响。

小　结

一、应力的概念
受力构件某截面上一点处的内力集度称为应力。垂直于截面的法向应力分量 σ 称为正应力，与截面相切的切向应力分量 τ 称为剪应力。

二、拉(压)杆截面上的应力
1. 横截面上的正应力：均匀分布

$$\sigma = \frac{F_N}{A}$$

2. 斜截面上的应力

$$\sigma_\alpha = p_\alpha \cos\alpha = \sigma\cos^2\alpha = \frac{\sigma}{2}(1+\cos 2\alpha)$$

$$\tau_\alpha = p_\alpha \sin\alpha = \sigma\sin\alpha\cos\alpha = \frac{\sigma}{2}\sin 2\alpha$$

三、拉伸和压缩时材料的力学性能
1. 低碳钢拉伸时的力学性能
(1) 弹性阶段。比例极限 σ_p；弹性极限 σ_e。
(2) 屈服阶段。屈服极限 σ_s。
(3) 强化阶段。强度极限 σ_b，冷作硬化现象。
(4) 颈缩阶段。颈缩现象。
伸长率(或延伸率)δ：

$$\delta = \frac{l_1 - l}{l} \times 100\%$$

断面收缩率(或截面收缩率)ψ：

$$\psi = \frac{A_0 - A_1}{A_0} \times 100\%$$

工程中，通常把 $\delta \geqslant 5\%$ 的材料称为塑性材料；$\delta < 5\%$ 的材料称为脆性材料。

2. 铸铁
灰铸铁可作为脆性材料的代表，其拉伸时的应力-应变曲线是一段微弯的曲线，没有明显的直线部分。灰铸铁在较小的拉力下就被突然拉断，断口与轴线垂直，没有屈服和颈缩现象，唯一的指标是抗拉强度 σ_b，即拉断时的应力。

3. 材料压缩时的力学性能
略。

四、轴向拉伸和压缩时杆件的强度计算
1. 安全系数和许用应力
材料因过大的塑性变形或断裂破坏而丧失工作能力时的应力，称为极限应力，用 σ_0 表示。对于塑性材料 $\sigma_0 = \sigma_s$ 或 $\sigma_0 = \sigma_{0.2}$；对于脆性材料 $\sigma_0 = \sigma_b$。
许用应力 $[\sigma]$：

$$[\sigma] = \frac{\sigma_0}{n}$$

2. 拉压杆的强度计算

拉(压)杆的强度条件为

$$\sigma_{\max} = \frac{F_N}{A} \leqslant [\sigma]$$

(1) 强度校核。已知杆件的材料、截面尺寸和所承受的荷载，校核杆件是否满足强度条件式(5-8)，从而判断杆件能否安全地工作。

(2) 选择截面。已知杆件所用的材料和所承受的载荷，确定杆件的截面面积和相应的尺寸，则

$$A \geqslant \frac{F_N}{[\sigma]}$$

由此确定危险横截面面积。再根据横截面的形状，确定横截面的尺寸。

(3) 许用荷载。已知杆件所用的材料和截面尺寸，确定杆件所承担的最大载荷，则

$$F_N \leqslant A[\sigma]$$

由此确定危险截面的轴力，再由荷载与轴力的关系确定杆件的许用荷载。

思 考 题

5-1 何谓应力？应力与内力有什么关系？

5-2 "横截面上一点处的应力"和"构件上一点处的应力"的概念有何不同？

5-3 轴向拉压杆件横截面上存在的应力是怎样分布的？怎样计算应力？

5-4 何谓危险截面？拉压杆件的危险截面一定是轴力最大值所在的截面吗？

5-5 低碳钢的拉伸图和应力-应变图有何不同？低碳钢拉伸时应力-应变图表现为几个阶段？

5-6 什么是冷作硬化？它在工程上有什么用处？

5-7 塑性材料和脆性材料如何划分？各以哪个极限作为极限应力？

5-8 极限应力和容许应力有什么区别？

5-9 三种材料的应力-应变曲线图如思考题5-9图所示。试问哪一种材料强度高？哪一种材料刚度大？哪一种材料塑性好？

5-10 一简易起吊结构如思考题5-10图所示，杆①为低碳钢材料，杆②为铸铁材料。试问图(a)与图(b)两种结构设计方案中哪一种较为合理？为什么？

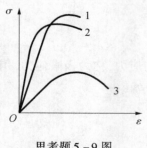

思考题 5-9 图

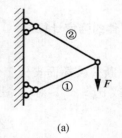

思考题 5-10 图

习 题

5-1 如题5-1图所示,已知直杆的材料重度(容重、单位体积物质的重量)γ,弹性模量E,横截面面积A,长度L,受外力F。试计算杆内最大应力。

5-2 题5-2图所示阶梯形圆截面杆:(1)承受轴向载荷$F_1=50\text{kN}$与F_2作用,AB与BC段的直径分别为$d_1=20\text{mm}$和$d_2=30\text{mm}$,如欲使AB与BC段横截面上的正应力相同,试求载荷F_2之值;(2)已知载荷$F_1=200\text{kN}$,$F_2=100\text{kN}$,AB段的直径$d_1=40\text{mm}$,如欲使AB与BC段横截面上的正应力相同。试求BC段的直径d_2。

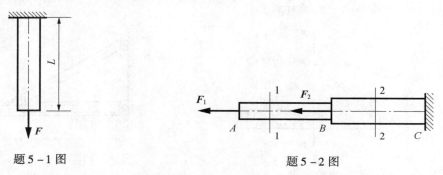

题5-1图　　　　　　　　题5-2图

5-3 题5-3图所示桁架,杆1与杆2的横截面均为圆形,两杆材料相同,许用应力$[\sigma]=160\text{MPa}$:(1)直径分别为$d_1=30\text{mm}$与$d_2=20\text{mm}$,该桁架在节点A处承受铅直方向的载荷$F=80\text{kN}$作用,试校核桁架的强度;(2)两杆直径相同,均为$d=20\text{mm}$,试确定结构的许用荷载。

5-4 题5-4图所示桁架,杆1与杆2的横截面面积与材料均相同,在节点A处承受载荷F作用,从试验中测得杆1与杆2的纵向正应变分别为$\varepsilon_1=4.0\times10^{-4}$与$\varepsilon_2=2.0\times10^{-4}$。试确定载荷$F$及其方位角$\theta$之值。已知:$A_1=A_2=200\text{mm}^2$,$E_1=E_2=200\text{GPa}$。

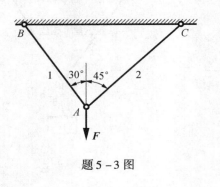 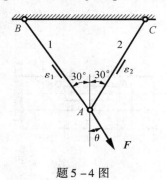

题5-3图　　　　　　　　题5-4图

5-5 圆杆上有槽,如题5-5图所示,圆杆直径$d=20\text{mm}$,槽宽为$d/4$,受拉力$F=50\text{kN}$作用。试求1-1和2-2截面上的应力(横截面上槽的面积近似按矩形计算)。

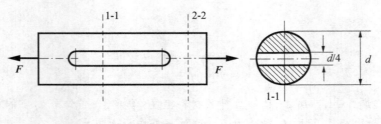

题 5-5 图

5-6 用绳索起吊钢筋混凝土管如题 5-6 图所示,若管子重量 $F=10\text{kN}$,绳索直径 $d=40\text{mm}$,许用应力 $[\sigma]=10\text{MPa}$。试校核绳索强度。

5-7 某悬臂吊车结构如题 5-7 图所示,最大起重量 $W=20\text{kN}$,AC 杆为 Q235A 圆钢,$[\sigma]=120\text{MPa}$。试设计杆直径。

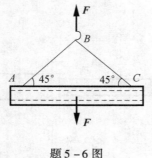

题 5-6 图

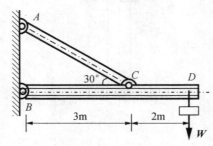

题 5-7 图

5-8 正方形截面杆有切槽,$a=30\text{mm}$,$b=10\text{mm}$,受力如题 5-8 图所示,$F=30\text{kN}$,材料 $E=200\text{GPa}$。试计算杆内各段截面上的正应力。

5-9 如题 5-9 图所示,重物 W 由铝丝 CD 悬挂在钢丝 AB 的中点 C,已知铝丝的直径 $d_1=2\text{cm}$,许用应力 $[\sigma]_1=100\text{MPa}$,钢丝的直径 $d_2=1\text{cm}$,许用应力 $[\sigma]_2=240\text{MPa}$,$\alpha=30°$。试求:(1)重物的许可重量;(2)α 为何值时,许可的重量最大。

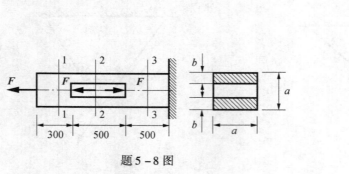

题 5-8 图

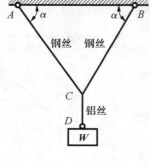

题 5-9 图

5-10 如题 5-10 图所示三角架 ABC,杆 1 为钢材,弹性模量 $E_1=200\text{GPa}$,许用应力 $[\sigma]_1=100\text{MPa}$,横截面面积 $A_1=127\text{mm}^2$,杆 2 为铝合金,弹性模量 $E_2=70\text{GPa}$,许用应力 $[\sigma]_2=80\text{MPa}$,横截面面积 $A_2=100\text{mm}^2$,长度 $l_2=1\text{m}$,载荷 $F=5\text{kN}$。试校核该结构的

强度。

5-11 如题 5-11 图所示,简易吊车中,BC 为钢杆,AB 为木杆。木杆 AB 的横截面面积 $A_1 = 100\text{cm}^2$,许用应力 $[\sigma]_1 = 7\text{MPa}$;钢杆 BC 的横截面面积 $A_2 = 6\text{cm}^2$,许用应力 $[\sigma]_2 = 160\text{MPa}$。试求许可吊重 W。

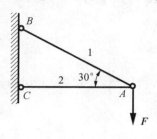

题 5-10 图

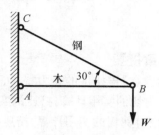

题 5-11 图

5-12 如题 5-12 图所示,梯子的两部分 AB 和 AC 在 A 点铰接,并用水平绳 DE 连接,梯子放在光滑水平面上,一重 $W = 800\text{N}$ 的人站在梯子的 G 点上,梯子的尺寸为 $l = 2\text{m}, a = 5\text{m}, h = 1.2\text{m}, \alpha = 60°$,绳子的横截面面积为 20mm^2,许用应力 $[\sigma] = 10\text{MPa}$。试校核绳子的强度。

5-13 如题 5-13 图所示,滑轮由 BC、BA 两圆截面杆支持,起重机绳索的一端绕在卷管上,已知 BC 杆为低碳钢,$[\sigma] = 160\text{MPa}$,直径 $d = 2\text{cm}$;BA 杆为铸铁,$[\sigma] = 100\text{MPa}$,直径 $d = 4\text{cm}$。试确定许可吊起的最大重量 $W_{\max}$。

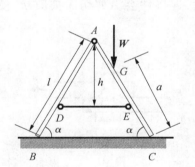

题 5-12 图

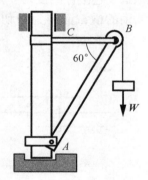

题 5-13 图

第6章 连接件的实用计算

本章提要

【知识点】连接件的受力特点,连接件的变形特点,挤压概念,剪力、剪切面,挤压力、挤压面,剪切的实用计算,挤压的实用计算。

【重点】剪切的实用计算,挤压的实用计算。

【难点】剪切面、挤压面的确定。

6.1 剪切和挤压的概念

在工程实际中,为了将机械和结构物的各部分互相连接起来通常要用到各种各样的构件。例如,图6-1中:图(a)为铆钉连接;图(b)为螺栓连接;图(c)为销钉连接;图(d)为键连接等。这些起连接作用的部件称为**连接件**。当结构工作时,连接件将发生剪切变形。连接件的**受力特点**:作用在构件两侧面上的横向外力的合力大小相等,方向相反,作用线相距很近。连接件的**变形特点**:在这样的外力作用下,两力间的横截面发生相对错动。发生错动的横截面称为**剪切面**。若外力过大,连接件会沿剪切面被剪断,使连接破坏。

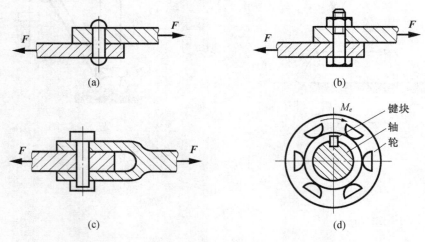

图6-1

在连接件发生剪切变形的同时,连接件和被连接件的接触面将互相压紧,这种现象称为**挤压现象**。两构件的接触面称为**挤压面**。接触面上传递的力称为**挤压力**。当挤压力过大时,连接件或被连接件在接触的局部范围内将产生塑性变形,甚至被压溃,造成连接件松动,如图 6-2 所示。

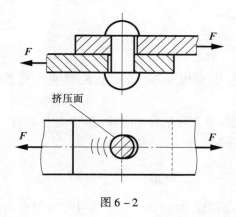

图 6-2

连接件的体积虽然都比较小,但对保证连接或整个结构牢固和安全却起着重要的作用。在连接件的强度计算中,因为连接件一般都不是细长的杆,加之其受力和变形都比较复杂,要从理论上计算它们的工作应力往往非常困难,有时甚至不可能。因此,在工程中一般都采用实用的计算方法来解决连接件的强度计算问题。实践证明,这种方法简便有效,由此法计算出的构件尺寸基本上是适用的。

6.2 剪切和挤压的实用计算

6.2.1 剪切的实用计算

以图 6-3(a)所示螺栓的连接为例进行分析。螺栓的受力情况如图 6-3(b)所示。螺栓在两侧面上分别受到大小相等、方向相反、作用线相距很近的两组分布外力系的作用。螺栓在这样的外力作用下,将在两侧外力之间并与外力作用线平行的截面 $m-m$ 上相对错动,即发生剪切变形。发生剪切变形的截面 $m-m$,称为剪切面。为分析螺栓在剪切面上的强度,沿剪切面 $m-m$ 截开并取任一部分为研究对象,如图 6-3(c)所示。由平衡条件可知,两个截面上必有与截面相切的内力 F_Q,且 $F_Q = F$。F_Q 称为**剪力**,相应地,截面上必有剪应力。

剪应力在剪切面上的分布是比较复杂的,如图 6-3(d)所示,为了简化计算,工程上

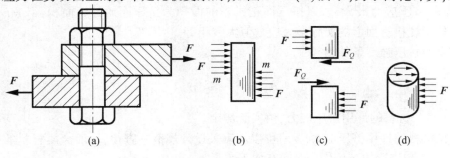

图 6-3

通常采用以实验、经验为基础的实用计算法,即近似地认为剪应力在剪切面上是均匀分布的,于是有

$$\tau = \frac{F_Q}{A} \quad (6-1)$$

式中:τ 为剪切面上的剪应力,单位为 Pa(N/m²);F_Q 为剪切面上的剪力,单位为 N;A 为剪切面面积,单位为 m²。

为了保证连接件在工作时不发生剪切破坏,剪切面上的最大剪应力不得超过材料的许用剪应力$[\tau]$,所以剪切条件为

$$\tau_{max} = \frac{F_Q}{A} \leqslant [\tau] \quad (6-2)$$

许用剪应力$[\tau]$与许用正应力$[\sigma]$相似,是通过实验得出的剪切强度极限 τ_b 除以安全系数得到的。常见材料的许用剪应力$[\tau]$可以从有关设计规范中查得,一般金属材料的许用剪应力$[\tau]$和许用拉正应力$[\sigma]$间有如下关系:

塑性材料:$[\tau] = (0.6 \sim 0.8)[\sigma]$。

脆性材料:$[\tau] = (0.8 \sim 1.0)[\sigma]$。

运用式(6-2)可以解决剪切强度计算中的三类问题:强度校核问题、设计截面尺寸问题和确定许可荷载问题。

6.2.2 挤压的实用计算

连接件发生剪切变形的同时,伴随着挤压变形。挤压面上的压力称为挤压力,用 F_C 或 F_{jy} 表示。挤压面上的压强称为挤压应力,用 σ_C 或 σ_{jy} 表示。挤压应力在挤压面上的分布比较复杂。在挤压的实用计算中,**假定挤压应力在挤压面上是均匀分布的**,于是有

$$\sigma_C = \frac{F_C}{A_C} \quad (6-3)$$

式中:A_C 为挤压面的计算面积,其计算视接触面的情况而定。图6-4(a)所示的连接件是键,挤压面为平面,则挤压面的实际面积就是挤压面的计算面积,$A_C = \frac{hl}{2}$;图6-4(c)所示的连接件是螺栓、铆钉、销钉等,挤压面为曲面,其挤压应力的分布大致如图6-4(b)所示,中点的挤压应力最大,若以挤压面正投影的面积为挤压面的计算面积,$A_C = hd$,则所得应力与圆柱接触面上的实际最大应力值大致相等。

相应的挤压强度条件为

$$\sigma_C = \frac{F_C}{A_C} \leqslant [\sigma_C] \quad (6-4)$$

式中:$[\sigma_C]$为材料的许用挤压应力,由实验测定。

常见材料的许用挤压应力$[\sigma_C]$可以从有关设计规范中查得,一般金属材料的许用挤压应力$[\sigma_C]$和许用拉正应力$[\sigma]$间有如下关系:

塑性材料:$[\sigma_C] = (1.7 \sim 2.0)[\sigma]$。

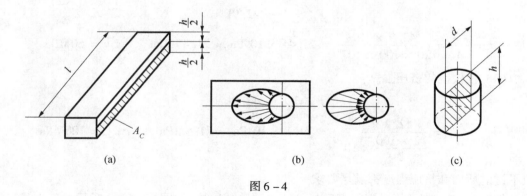

图 6-4

脆性材料：$[\sigma_C] = (0.9 \sim 1.5)[\sigma]$。

例题 6-1 电动机主轴与皮带轮用平键连接，如图 6-5(a) 所示。已知轴的直径 $d = 70\text{mm}$，键的尺寸 $b \times h \times l = 20\text{mm} \times 12\text{mm} \times 100\text{mm}$，轴传递的最大力矩 $m = 1.5\text{ kN} \cdot \text{m}$。平键的材料为 45 钢，$[\tau] = 60\text{MPa}$，$[\sigma_C] = 100\text{MPa}$。试校核键的强度。

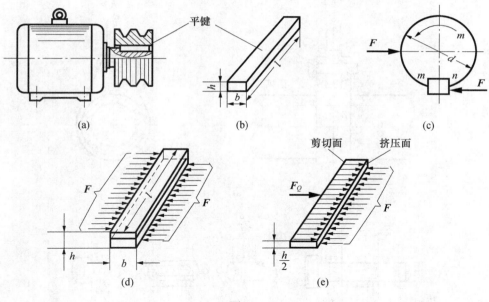

图 6-5

解：(1) 为计算键的受力情况，取键与轴为研究对象，受力如图 6-5(c) 所示。

$$\sum m = 0, \quad m - F \cdot \frac{d}{2} = 0$$

$$F = \frac{2m}{d} = \frac{2 \times 1.5 \times 10^3}{70 \times 10^{-3}} \approx 42.9 \times 10^3 \text{N} = 42.9 \text{kN}$$

(2) 取键为研究对象，受力如图 6-5(d)、(e) 所示。

剪切面为中间水平截面，$A = bl$；挤压面为左上和右下半侧面，$A_C = \dfrac{hl}{2}$。

(3) 校核键的剪切强度：

$$F_Q = F = 42.9 \text{kN}$$

$$\tau = \frac{F_Q}{A} = \frac{42.9 \times 10^3}{20 \times 100 \times 10^{-6}} = 21.45 \times 10^6 \text{Pa} = 21.45 \text{MPa} < [\tau] = 60 \text{MPa}$$

(4) 校核键的挤压强度：

$$F_C = F = 42.9 \text{kN}$$

$$\sigma_C = \frac{F_C}{A_C} = \frac{42.9 \times 10^3}{\frac{12 \times 100}{2} \times 10^{-6}} = 71.5 \times 10^6 \text{Pa} = 71.5 \text{MPa} < [\sigma_C] = 100 \text{MPa}$$

故平键的剪切和挤压强度都满足要求。

例题 6-2 高炉热风围管套环与吊杆通过销轴连接，如图 6-6(a) 所示。每个吊杆上承担的重量 $P = 188 \text{kN}$，销轴直径 $d = 90 \text{mm}$，在连接处吊杆端部厚 $\delta_1 = 110 \text{mm}$，套环厚 $\delta_2 = 75 \text{mm}$，吊杆、套环和销轴的材料均为 Q235 钢，许用应力 $[\tau] = 90 \text{MPa}$，$[\sigma_C] = 200 \text{MPa}$。试校核销轴连接的强度。

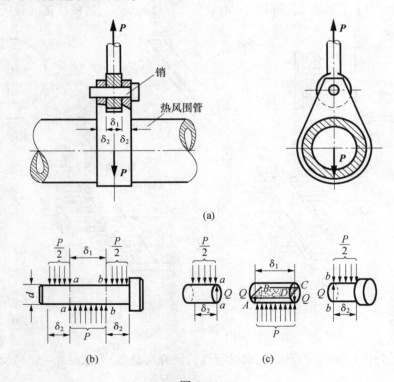

图 6-6

解：(1) 校核剪切强度。销轴的受力如图 6-6(b) 所示，$a-a$、$b-b$ 两截面皆为剪切面，这种情况称为双剪。由平衡条件知，销轴上的剪力为

$$F_Q = \frac{P}{2} = \frac{188}{2} = 94 \text{kN}$$

剪切面的面积为

$$A = \frac{\pi d^2}{4} = \frac{\pi \times 90^2 \times 10^{-6}}{4} = 6.36 \times 10^{-3} \mathrm{m}^2$$

销轴的工作应力为

$$\tau = \frac{F_Q}{A} = \frac{94 \times 1000}{63.6 \times 10^{-4}} = 14.8 \times 10^6 \mathrm{Pa} = 14.8 \mathrm{MPa} < [\tau] = 90 \mathrm{MPa}$$

故剪切强度满足要求。

(2) 校核挤压强度。销轴的挤压面是圆柱面,用通过圆柱直径的平面面积作为挤压面的计算面积。

又因为长度为 $\delta_1 < 2\delta_2$,应以面积较小者来校核挤压强度,此时的挤压面($ABCD$)上的挤压力为

$$F_C = P = 188 \mathrm{kN}$$

挤压面的计算面积为

$$A_C = \delta_1 d = 110 \times 90 = 9900 \mathrm{mm}^2 = 9.9 \times 10^{-3} \mathrm{m}^2$$

故工作挤压应力为

$$\sigma_C = \frac{F_C}{A_C} = \frac{188 \times 1000}{99 \times 10^{-4}} = 19 \times 10^6 \mathrm{Pa} = 19 \mathrm{MPa} < [\sigma_C] = 200 \mathrm{MPa}$$

故挤压强度也满足要求。

小 结

一、连接件的受力特点
作用在构件两侧面上的横向外力的合力大小相等,方向相反,作用线相距很近。
连接件的变形特点:两力间的横截面发生相对错动。

二、剪切的实用计算
近似地认为剪应力在剪切面上是均匀分布的,于是有

$$\tau = \frac{F_Q}{A}$$

为了保证连接件在工作时不发生剪切破坏,剪切面上的最大剪应力不得超过材料的许用剪应力$[\tau]$,所以剪切强度条件为

$$\tau_{\max} = \frac{F_Q}{A} \leqslant [\tau]$$

三、挤压的实用计算
在挤压的实用计算中,假定挤压应力在挤压面上是均匀分布的,于是有

$$\sigma_C = \frac{F_C}{A_C}$$

相应的挤压强度条件为

$$\sigma_C = \frac{F_C}{A_C} \leqslant [\sigma_C]$$

式中:A_C 为挤压面的计算面积,其计算视接触面的情况而定。如挤压面为平面,则挤压面的实际面积就是挤压面的计算面积;如挤压面为曲面,其挤压面正投影的面积为挤压面的计算面积。

连接件的计算并不难,主要问题是剪切面和挤压面的正确判定。

思 考 题

6-1 什么是连接件?试列举出生活和工程中的连接件实例各一例。

6-2 连接件的受力和变形有什么特点?

6-3 何谓挤压变形?挤压和压缩有何区别?

6-4 剪切和挤压的实用计算采用了什么假设?

6-5 实际挤压面面积与计算挤压面面积有何异同?

6-6 连接件的剪力与外力、挤压力与外力有什么关系?

6-7 试以教室内你能看到的构造物或连接件为例,分析其剪切面和挤压面。

习 题

6-1 如题 6-1 图所示木榫接头,几何尺寸 a、b、l,受拉力 F 的作用。(1)当 $a = 40\text{mm}$, $b = 100\text{mm}$, $l = 100\text{mm}$, $F = 50\text{kN}$,试求接头的剪切与挤压应力。(2)当 $b = 250\text{mm}$, $F = 50\text{kN}$,木材的许用挤压应力 $[\sigma_C] = 10\text{MPa}$,许用剪应力 $[\tau] = 1\text{MPa}$。试求接头所需尺寸 l 和 a。

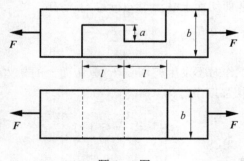

题 6-1 图

6-2 如题 6-2 图所示摇臂,承受载荷 F_1 与 F_2 作用,试确定轴销 B 的直径 d。已知载荷 $F_1 = 50\text{kN}$, $F_2 = 35.4\text{kN}$,许用剪应力 $[\tau] = 100\text{MPa}$,许用挤压应力 $[\sigma_C] = 240\text{MPa}$。

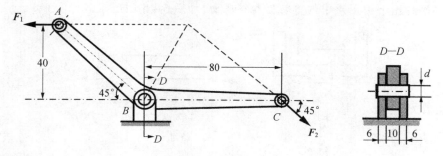

题 6-2 图

6-3 如题 6-3 图所示铆钉接头受拉力 $F=24\text{kN}$ 作用，上下钢板尺寸相同，厚度 $\delta=10\text{mm}$，宽 $b=100\text{mm}$，许用应力 $[\sigma]=170\text{MPa}$，铆钉直径 $d=17\text{mm}$，$[\tau]=140\text{MPa}$，$[\sigma_c]=320\text{MPa}$，试校核铆钉接头强度。

6-4 如题 6-4 图所示，一螺钉受拉力 F 作用，螺钉头的直径 $D=32\text{mm}$，$h=12\text{mm}$，螺钉杆的直径 $d=20\text{mm}$，$[\tau]=120\text{MPa}$，许用挤压应力 $[\sigma_c]=300\text{MPa}$，$[\sigma]=160\text{MPa}$。试求螺钉可承受的最大拉力 $F_{\max}$。

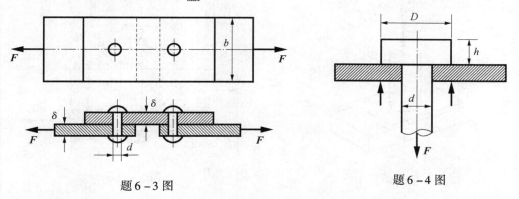

题 6-3 图   题 6-4 图

6-5 如题 6-5 图所示接头，承受轴向载荷 F 作用，试校核接头的强度。已知：载荷 $F=80\text{kN}$，板宽 $b=80\text{mm}$，板厚 $\delta=10\text{mm}$，铆钉直径 $d=16\text{mm}$，许用应力 $[\sigma]=160\text{MPa}$，许用剪应力 $[\tau]=120\text{MPa}$，许用挤压应力 $[\sigma_c]=340\text{MPa}$，板件与铆钉的材料相等。

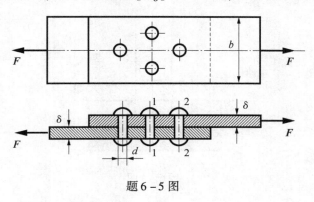

题 6-5 图

6-6 指出下面图形中的剪切面和挤压面,如题 6-6 图所示。

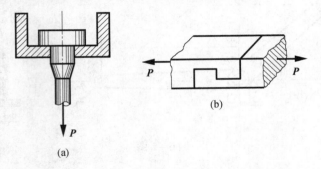

题 6-6 图

6-7 如题 6-7 图所示,放置于水平面上的钢板厚度 $\delta=10\text{mm}$,垂直于板的钢柱直径 $d=20\text{mm}$,钢板的长度和宽度远大于钢柱的直径。沿钢柱轴线方向向下加力 $F=100\text{kN}$。求钢板的剪应力和钢柱及钢板的挤压应力。

6-8 一螺栓连接如题 6-8 图所示,已知 $F=200\text{kN}$,$\delta=2\text{cm}$,螺栓材料的许用剪应力 $[\tau]=80\text{MPa}$。试求螺栓的直径。

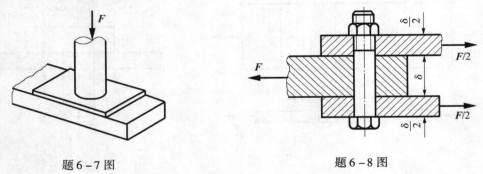

题 6-7 图　　　　　　题 6-8 图

6-9 如题 6-9 所示冲床的最大冲力为 400kN,冲头材料的许用应力 $[\sigma]=440\text{MPa}$,被冲剪钢板的剪切强度极限 $\tau_b=360\text{MPa}$,求在最大冲力作用下所能冲剪圆孔的最小直径 d 和钢板的最大厚度 δ。

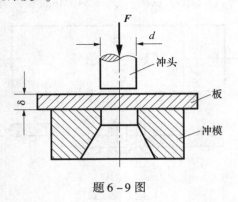

题 6-9 图

第7章 圆轴扭转时的应力与强度计算

本章提要

【知识点】薄壁圆筒扭转时的应力,剪应力互等定理,剪切胡克定律,圆轴扭转时横截面上的应力,圆轴扭转时的强度计算。

【重点】剪应力互等定理,剪切胡克定律,圆轴扭转时的强度计算。

【难点】圆轴扭转时的强度计算。

7.1 薄壁圆筒扭转时的应力

7.1.1 薄壁圆筒扭转时的应力

取一薄壁圆筒,首先在其表面上画上许多等间距的圆周线及纵向水平线,使其表面形成许多大小相同的矩形网格,如图7-1(a)所示。然后,在圆筒的两端面上施加一对大小相等、转向相反的外力偶矩,使其发生扭转变形,如图7-1(b)所示。在小变形的情况下,可以观察到以下变形现象。

(1) 各圆周线的形状、大小、间距均未改变,只是彼此绕轴线发生了相对转动。

(2) 各纵向线都倾斜了相同的一个微小角度 γ,原来的小矩形变成平行四边形。

根据上述现象,可以得如下结论。

(1) 由于圆周线间距不变,且其形状和大小也不变,这表明横截面和纵向截面上均没有正应力。

(2) 由于各圆周线只是彼此绕轴线发生了相对转动,且圆周线其形状和大小也不变,这表明横截面上只有剪应力,且垂直半径。

(3) 由于各纵向线都倾斜了相同的一个微小角度 γ,可以认为剪应力沿圆周周向是均匀分布的。

(4) 由于筒壁很薄,可以认为剪应力沿径向分布是均匀的。

综上所述,薄壁圆筒扭转时,横截面上只存在剪应力,而没有正应力。剪应力垂直于横截面的半径,且沿圆周周向和径向是均匀分布。图中直角的改变量 γ 称为剪应变,如图7-1(b)所示。

为了确定筒内应力,假想用一个垂直于筒轴的平面把圆筒分为两部分,取左部分为研究对象,如图7-1(c)所示。剪应力 τ 所形成的合力偶矩,即扭矩为

$$T = \int_A \tau \cdot dA \cdot r = \int_0^{2\pi} \tau \cdot r d\varphi \delta \cdot r = \tau r^2 \delta \int_0^{2\pi} d\varphi = 2\pi r^2 \delta \tau$$

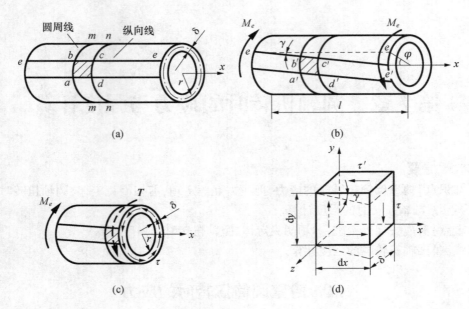

图 7-1

由
$$\sum m_x = 0, \quad T - M_e = 0$$

得
$$T = M_e$$

所以,剪应力为
$$\tau = \frac{T}{2\pi r^2 \delta} = \frac{M_e}{2\pi r^2 \delta} \tag{7-1}$$

7.1.2 剪应力互等定理

用横截面和径向截面从薄壁圆筒上取一边长为无限小的正六面体,称为单元体,再根据平衡画受力图,如图 7-1(d)所示。设单元体各边的长度分别为 dx、dy 和 δ。由平衡方程
$$\sum m_z = 0, \quad (\tau \cdot dy \cdot \delta)dx - (\tau' \cdot dx \cdot \delta)dy = 0$$

可得
$$\tau = \tau' \tag{7-2}$$

这表明,在单元体上两互相垂直的平面上,剪应力成对出现,其数值相等,方向均指向或背离两截面的交线。这个规律称为**剪应力互等定理**,这个定理具有普遍意义。

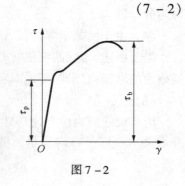

图 7-2

7.1.3 剪切胡克定律

实验表明,当剪应力不超过材料的剪切比例极限时,剪应力与剪应变之间成正比关系,如图 7-2 所示的直线部分。这个关系称为**剪切胡克定律**,即

$$\tau = G \cdot \gamma \tag{7-3}$$

式中:G 为材料的剪切弹性模量,量纲与应力相同,其国际单位为 Pa,工程中常用单位为 GPa;γ 为构件发生的剪应变。

7.2 圆轴扭转时的应力和强度计算

7.2.1 圆轴扭转时横截面上的应力

分析圆轴扭转时横截面上的应力,需要综合考虑几何、物理、静力学三方面。

1. 变形几何关系

取一圆形直杆,在其表面上画上许多等间距的圆周线及纵向水平线,使其表面形成许多大小相同的矩形网格,如图 7-3(a) 所示。施加力偶矩 M_e,使其发生扭转变形,如图 7-3(b) 所示。在小变形的情况下,可以观察到以下变形现象。

(1) 各圆周线的形状、大小、间距均未改变,只是彼此绕轴线发生了相对转动。

(2) 各纵向线都倾斜了相同的一个微小角度 γ,原来的小矩形变成平行四边形。

根据观察到的变形现象,可以假设:圆轴的横截面,在扭转后仍保持为平面,其形状、大小不变,其半径仍保持为直线,此假设称为**平面假设**。

由此可以推论,圆轴扭转变形时横截面上不存在正应力,只有剪应力,其方向与所在半径垂直,且与扭矩 T 的转向一致。

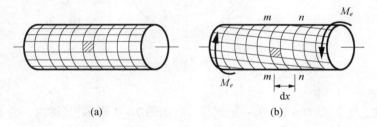

图 7-3

圆轴在发生扭转时,用 $m-m$、$n-n$ 两横截面截取长为 dx 的微段为研究对象,如图 7-4(a) 所示,微段两端面的相对扭转角为 $d\varphi$,距中心为 ρ 处,变形后 $n-n$ 截面相对 $m-$

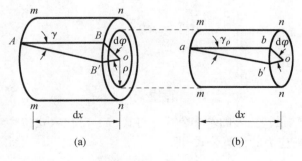

图 7-4

m 截面转过了 bb' 弧长,如图 7-4(b)所示,由几何关系可知

$$\rho \cdot \mathrm{d}\varphi \approx \mathrm{d}x \cdot \tan\gamma_\rho \approx \mathrm{d}x \cdot \gamma_\rho$$

于是可得距圆心为 ρ 的 b 点的剪应变为

$$\gamma_\rho = \rho \frac{\mathrm{d}\varphi}{\mathrm{d}x} \tag{7-4}$$

2. 物理关系

以 τ_ρ 表示横截面上距圆心为 ρ 处的剪应力,由剪切胡克定律知

$$\tau_\rho = G\gamma_\rho$$

将式(7-4)代入上式,可得

$$\tau_\rho = G\rho \frac{\mathrm{d}\varphi}{\mathrm{d}x} \tag{7-5}$$

式(7-5)表明,横截面上任意点的剪应力 τ_ρ 与该点到圆心的距离 ρ 成正比。因而,所有与圆心等距离的点,其剪应力均相同,如图 7-5 所示。

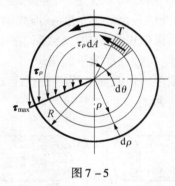

图 7-5

3. 静力学关系

在横截面上距圆心为 ρ 处,取一微面积 $\mathrm{d}A$,如图 7-5 所示,其微内力为 $\tau_\rho \mathrm{d}A$,它对圆心的微内力矩为 $\tau_\rho \mathrm{d}A \cdot \rho$。整个截面上的微内力矩合成为扭矩 T,即

$$T = \int_A \rho\tau_\rho \mathrm{d}A = \int_A \rho \cdot G\rho \frac{\mathrm{d}\varphi}{\mathrm{d}x} \cdot \mathrm{d}A = G\frac{\mathrm{d}\varphi}{\mathrm{d}x} \int_A \rho^2 \mathrm{d}A \tag{7-6}$$

令 $I_\mathrm{p} = \int_A \rho^2 \mathrm{d}A$,称为横截面对圆心的极惯性矩,将其代入式(7-6)得

$$T = GI_\mathrm{p} \frac{\mathrm{d}\varphi}{\mathrm{d}x}$$

或

$$\frac{\mathrm{d}\varphi}{\mathrm{d}x} = \frac{T}{GI_\mathrm{p}} \tag{7-7}$$

式(7-7)是研究圆轴扭转变形的基本公式。将式(7-7)代入式(7-5),即得圆轴扭转时横截面上任一点处剪应力的计算公式,即

$$\tau = \frac{T}{I_\mathrm{p}} \cdot \rho \tag{7-8}$$

式中:T 为横截面上的扭矩,单位为 N·m;ρ 为横截面上任意一点处到圆心的距离,单位为 m;I_p 为横截面对圆心的极惯性矩,单位为 m^4。

根据式(7-7)可知,横截面上剪应力的分布规律如图 7-6 所示,其正负号和扭矩 T 相同。

图 7-6
(a)实心圆截面的剪应力分布图;(b)空心圆截面的剪应力分布图。

对于直径为 D 的实心圆截面,如图 7-7(a)所示,$I_p = \dfrac{\pi D^4}{32}$;对于内径为 d,外径为 D 的空心圆截面,如图 7-7(b)所示,$I_p = \dfrac{\pi D^4}{32} - \dfrac{\pi d^4}{32} = \dfrac{\pi D^4}{32}(1-\alpha^4)$,其中 $\alpha = \dfrac{d}{D}$。极惯性矩的常用单位为 m^4、cm^4 或 mm^4。极惯性矩的概念及计算参见附录 I。

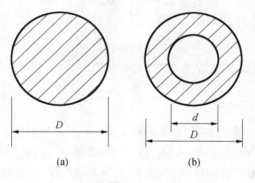

图 7-7

例题 7-1 图 7-8 所示的圆截面轴,外径 $D=40mm$,内径 $d=20mm$,扭矩 $T=1kN·m$,计算 $\rho=15mm$ 的 A 处的扭转剪应力及横截面上的最大、最小剪应力。

解:(1)计算横截面上的极惯性矩:

$$I_p = \frac{\pi(D^4 - d^4)}{32} = \frac{\pi(40^4 - 20^4)}{32} = 235600 mm^4$$

(2)求剪应力:

$$\tau_A = \frac{T}{I_p} \cdot \rho = \frac{1 \times 10^3}{235600 \times 10^{-12}} \times 15 \times 10^{-3}$$
$$= 63.7 \times 10^6 Pa = 63.7 MPa$$

$$\tau_{max} = \frac{T}{I_p} \cdot \frac{D}{2} = \frac{1 \times 10^3}{235600 \times 10^{-12}} \times 20 \times 10^{-3}$$
$$= 84.9 \times 10^6 Pa = 84.9 MPa$$

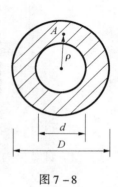

图 7-8

$$\tau_{\min} = \frac{T}{I_p} \cdot \frac{d}{2} = \frac{1 \times 10^3}{235600 \times 10^{-12}} \times 10 \times 10^{-3} = 42.4 \times 10^6 \text{Pa} = 42.4 \text{MPa}$$

7.2.2 圆轴扭转时的强度计算

由式(7-8)可知,当 $\rho = \rho_{\max} = r = \frac{D}{2}$ 时,有最大剪应力,即

$$\tau_{\max} = \frac{T}{I_p} \cdot \frac{D}{2} = \frac{T}{I_p/(D/2)} = \frac{T}{W_p}$$

因此,圆轴扭转时的强度条件为

$$\tau_{\max} = \frac{T}{W_p} \leq [\tau] \tag{7-9}$$

式中:$[\tau]$ 为材料的扭转许用剪应力,单位为 Pa;$\tau_{\max}$ 为圆轴横截面上的最大扭转剪应力,单位为 Pa;T 为产生最大扭转剪应力横截面上的扭矩,单位为 N·m;W_p 为产生最大扭转剪应力横截面的抗扭截面模量,单位为 m^3。

W_p 的计算:

对于直径为 D 的实心圆截面:

$$W_p = \frac{I_p}{D/2} = \frac{\pi D^4/32}{D/2} = \frac{\pi D^3}{16}$$

对于内径为 d、外径为 D 的空心圆截面:

$$W_p = \frac{I_p}{D/2} = \frac{\frac{\pi D^4}{32}(1-\alpha^4)}{D/2} = \frac{\pi D^3}{16}(1-\alpha^4)$$

式中 α——内外径之比 $\left(\alpha = \frac{d}{D}\right)$。

例题 7-2 一传动轴受力如图 7-9(a)所示,已知轴的直径 $d = 45\text{mm}$,转速 $n = 300\text{r/min}$。主动轮输入的功率 $P_A = 36.7\text{kW}$;从动轮 B、C、D 输出的功率分别为 $P_B = 14.7\text{kW}$,$P_C = P_D = 11\text{kW}$。轴的材料为 45 钢,$[\tau] = 40\text{MPa}$。试校核轴的强度。

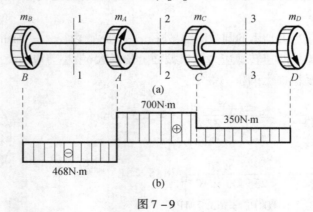

图 7-9

解:(1) 计算外力偶矩:

$$m_A = 9549 \frac{P_A}{n} = 9549 \times \frac{36.7}{300} = 1168 \text{N} \cdot \text{m}$$

$$m_B = 9540 \frac{P_B}{n} = 9549 \times \frac{14.7}{300} = 468 \text{N} \cdot \text{m}$$

$$m_C = m_D = 9549 \frac{P_C}{n} = 9549 \times \frac{11}{300} = 350 \text{N} \cdot \text{m}$$

（2）画扭矩图，求最大扭矩。用截面法求得 AB、AC、CD 各段的扭矩分别为

$$T_1 = -m_B = -468 \text{N} \cdot \text{m}$$

$$T_2 = m_A - m_B = 1168 - 468 = 700 \text{N} \cdot \text{m}$$

$$T_3 = m_A - m_B - m_C = 1168 - 468 - 350 = 350 \text{N} \cdot \text{m}$$

画出扭矩图，如图 7-9(b)所示。由图可见，在 AC 段内的扭矩最大，为

$$T_{\max} = 700 \text{N} \cdot \text{m}$$

因为这是一等截面轴，故危险截面就在此段轴内。

（3）强度校核。按强度计算公式：

$$\tau_{\max} = \frac{T_{\max}}{W_p} = \frac{700}{\frac{\pi \times 45^3 \times 10^{-9}}{16}} = 39.14 \times 10^6 \text{Pa} = 39.14 \text{MPa} < 40 \text{MPa} = [\tau]$$

所以满足强度条件。

例题 7-3 如图 7-10 所示，汽车发动机将功率通过主传动轴 AB 传给后桥，驱动车轮行驶。设主传动轴所承受的最大外力偶矩为 $M_e = 1.5 \text{kN} \cdot \text{m}$，轴是由 45 钢无缝钢管制成的，外直径 $D = 90\text{mm}$，壁厚 $\delta = 2.5\text{mm}$，$[\sigma] = 60 \text{MPa}$。

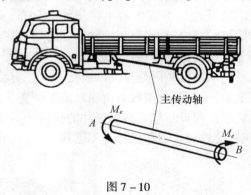

图 7-10

（1）试校核主传动轴的强度。

（2）若改用实心轴，在具有与空心轴相同的最大剪应力的前提下，试计算实心轴的直径。

（3）确定空心轴与实心轴的重量比。

解：（1）校核空心轴的强度。根据已知条件，主传动轴横截面上的扭矩 $T = M_e = 1.5 \text{kN} \cdot \text{m}$，轴的内径与外径之比为

$$\alpha = \frac{d}{D} = \frac{D - 2\delta}{D} = \frac{90 - 2 \times 2.5}{90} = 0.944$$

因为轴只在两端承受外加力偶，所以轴各横截面的危险程度相同，轴的所有横截面上

的最大剪应力均为

$$\tau_{max} = \frac{T}{W_p} = \frac{16T}{\pi D^3(1-\alpha^4)} = \frac{16 \times 1.5 \times 10^3}{3.14 \times 90^3 \times 10^{-9}(1-0.944^4)}$$
$$= 50.9 \times 10^6 Pa = 50.9 MPa < [\tau]$$

所以,主传动轴满足强度要求。

(2) 确定实心轴的直径。根据实心轴和空心轴具有相同的最大剪应力的前提,实心轴横截面上的最大剪应力也必须等于 50.9MPa。设实心轴的直径为 d_2,则有

$$\tau_{max} = \frac{T}{W_p} = \frac{16T}{\pi d_2^3} = \frac{16 \times 1.5 \times 10^3}{3.14 d_2^3} = 50.9 \times 10^6 MPa$$

据此,可得实心轴的直径为

$$d_2 = \sqrt[3]{\frac{16 \times 1.5 \times 10^3}{3.14 \times 50.9 \times 10^6}} = 53.1 \times 10^{-3} m = 53.1 mm$$

(3) 确定空心轴与实心轴的重量比。由于二者的长度、材料相同,所以重量比即为横截面的面积比,即

$$\eta = \frac{W_1}{W_2} = \frac{A_1}{A_2} = \frac{\frac{\pi(D^2-d^2)}{4}}{\frac{\pi d_2^2}{4}} = \frac{D^2-d^2}{d_2^2} = \frac{90^2-85^2}{53.1^2} = 0.31$$

从计算结果可知,在使用情况相同的条件下,使用空心轴比使用实心轴可以节省材料 $(1-0.31) \times 100\% = 69\%$,这是应为剪应力沿半径呈线性分布,实心轴圆心附近应力较小,材料没能充分发挥作用,改为空心轴相对于把轴心处的材料移向边缘。

在工程中,还会遇到非圆截面杆的扭转,如农业机械中有时采用方轴作为传动轴,又如曲轴的曲柄承受扭转,而它们的横截面是正方形或矩形的。实验证明,圆轴受扭后横截面仍保持为平面,而非圆截面杆受扭后,横截面由原来的平面变为曲面,如图7-11所示,这一现象称为翘曲。所以,平面假设对非圆截面杆件的扭转已不再适用。因此,根据平面假设建立的圆截面杆的扭转公式对非圆截面杆均不适用。

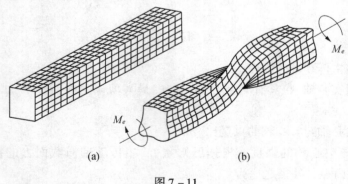

图 7-11

非圆截面杆的扭转可分为自由扭转(或称纯扭转)和约束扭转。等直杆在两端受力偶作用,且截面翘曲不受任何限制,属于自由扭转。这种情形下的构件各横截面翘曲的程

度相同,纵向纤维的长度没有变化,所以横截面上没有正应力,只有剪应力。截面翘曲受到某种约束限制的扭转变形,称为约束扭转。由于约束条件或受力条件的限制造成杆件各横截面翘曲的程度不同,势必引起相邻两截面间纵向纤维长度的改变。于是横截面上除剪应力外还有正应力。一般实心截面杆由于约束扭转产生的正应力很小,可以略去不计。但对于工字钢、槽钢等薄壁杆件,约束扭转所引起的正应力则往往是相当大的,不能忽略。

小　结

一、剪应力互等定理

$$\tau = \tau'$$

在单元体上两互相垂直的平面上,剪应力成对出现,其数值相等,方向均指向或背离两截面的交线。这个规律称为剪应力互等定理。

二、剪切胡克定律

实验表明,当剪应力不超过材料的剪切比例极限时,剪应力与剪应变之间成正比关系,这个关系称为剪切胡克定律。

$$\tau = G \cdot \gamma$$

式中　G——材料的剪切弹性模量,量纲与应力相同;
　　　γ——构件发生的剪应变。

三、圆轴扭转时横截面上的应力

分析圆轴扭转时横截面上的应力,需要综合考虑几何、物理、静力学三方面。得到扭转剪应力为

$$\tau = \frac{T}{I_\mathrm{p}} \cdot \rho$$

横截面上剪应力的分布规律如图 7-12 所示,其正负号和扭矩 T 相同。

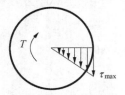
实心圆截面的剪应力分布图

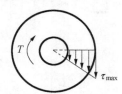
空心圆截面的剪应力分布图

图 7-12

四、圆轴扭转时的强度计算

圆轴扭转时的强度条件为

$$\tau_\mathrm{max} = \frac{T}{W_\mathrm{p}} \leqslant [\tau]$$

式中　$[\tau]$——材料的扭转许用剪应力;
　　　W_p——抗扭截面模量。
对于直径为 D 的实心圆截面:

$$W_p = \frac{\pi D^3}{16}$$

对于内径为 d、外径为 D 的空心圆截面：

$$W_p = \frac{\frac{\pi D^4}{32}(1-\alpha^4)}{\frac{D}{2}} = \frac{\pi D^3}{16}(1-\alpha^4)$$

式中　α——内、外径之比$\left(\alpha = \frac{d}{D}\right)$。

利用上述强度条件同样可以进行强度校核、截面选择及外力偶矩三方面的计算。

思 考 题

7-1　什么是扭转变形？扭转构件的受力特点和变形特点是什么？

7-2　试画出思考题7-2图所示各轴的受力简图，并指出哪些轴会产生扭转变形。

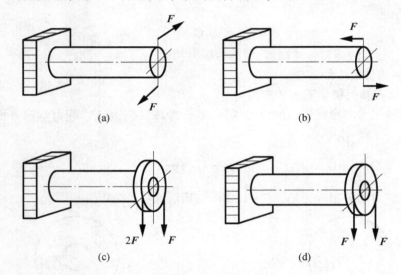

思考题7-2图

7-3　实心圆轴和空心圆轴，横截面面积相同，截面上受相同的扭矩 T 作用，从强度角度分析哪一种截面形式更为合理？为什么？

7-4　阶梯轴的最大扭转剪应力一定发生在最大扭矩所在的截面上吗？怎样分析危险截面？

7-5　圆轴直径增大一倍，其他条件均不变，那么最大剪应力、轴的扭转角将如何变化？

7-6　从强度观点看，思考题7-6图所示三个轮的位置布置哪个比较合理，为什么？

7-7　圆截面杆件和非圆截面杆件受扭转时，其应力和变形有什么不同？

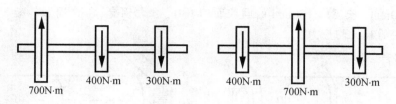

思考题 7-6 图

习 题

7-1 实心圆轴的直径 $d=100$mm,长 $l=1$m,其两端所受外力偶矩 $m=14$kN·m,材料的剪切弹性模量 $G=80$GPa。试求最大切应力。

7-2 如题 7-2 图所示,在一直径为 75mm 的等截面圆轴上,作用着外力偶矩 $m_1=1$kN·m、$m_2=0.6$kN·m、$m_3=0.2$kN·m、$m_4=0.2$kN·m。求出轴的每段内的最大切应力。

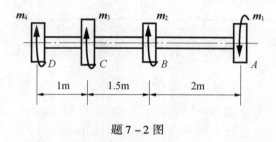

题 7-2 图

7-3 传动轴结构及其受载如题 7-3 图所示,轴材料的许用应力 $[\tau]=35$MPa,切变模量 $G=80$GPa。试校核该轴的强度。

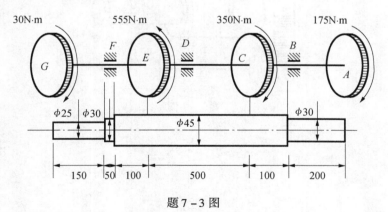

题 7-3 图

7-4 题 7-4 图所示空心圆轴外径 $D=100$mm,内径 $d=80$mm,$l=500$mm,外力偶矩 $m_1=6$kN·m,$m_2=4$kN·m,材料的切变模量 $G=80$GPa。试绘出扭矩图,计算轴的最大切应力。

7-5 采用实验方法求钢的切变模量 G 时,其装置的示意图如题 7-5 图所示。AB

为直径 $d=10\text{mm}$，长度 $l=100\text{mm}$ 的圆截面钢试件，A 端固定，在 B 端加转矩 $m=15\text{N·m}$ 时，试求杆内的最大切应力。

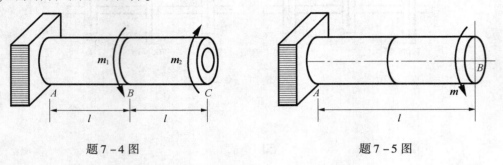

题 7-4 图   题 7-5 图

7-6 如题 7-6 图所示圆轴，AC 段为空心，CE 段为实心，材料的切变模量 $G=80\text{GPa}$，计算轴内最大切应力。

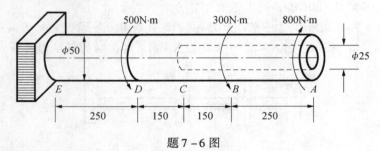

题 7-6 图

7-7 阶梯圆轴受力如题 7-7 图所示，已知 $d_2=2d_1=d$，$l_2=1.5l_1=1.5a$，材料的剪切弹性模量 G。试求轴的最大切应力（结果用 d、a、m 表示）。

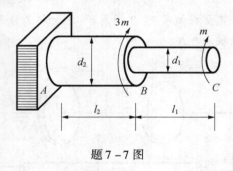

题 7-7 图

第8章 梁弯曲时的应力与强度计算

本章提要

【知识点】纯弯曲、横力弯曲、平面假设、单向受力假设、中性层、中性轴、抗弯截面模量的概念,梁的正应力强度条件,梁的强度条件的应用,矩形截面梁横截面上的剪应力,提高梁弯曲强度的措施。

【重点】梁的正应力强度条件,梁的强度条件的应用。

【难点】梁的强度条件的应用。

8.1 梁弯曲时的正应力

直梁弯曲时,横截面上一般要产生两种内力——剪力和弯矩,这种弯曲称为**横力弯曲**(或称为**剪切弯曲**)。在某些情况下,梁的某区段或整个梁内,横截面上只有弯矩,而无剪力,这样的弯曲称为**纯弯曲**。如图8-1(a)所示的简支梁,在对称荷载作用下,其剪力图和弯矩图如图8-1(b)、(c)所示。在 AC、DB 段的横截面上,剪力和弯矩同时存在,为横力弯曲;而 CD 段的横截面,剪力等于零,弯矩 $M = Fa$ 为常量,为纯弯曲。

梁横力弯曲时,横截面上既有剪力,又有弯矩,相应地,横截面上必然同时存在两种应力——剪应力和正应力。在横截面上只有切向微内力 $\tau \mathrm{d}A$ 才能组成剪力 F_Q,只有法向微内力 $\sigma \mathrm{d}A$ 才能组成弯矩 M,如图8-2所示。但当梁发生纯弯曲时,因横截面上只有弯矩,

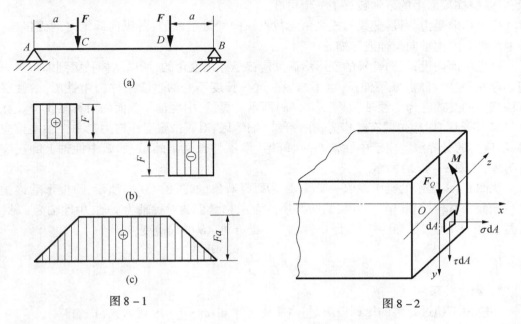

图8-1

图8-2

则只存在正应力,而无剪应力。下面先就纯弯曲情况来分析正应力与弯矩的关系。分析方法与推导扭转剪应力公式类似,需要综合考虑:①变形的几何关系;②物理关系——应力、应变关系;③静力学关系。

1. 变形的几何关系

首先,通过实验观察梁的变形情况。取一根对称截面梁(例如矩形截面梁),在其表面画上纵向线和横向线,如图 8-3(a)所示。然后在梁的两端施加一对大小相等、方向相反的力偶 M,使梁处于纯弯曲状态,如图 8-3(b)所示。根据梁的变形情况,可观察到下列现象。

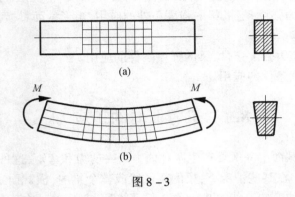

图 8-3

(1) 横向线仍为直线,但转过了一个小角度。
(2) 纵向线变成曲线,但仍与变形后的横向线保持垂直。
(3) 位于凹边的纵向线缩短,凸边的纵向线伸长。

根据上述现象,可作如下假设。

(1) 弯曲的平面假设:梁的横截面在变形后仍保持为平面,且垂直于变形后的梁轴线,只是绕横截面上的某轴转过了一个角度。

(2) 单向受力假设:把梁看成是由无数根纵向纤维组成的,各纵向纤维之间无挤压,每根纤维只产生轴向拉伸或压缩。

根据平面假设,纵向纤维的变形沿高度应该是连续变化的,所以从伸长区到缩短区中间必存在一层"纤维"既不伸长,也不缩短。这一长度不变的过渡层称为**中性层**,中性层与横截面的交线称为**中性轴**,如图 8-4(a)所示。显然,中性轴与截面的对称轴正交。在"纤维"伸长区,对应位置有拉应力;在"纤维"缩短区,对应位置有压应力。中性轴是拉应力、压应力的分界线。由于中性轴处的"纤维"既不伸长又不缩短,那么中性轴上的正应力为零,如图 8-4(b)所示。

从图 8-3 所示的梁中截取一微段 dx 为研究对象,如图 8-5(a)所示,设变形后该微段两端面相对转过 $d\theta$ 角,中性层的曲率半径为 ρ,横截面的对称轴为 y 轴,中性轴为 z 轴,由图 8-5(b)可以推导,并得到距中性轴为 y 处纤维 AB 的线应变:

$$\varepsilon = \frac{y}{\rho} \tag{1}$$

2. 物理关系

在应力不超过材料的比例极限时,由胡克定律知:$\sigma = E \cdot \varepsilon$,代入式(1),得

$$\sigma = E \cdot \frac{y}{\rho} \tag{2}$$

3. 静力学关系

在横截面上坐标为 y、z 处取微面积 dA，其上作用着法向微内力 σdA，如图 8-5(c) 所示。整个横截面各点处的微内力组成空间平行力系。因横截面上只有弯矩 M，故有

$$F_N = \int_A \sigma \cdot dA = 0 \tag{3}$$

$$M_y = \int_A z\sigma \cdot dA = 0 \tag{4}$$

$$M_z = \int_A y\sigma \cdot dA = M \tag{5}$$

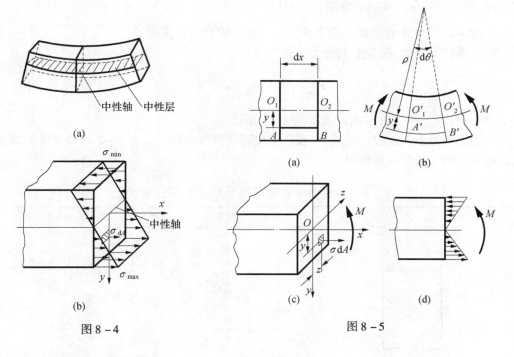

图 8-4   图 8-5

将式(2)代入式(3)，得

$$\int_A \sigma dA = \frac{E}{\rho}\int_A y dA = \frac{E}{\rho} S_z = \frac{E}{\rho} y_C \cdot A = 0 \tag{6}$$

式(6)中的积分 $\int_A y dA = S_z$ 为横截面对中性轴 z 的静矩，y_C 为横截面形心坐标，因 $\frac{E}{\rho} A \neq 0$，故必须 $y_C = 0$，即中性轴过横截面的形心。

将式(2)代入式(4)，得

$$\int_A z\sigma dA = \frac{E}{\rho}\int_A zy dA = 0 \tag{7}$$

因 y 轴是横截面的竖向对称轴，且 y 轴与 z 轴正交，显然 $\int_A zy dA = 0$，即式(8-7)自然满足。

将式(2)代入式(5),并引入 $I_z = \int_A y^2 dA$,得

$$\int_A y\sigma dA = \frac{E}{\rho}\int_A y^2 dA = \frac{E}{\rho}I_z = M \tag{8}$$

从而确定了中性层的曲率为

$$\frac{1}{\rho} = \frac{M}{EI_z} \tag{8-1}$$

将式(8-1)代入式(2),可得

$$\sigma = \frac{M}{I_z} \cdot y \tag{8-2}$$

式中:I_z 为截面对中性轴的惯性矩,$I_z = \int_A y^2 dA$。

式(8-2)为纯弯曲梁横截面上任意一点处正应力的计算公式。

对于等截面直梁,横截面上最大正应力为

$$\sigma_{max} = \frac{M_{max}}{I_z}y_{max} = \frac{M_{max}}{W_z}$$

式中:$W_z = I_z/y_{max}$ 称为抗弯截面模量,单位为 m^3。

上述纯弯曲梁的正应力公式,可直接应用到横力弯曲梁中。表8-1列出了常见简单截面的惯性矩与抗弯截面模量。

表8-1 常见简单截面的惯性矩与抗弯截面模量

截 面	惯 性 矩	抗弯截面模量
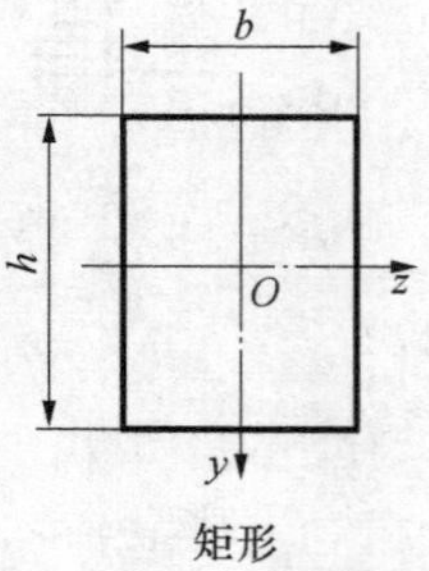 矩形	$I_z = \dfrac{bh^3}{12}$ $I_y = \dfrac{hb^3}{12}$	$W_z = \dfrac{bh^2}{6}$ $W_y = \dfrac{hb^2}{6}$
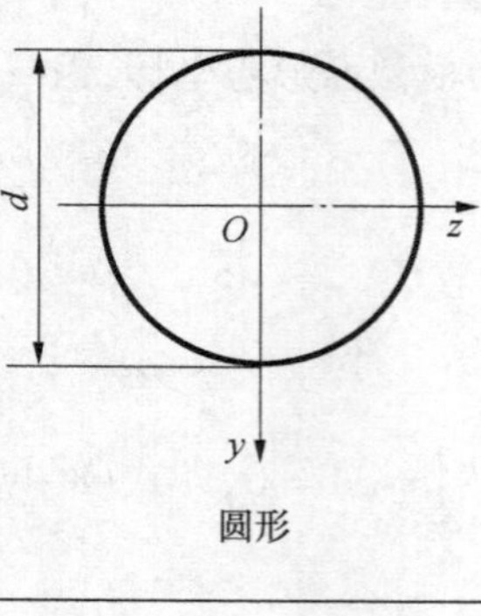 圆形	$I_z = I_y = \dfrac{\pi d^4}{64}$	$W_z = W_y = \dfrac{\pi d^3}{32}$

(续)

截 面	惯 性 矩	抗弯截面模量
圆环形	$I_z = I_y = \dfrac{\pi D^4 (1-\alpha^4)}{64}$ $\left(\alpha = \dfrac{d}{D}\right)$	$W_z = W_y = \dfrac{\pi D^3 (1-\alpha^4)}{32}$ $\left(\alpha = \dfrac{d}{D}\right)$

8.2 梁弯曲时的强度计算

8.2.1 梁的正应力强度条件

1. 梁的强度条件

对于塑性材料,由于其抗拉、抗压能力相等,因此通常将梁的横截面设计成与中性轴对称的形状,如矩形截面、圆形截面等,此时,等截面直梁的危险截面在$|M_{max}|$所在处,强度条件为

$$\sigma_{max} = \frac{M_{max}}{W_z} \leqslant [\sigma] \tag{8-3}$$

式中 $[\sigma]$——材料的弯曲许用正应力。

对于脆性材料,其抗压能力远大于抗拉能力,因此通常将梁的横截面设计成与中性轴不对称的形状,如T形截面、槽形截面等,此时,等截面直梁产生最大正负弯矩(M_{max}^+、M_{max}^-)所在的截面都是可能的危险截面,最大拉应力、最大压应力分别在中性轴两侧,距中性轴最远处,强度条件为

$$\begin{cases} \sigma_{max}^+ = \dfrac{|M_{max}|y_1}{I_z} \leqslant [\sigma]^+ \\ \sigma_{max}^- = \dfrac{|M_{max}|y_2}{I_z} \leqslant [\sigma]^- \end{cases} \tag{8-4}$$

式中 $[\sigma]^+$、$[\sigma]^-$——材料的弯曲许用拉应力及许用压应力;
y_1——梁的受拉边缘到中性轴的距离;
y_2——梁的受压边缘到中性轴的距离。

2. 梁的强度条件的应用

应用强度条件可以解决下述三种类型的强度计算问题。

1) 强度校核

已知材料的$[\sigma]$、截面形状和尺寸及所承受的荷载,可利用式(8-3)检验梁的正应

力是否满足强度要求。

2) 确定横截面的尺寸

已知材料的$[\sigma]$及梁上所承受的载荷,确定梁截面的弯曲截面系数W_z,为此将式(8-3)改写为

$$W_z \geq \frac{M_{max}}{[\sigma]} \qquad (8-5)$$

即可由W_z值进一步确定梁横截面的尺寸。

3) 确定许用荷载

已知材料的$[\sigma]$和截面形状及尺寸,确定梁所能承受的最大弯矩,为此将式(8-3)改写为

$$M_{max} \leq W_z[\sigma] \qquad (8-6)$$

即可由弯矩进一步确定梁所能承受的外荷载的大小。

例题 8-1 如图8-6(a)所示的槽形截面悬臂梁,$F=10kN$,$M_1=70kN·m$,截面图形对中性轴的惯性矩$I_z=1.02\times10^8mm^4$,$y_C=96.43mm$。材料的许用拉应力$[\sigma]^+=46MPa$,许用压应力$[\sigma]^-=120MPa$。试校核其强度。

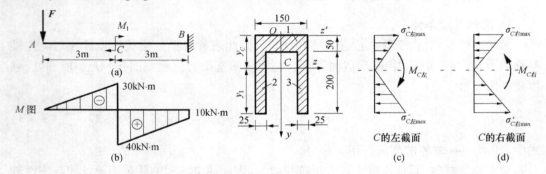

图 8-6

解:(1) 作弯矩图,如图8-6(b)所示。

(2) 判断危险面、危险点。C左截面弯矩值为$30kN·m$,右截面弯矩为$40kN·m$,C的左、右截面都可能是危险面。如C左截面为危险面,梁的最大弯曲拉应力在上边缘,最大压应力在其下边缘。如C右截面为危险面,其最大拉应力应在下边缘,而最大压应力则在其上边缘,如图8-6(d)所示。很明显,槽形截面的形心靠上而C右截面的弯矩值又大于C左截面的弯矩值。故最大弯曲拉应力出现在C右截面的下边缘。而最大弯曲压应力可能出现在C左截面的下边缘,或C右截面的上边缘,且$\sigma^+_{C右max}>\sigma^-_{C右max}$、$\sigma^+_{C右max}>\sigma^-_{C左max}$。所以$C$的右截面的下边缘点是危险点。

(3) 计算梁的最大弯曲正应力:

$$\sigma^+_{C右max}=\frac{M_{C右}}{I_z}\cdot y_1=\frac{40\times10^3}{1.02\times10^8\times10^{-12}}\times(250-96.43)\times10^{-3}$$

$$=60.2\times10^6 Pa=60.2MPa$$

(4) 强度判断。由于$\sigma^+_{max}=60.2MPa>[\sigma]^+=46MPa$,那么梁不能满足强度要求。

但如果把梁的截面倒置,梁的强度是否可达到工程要求,请读者自行计算,并分析梁的截面如何放置合理。

例题 8-2 如图 8-7(a)所示矩形截面钢梁,承受载荷作用,已知材料的许用应力 $[\sigma]=160\text{MPa}$。试确定横截面尺寸。

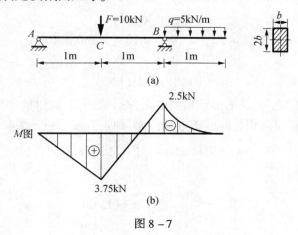

图 8-7

解:(1)作梁的弯矩图,如图 8-7(b)所示。

(2)判断危险截面、危险点。由于 C 截面有最大弯矩,所以 C 截面为危险面。最大弯曲正应力发生在 C 截面的上、下边缘,C 截面的上下边缘为危险点。

(3)强度计算:

$$\sigma_{\max} = \frac{M_C}{W_z} = \frac{3.75 \times 10^3}{\frac{b(2b)^2}{6}} \leqslant 160 \times 10^6$$

$$b \geqslant \sqrt[3]{\frac{3.75 \times 10^3 \times 6}{4 \times 160 \times 10^6}} = 0.03276\text{m} = 32.76\text{mm}$$

选取:$b=33\text{mm},h=66\text{mm}$。

例题 8-3 如图 8-8 所示,40a 工字钢,跨度 $l=8\text{m}$,跨中点受集中力 F 作用。已知 $[\sigma]=140\text{MPa}$,考虑自重。求:

(1)梁的许用荷载$[F_1]$。

(2)若将梁改用与工字钢截面面积相同的正方形截面,求此梁的许用荷载$[F_2]$。

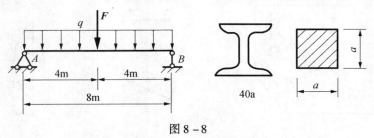

图 8-8

解:(1)由型钢表查得 40a 工字钢的自重为 $q=67.6\text{kgf/m}\approx 676\text{N/m}$,$W_z=1090\text{cm}^3$,$A=86.1\text{cm}^2$。

(2) 计算工字钢的最大弯矩 M_{max}：

$$M_{max} = \frac{ql^2}{8} + \frac{Fl}{4} = \frac{1}{8} \times 676 \times 8^2 + \frac{1}{4} \times F \times 8 = (5408 + 2F) \text{N} \cdot \text{m}$$

(3) 计算工字型梁承受的许用荷载 $[F_1]$。根据强度条件

$$M_{max} \leq W_z[\sigma]$$
$$5408 + 2F_1 \leq 1090 \times 10^{-6} \times 140 \times 10^6$$

可得

$$[F_1] = 73.6 \text{kN}$$

(4) 若梁改用与工字钢截面面积相同的正方形截面，求此梁的许用荷载 $[F_2]$。根据题意，改用与工字钢截面面积相同的正方形截面，则正方形的边长为

$$a = \sqrt{A} = \sqrt{86.1} = 9.28 \text{cm}$$

抗弯截面系数为

$$W_z = \frac{a^3}{6} = \frac{9.28^3}{6} = 133 \text{cm}^3$$

根据强度条件

$$M_{max} \leq W_z[\sigma]$$
$$5408 + 2F_2 \leq 133 \times 10^{-6} \times 140 \times 10^6$$

可得

$$[F_2] = 6.6 \text{kN}$$

通过上例计算可知，尽管两种截面形式的面积相等，但其形状不同，从而抗弯截面系数不同，抗弯能力也不一样。

$$\frac{W_{z\text{工字钢}}}{W_{z\text{正方形}}} = \frac{1090}{133} = 8.2$$

此题工字钢梁是正方形梁的抗弯能力的 8.2 倍。

8.2.2 弯曲剪应力简介——矩形截面梁横截面上的剪应力

在横力弯曲时，梁横截面除了由弯矩引起的正应力外，还有由剪力引起的剪应力。设矩形截面梁的横截面宽度、高度分别为 b、h，横截面上的剪力为 F_Q，如图 8-9(a) 所示。

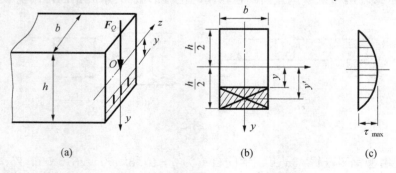

图 8-9

对剪应力的分布规律作如下假设。

(1) 横截面上各点处的剪应力方向与 F_Q 平行。
(2) 剪应力沿截面的宽度均匀分布,距中性轴 z 等距离的各点剪应力大小相等。

根据以上假设,经理论分析可推导得,距中性轴 y 处的剪应力的计算公式为

$$\tau = \frac{F_Q \cdot S_z^*}{I_z \cdot b} \quad (8-7)$$

式中　τ——距中性轴为 y 处的剪应力;
　　　I_z——横截面对中性轴的惯性矩;
　　　b——矩形截面的宽度;
　　　F_Q——横截面上的剪力;
　　　S_z^*——截面上距中性轴为 y 的横线一侧部分的矩形面积对中性轴的静矩。

由图 8-9(b)可得

$$S_z^* = \int_y A \mathrm{d}A = A^* \cdot y^* = b\left(\frac{h}{2} - y\right) \times \left(y + \frac{h/2 - y}{2}\right) = \frac{b}{2}\left(\frac{h^2}{4} - y^2\right)$$

将上式及 $I_z = \frac{bh^3}{12}$ 代入式(8-7),可得

$$\tau = \frac{3F_Q}{2bh}\left(1 - \frac{4y^2}{h^2}\right) \quad (8-8)$$

由式(8-8)可知,矩形截面梁横截面上弯曲剪应力沿截面高度呈抛物线分布,如图 8-9(c)所示。当 $y = \pm\frac{h}{2}$ 时,在横截面上、下边缘处,$\tau = 0$;当 $y = 0$ 时,即在中性轴上有最大剪应力,其值为

$$\tau_{\max} = \frac{3}{2} \cdot \frac{F_Q}{A} \quad (8-9)$$

8.2.3　提高梁弯曲强度的措施

提高梁的强度,就是用尽可能少的材料,使梁能承受尽可能大的载荷,达到既经济又安全等目的。

在一般情况下,梁的强度主要是由正应力强度条件控制的。所以要提高梁的强度,应在满足梁承载能力的前提下,尽可能减小梁的弯曲正应力。从弯曲正应力的强度条件,式(8-3)可以看出,减小梁的弯曲正应力应从以下几个方面加以考虑:一是采用合理的梁横截面形状,以提高抗弯截面模量 W_z 的数值,充分利用材料的性能;二是合理布置梁的支座和载荷,以降低 $M_{\max}$ 的数值;三是使用变截面梁综合降低 M/W_z 数值。

1. 合理地选择梁横截面

由式(8-3)可知,梁横截面上正应力的大小与梁的抗弯截面模量成反比。梁的抗弯截面模量与横截面面积的大小及面积分布有关,在不改变横截面大小的前提下,把面积分布在远离中性轴的地方,例如中空的矩形截面和工字形截面,可获得较大的抗弯截面模量,从而在横截面积不变的情况下使横截面上出现较小的弯曲应力,进而提高梁的强度。

对脆性材料来说,由于其抗拉强度远低于梁的抗压强度,在梁横截面设计中,应使横截面上下不对称,即使梁的形心靠近受拉的一侧,就会使梁的截面上的最大拉应力小于最大压应力,以充分发挥脆性材料的作用,从而提高梁的强度,如图 8-10 所示的空心截面、不对称工字形截面和 T 形截面是脆性材料梁常常采用的截面形状。

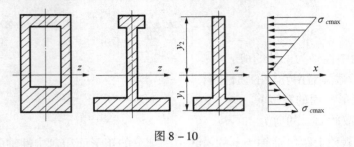

图 8-10

2. 合理布置梁的载荷和支座

图 8-11 所示的四根相同的简支梁,受相同的外力作用,但外力布置的方式不同,则相对应的弯矩图也不相同。

比较图 8-11(a)和图 8-11(b),图 8-11(b)梁的最大弯矩比图 8-11(a)梁的最大弯矩小,显然图 8-11(b)载荷布置比图 8-11(a)布置得合理。所以,当载荷可以布置在梁上任意位置时,则应使载荷尽量靠近支座,例如机械中的齿轮轴上的齿轮常布置在紧靠轴承处。

比较图 8-11(a)和图 8-11(c)、图 8-11(d),图 8-11(c)和图 8-11(d)梁的最大弯矩相等,但只是图 8-11(a)梁的最大弯矩的 1/2。所以,当条件允许时,应尽量将一个集中力载荷改变为均布载荷,或者分散为多个较小的集中载荷,例如工程中设置的辅助梁等。

改变梁的支承同样能提高梁的承载能力。例如,把图 8-12(a)的简支梁改变为图 8-12(b)的简支外伸梁,可以使梁的最大弯矩减少,所以图 8-12(b)支座布置比较合理。

为了减少梁的弯矩,还可以采用增加支座—减少梁跨度的办法,增加一个支座,如图 8-12(c)所示,最大弯矩仅为图 8-12(a)的 1/4;增加两个支座,如图 8-12(d)所示,最大弯矩仅为图 8-12(a)的 1/11。

3. 采用变截面梁

等直梁在弯曲时,最大正应力发生在最大弯矩所在的截面上,而其他截面上的弯矩较小,正应力也较低,材料没能充分利用。

如果在梁的设计时,也常将梁设计成变截面的形式,使梁弯矩大的位置有较大的惯性矩、抗弯截面模量;在梁的弯矩小的位置有较小的惯性矩、抗弯截面模量。图 8-13 是工程中常见的梁。这类梁可使材料的用量大幅下降。若将变截面梁设计为使每个横截面上的最大正应力都等于材料的许用应力,这样的梁称为**等强度梁**。显然,等强度梁是最合理的结构形式,但由于等强度梁外形复杂,加工制造困难,所以工程中一般只采用近似等强度梁,如图 8-13 所示各梁。

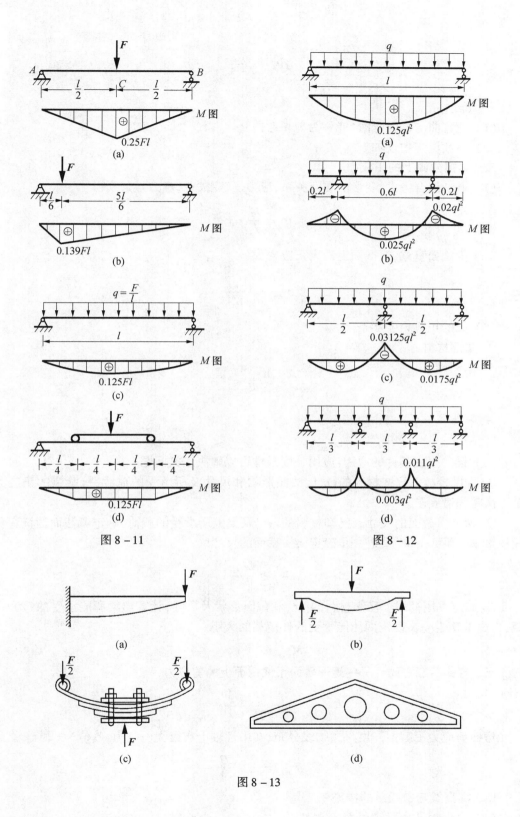

图 8-11

图 8-12

图 8-13

小 结

一、概念
(1) 纯弯曲与横力弯曲(或称为剪切弯曲)。
(2) 中性层与中性轴。

二、梁横截面上的正应力
(1) 通过综合考虑:变形的几何关系,应力、应变关系,静力学关系得

$$\sigma = \frac{M}{I_z} \cdot y$$

对于等截面直梁,横截面上最大正应力为

$$\sigma_{max} = \frac{M_{max}}{W_z}$$

(2) 梁的正应力强度条件。
① 塑性材料:

$$\sigma_{max} = \frac{M_{max}}{W_z} \leqslant [\sigma]$$

② 脆性材料:

$$\sigma_{max}^+ \leqslant [\sigma]^+, \quad \sigma_{max}^- \leqslant [\sigma]^-$$

(3) 梁的强度条件的应用:应用强度条件可以解决三类问题。
① 强度校核。已知材料的$[\sigma]$、截面形状和尺寸及所承受的荷载,检验梁的正应力是否满足强度要求。
② 确定横截面的尺寸。已知材料的$[\sigma]$及梁上所承受的载荷,确定梁截面的抗弯截面模量W_z,即可由W_z值进一步确定梁横截面的尺寸。

$$W_z \geqslant \frac{M_{max}}{[\sigma]}$$

③ 确定许用荷载。已知材料的$[\sigma]$和截面形状及尺寸,计算出梁所能承受的最大弯矩,再由弯矩进一步确定两所能承受的外荷载的大小。

$$M_{max} \leqslant W_z [\sigma]$$

三、弯曲剪应力简介——矩形截面梁横截面上的剪应力

$$\tau = \frac{Q \cdot S_z^*}{I_z \cdot b}$$

弯曲剪应力沿截面高度呈抛物线分布,在中性轴上有最大剪应力,其值为

$$\tau_{max} = \frac{3}{2} \cdot \frac{Q}{A}$$

四、提高梁弯曲强度的措施
(1) 合理地选择梁横截面。

(2) 合理布置梁的载荷和支座。
(3) 采用变截面梁。

思 考 题

8-1 何谓纯弯曲？何谓剪切弯曲？

8-2 何谓中性轴？下面对于中性轴的描述中，哪些说法是正确的？
(1) 中性轴是梁横截面的对称轴。
(2) 中性轴是梁横截面上拉应力和压应力的分界线。
(3) 中性轴是梁横截面上的一条水平线。
(4) 中性轴是梁横截面上正应力为零的点的集合。

8-3 什么是危险截面？什么是危险点？它们在构件强度计算中起什么作用？

8-4 试分析矩形截面梁高度增加一倍，梁的承载能力增加几倍？宽度增加一倍，承载能力又增加几倍？

8-5 当思考题 8-5 图所示截面梁发生弯曲时，绘出横截面上的正应力沿截面高度的分布图。

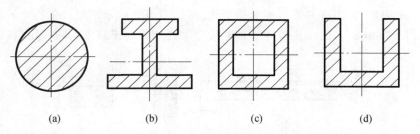

思考题 8-5 图

8-6 丁字尺的截面为矩形，如思考题 8-6 图所示，设 $h/b=12$。试分析沿图中两个方向分别加力时，哪个更不容易折断？为什么？

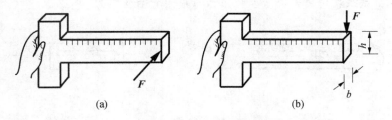

思考题 8-6 图

8-7 钢梁常采用对称于中性轴的截面形式，而铸铁梁常采用非对称于中性轴的截面形式，请分析为什么。

8-8 梁横截面上的剪应力是怎样分布的？

8-9 提高梁承载能力的主要措施是什么？

8-10 把轴向拉压杆、圆轴、梁三种基本变形构件横截面上的应力公式写到一起，并比较它们的相似之处。

习　题

8-1 如题 8-1 图所示悬臂梁，横截面为矩形，承受载荷 F_1 与 F_2 作用，且 $F_1 = 2F_2 = 5\text{kN}$。试计算梁内的最大弯曲正应力，及该应力所在截面上 K 点处的弯曲正应力。

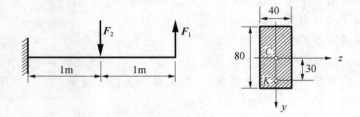

题 8-1 图

8-2 如题 8-2 图所示矩形截面简支梁，承受均布载荷 q 作用。若已知 $q = 2\text{kN/m}$，$l = 3\text{m}, h = 2b = 240\text{mm}$。试求截面横放和竖放时梁内的最大正应力，并加以比较。

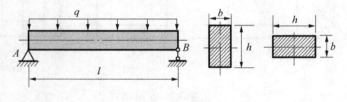

题 8-2 图

8-3 题 8-3 图所示梁由 22 槽钢制成，弯矩 $M = 80\text{N}\cdot\text{m}$，并位于纵向对称面（即 x-y 平面）内。试求梁内的最大弯曲拉应力与最大弯曲压应力。

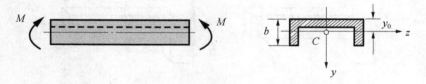

题 8-3 图

8-4* 题 8-4 图所示简支梁，由 28 工字钢制成，在集度为 q 的均布载荷作用下，测得横截面 C 底边的纵向正应变 $\varepsilon = 3.0 \times 10^{-4}$。试计算梁内的最大弯曲正应力，已知钢的弹性模量 $E = 200\text{GPa}, a = 1\text{m}$。（提示：$\sigma = E\varepsilon$）

8-5 如题 8-5 图所示槽形截面悬臂梁，$F = 10\text{kN}, M = 70\text{kN}\cdot\text{m}$，许用拉应力 $[\sigma^+] =$

35MPa。许用压应力$[\sigma^-]$ = 120MPa。试校核梁的强度。

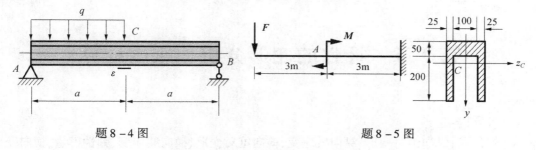

题 8-4 图   题 8-5 图

8-6 题 8-6 图所示矩形截面钢梁,承受集中载荷 F 与集度为 q 的均布载荷作用。试确定截面尺寸 b,已知载荷 F = 10kN,q = 5N/mm,许用应力$[\sigma]$ = 160MPa。

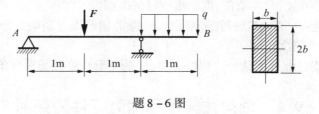

题 8-6 图

8-7 题 8-7 图所示外伸梁,承受载荷 F 作用。已知载荷 F = 20kN,许用应力 $[\sigma]$ = 160 MPa。试选择工字钢型号。

8-8 如题 8-8 图所示,当载荷 F 直接作用在简支梁 AB 的跨度中点时,梁内最大弯曲正应力超过许用应力 30%。为了消除此种过载,配置一辅助梁 CD。试求辅助梁的最小长度 a。

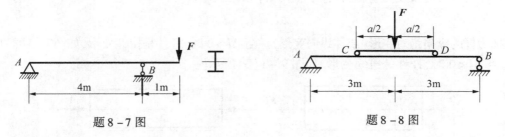

题 8-7 图   题 8-8 图

8-9 T 形截面外伸梁,受力与截面尺寸如题 8-9 图所示,其中 C 为截面形心。梁的材料为铸铁,其抗拉许用应力$[\sigma_t]$ = 30MPa,抗压许用应力$[\sigma_c]$ = 60MPa,试校核该梁是否安全。

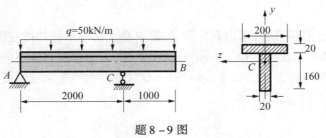

题 8-9 图

第9章 杆件的变形分析和刚度计算

本章提要

【知识点】纵向绝对变形、纵向线应变、横向绝对变形、横向线应变、弹性模量、横向变形系数的概念,胡克定律,扭转角、单位扭转角的概念,圆轴扭转时的刚度计算,挠曲线、挠度、转角的概念,梁的挠曲线方程,梁的挠曲线近似微分方程,用积分法求梁的变形,用叠加法计算梁的变形,梁的刚度条件,提高梁刚度的措施。

【重点】胡克定律,圆轴扭转时的刚度计算,梁的挠曲线近似微分方程建立,用叠加法计算梁的变形,梁的刚度条件。

【难点】梁的挠曲线近似微分方程的建立,梁的变形计算及梁刚度条件的应用。

9.1 轴向拉伸和压缩时杆件的变形

9.1.1 纵向变形与胡克定律

实践表明,杆件在轴向拉伸和压缩时,其产生的主要变形是沿轴向的伸长或缩短;但与此同时,杆的横向尺寸也会有所缩小或增大,如图9-1(a)、(b)所示。设杆的原始长度为l,变形后的长度为l_1,则杆件沿轴向方向的变形为

$$\Delta l = l_1 - l$$

Δl称为杆的**纵向绝对变形**(或称纵向变形)。当$\Delta l > 0$时,杆件是拉伸变形,如图9-1(a)所示;当$\Delta l < 0$时,杆件是压缩变形,如图9-1(b)所示。

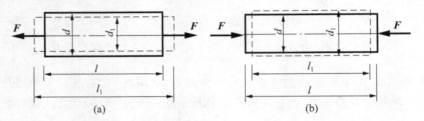

图9-1

绝对变形的优点是直观,可以直接测量;缺点是无法表示杆件的变形程度。如把1cm长和10cm长的两个橡皮棒均拉长1cm,绝对变形相同,但变形程度不同,因此绝对变形无法表示杆件的变形程度。在工程中,通常引入相对变形的概念来表示变形的程度,即将绝对变形Δl除以原长l,记为

$$\varepsilon = \frac{\Delta l}{l} \tag{9-1}$$

ε 表示杆件单位长度的纵向变形,称为**纵向线应变**。它是一个无量纲的量。拉伸时 $\varepsilon>0$,称为**拉应变**;压缩时 $\varepsilon<0$,称为**压应变**。

实验表明:对于拉伸和压缩杆件,当外力不超过某一限度时,其轴向绝对变形 Δl 与轴力 F_N 及杆长成正比,与杆件的横截面面积成反比,即

$$\Delta l \propto \frac{F_N l}{A}$$

引进比例常数 E,则有

$$\Delta l = \frac{F_N l}{EA} \tag{9-2}$$

式中　F_N——杆件的轴向力;

　　　E——**材料的弹性模量**,表示材料抵抗弹性拉压变形能力的大小,E 值越大,则材料越不容易产生伸长(或缩短)变形,其数值随材料的不同而异(各种材料的弹性模量 E 可由实验测定,工程中常见材料的弹性模量见表9-1);

　　　EA——杆件的**抗拉(压)刚度**,表示杆件抵抗拉(压)变形的能力。EA 值越大,即刚度越大。

式(9-2)称为**胡克定律**。

将 $\frac{F_N}{A} = \sigma$ 和 $\frac{\Delta l}{l} = \varepsilon$ 代入式(9-2),则可以得到胡克定律的另一种形式,即

$$\sigma = E\varepsilon \tag{9-3}$$

上式表明,当正应力不超过某一限度时,正应力与线应变成正比,揭示了应力与应变的定量关系。由于 ε 是一个无量纲的量,所以 E 的单位与 σ 相同,其常用单位是 GPa。

9.1.2　横向变形与泊松比

设图9-1(a)、(b)所示的拉杆原横向尺寸为 d,变形后的尺寸为 d_1,则其横向绝对变形为

$$\Delta d = d_1 - d$$

相应地横向线应变为

$$\varepsilon' = \frac{\Delta d}{d}$$

杆件是拉伸变形时,$\Delta d<0$,$\varepsilon'<0$,如图9-1(a)所示;杆件是压缩变形时,$\Delta d>0$,$\varepsilon'>0$,如图9-1(b)所示。

大量的实验表明,对于同一种材料,在弹性范围内,其横向线应变与纵向线应变的绝对值之比为一常数,即

$$\left|\frac{\varepsilon'}{\varepsilon}\right| = \nu \tag{9-4}$$

比值 ν 称为**横向变形系数**或**泊松比**,它是一个随材料而异的常数,是一个无量纲的量,工程中常见材料泊松比见表9-1。利用这一关系,可得

$$\varepsilon' = -\nu\varepsilon \tag{9-5}$$

式中的负号表示:纵向线应变、横向线应变总是相反的。

表 9-1 常见材料的 E、ν 的数值

材 料 名 称	E/GPa	ν
低碳钢	196~216	0.24~0.28
合金钢	186~216	0.25~0.30
灰铸铁	78~160	0.23~0.27
铜及其合金	72~128	0.31~0.42
橡 胶	0.0078	0.47

例题 9-1 如图 9-2(a)所示的阶梯杆,已知横截面面积 $A_{AB} = A_{BC} = 400\text{mm}^2$,$A_{CD} = 200\text{mm}^2$,弹性模量 $E = 200\text{GPa}$,受力情况为 $F_1 = 30\text{kN}$,$F_2 = 10\text{kN}$,各杆长度如图 9-2(a)所示。试求杆的总变形。

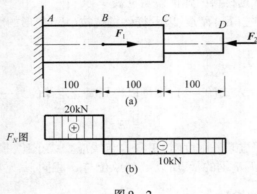

图 9-2

解:(1)作轴力图。

AB 段的轴力:$F_{N1} = F_1 - F_2 = 20\text{kN}$。

BC 和 CD 段的轴力:$F_{N2} = -F_2 = -10\text{kN}$。

画出杆的轴力图,如图 9-2(b)所示。

(2)计算杆的变形。

应用胡克定律分别求出各段杆的变形:

$$\Delta l_{AB} = \frac{F_{N1}l_{AB}}{EA_{AB}} = \frac{20 \times 10^3 \times 100 \times 10^{-3}}{200 \times 10^9 \times 400 \times 10^{-6}} = 0.025 \times 10^{-3}\text{m} = 0.025\text{mm}$$

$$\Delta l_{BC} = \frac{F_{N2}l_{BC}}{EA_{BC}} = \frac{-10 \times 10^3 \times 100 \times 10^{-3}}{200 \times 10^9 \times 400 \times 10^{-6}} = -0.0125 \times 10^{-3}\text{m} = -0.0125\text{mm}$$

$$\Delta l_{CD} = \frac{F_{N2}l_{CD}}{EA_{CD}} = \frac{-10 \times 10^3 \times 100 \times 10^{-3}}{200 \times 10^9 \times 200 \times 10^{-6}} = -0.025 \times 10^{-3}\text{m} = -0.025\text{mm}$$

杆的总变形等于各段变形之和,即

$$\Delta l = \Delta l_{AB} + \Delta l_{BC} + \Delta l_{CD} = 0.025 - 0.0125 - 0.025 = -0.0125\text{mm}$$

计算结果为负值,说明杆的总变形是压缩变形。

9.2 圆轴扭转时的变形计算与刚度计算

9.2.1 圆轴扭转时的变形计算

圆轴扭转时的变形通常用两个横截面间绕轴线相对转过的角度来度量,称为**扭转角**,用 φ 表示,如图 9-3 所示。相距 dx 的两个横截面间的扭转角为

$$d\varphi = \frac{T}{GI_p}dx$$

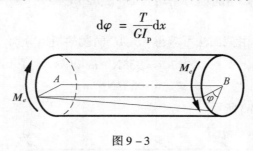

图 9-3

因此,相距为 l 的两个横截面间的扭转角为

$$\varphi = \int_l d\varphi = \int_0^l \frac{T}{GI_p}dx \qquad (9-6)$$

对于同一材料的等截面圆轴,如果在轴长 l 内扭矩为常量,即 T、G、I_p 均为常量,则两端面间的扭转角为

$$\varphi = \frac{Tl}{GI_p} \qquad (9-7)$$

式中:GI_p 反映了截面抵抗扭转变形的能力,称为**抗扭刚度**。GI_p 越大,则扭转角 φ 就越小。扭转角的单位是 rad。

由于扭转角不能真实地反映轴的变形情况,通常用单位长度上的扭转角,即**单位扭转角**来描述轴扭转变形的程度,用符号 θ 表示,单位为 rad/m。由式(9-7)可得

$$\theta = \frac{\varphi}{l} = \frac{T}{GI_p} \qquad (9-8)$$

由于工程中常用 (°)/m 作单位扭转角的单位,所以上式经常写为

$$\theta = \frac{\varphi}{l} = \frac{T}{GI_p} \times \frac{180°}{\pi} \qquad (9-9)$$

9.2.2 圆轴扭转时的刚度计算

机器中的某些轴,除了要满足强度要求外,还要满足刚度要求,即限制轴的扭转变形在一定范围内,通常规定圆轴的最大单位扭转角 θ_{max} 不能超过某一规定的许用值 $[\theta]$,即

$$\theta = \frac{T}{GI_p} \times \frac{180°}{\pi} \leqslant [\theta] \qquad (9-10)$$

式(9-10)称为刚度条件。式中 $[\theta]$ 称为单位长度的许用扭转角(单位为(°)/m)。在一

般情况下,对于精密机械的轴,取$[\theta] = 0.15° \sim 0.5°/m$;对于一般的传动轴,取$[\theta] = 0.5° \sim 1.0°/m$;对于精密度较低的轴,取$[\theta] = 1.5° \sim 2.5°/m$。各种轴的单位长度许用扭转角$[\theta]$可在有关手册中查到。

利用刚度条件,可以进行刚度校核、设计截面和确定许用载荷的三类刚度问题计算。

例题 9-2 图 9-4(a)所示的钢制圆轴,直径 $d = 70$mm,剪切弹性模量 $G = 80$GPa,$l_1 = 300$mm,$l_2 = 500$mm,作用在圆轴上的外力偶矩分别为 $M_1 = 955$N·m,$M_2 = 1592$N·m,$M_3 = 637$N·m。

(1) 试求 C、B 两横截面的相对扭转角 φ_{BC}。(2) 若规定$[\theta] = 0.3°/m$,试校核此轴刚度。

解:(1) 计算扭矩。由截面法可求得 AB、AC 两段的扭矩分别为

$$T_1 = 955 \text{N·m}$$
$$T_2 = -637 \text{N·m}$$

画出扭矩图,如图 9-4(b)所示。

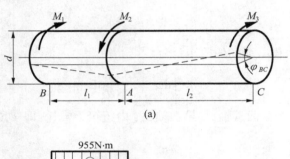

图 9-4

(2) 求 φ_{BC}。两段扭矩不同,应分段计算 φ_{BA} 和 φ_{AC},然后求代数和,即得 φ_{BC}。由式(9-7)可得

$$\varphi_{BA} = \frac{T_1 l_1}{GI_p} = \frac{955 \times 300 \times 10^{-3} \times 32}{80 \times 10^9 \times \pi \times 70^4 \times 10^{-12}} = 1.52 \times 10^{-3} \text{rad}$$

$$\varphi_{AC} = \frac{T_2 l_2}{GI_p} = \frac{-637 \times 500 \times 10^{-3} \times 32}{80 \times 10^9 \times \pi \times 70^4 \times 10^{-12}} = -1.69 \times 10^{-3} \text{rad}$$

所以有

$$\varphi_{BC} = \varphi_{BA} + \varphi_{AC} = 1.52 \times 10^{-3} - 1.69 \times 10^{-3} = -0.167 \times 10^{-3} \text{rad}$$

(3) 校核刚度:

$$\theta_{\max} = \frac{T_{\max}}{GI_p} \times \frac{180°}{\pi} = \frac{T_1}{GI_p} \times \frac{180°}{\pi} = \frac{955 \times 32}{80 \times 10^9 \times \pi \times 70^4 \times 10^{-12}} \times \frac{180°}{\pi}$$

$$= 0.29°/m < [\theta] = 0.3°/m$$

此轴满足刚度要求。

9.3 梁弯曲时的变形计算及刚度计算

9.3.1 梁变形的基本概念

工程中不但要求梁有足够的强度,还要把梁的变形限制在一定的范围之内,以满足梁的刚度要求。

梁的变形用挠度和转角两个基本量来表示。

如图 9-5 所示,悬臂梁在集中力 F 作用下,梁的轴线 AB 由直线变成一条光滑连续的平面曲线 AB_1,称为梁的**挠曲线**。选取图 9-5 所示的坐标系,则挠曲线 AB_1 可用方程

$$y = f(x) \qquad (9-11)$$

表示。式(9-11)称为挠曲线方程。

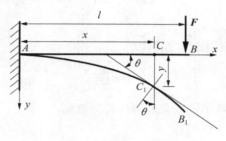

图 9-5

受力变形后,梁轴线上的点 C(即横截面的形心)在垂直于梁轴线方向上的线位移 CC_1 称为该截面的**挠度**,用 y 表示,规定 y 以向下为正,反之为负。由于变形是微小的,所以 C 点沿 x 轴方向的位移可以忽略不计。梁横截面绕其中性轴转过的角度称为该截面的**转角**,用 θ 表示,规定 θ 顺时针旋转为正,反之为负。根据平面假设,梁变形后的横截面仍保持为平面并与挠曲线正交,因而横截面的转角 θ 也等于挠曲线在该截面处的切线与 x 轴的夹角,如图 9-5 所示。由微分学可知,过挠曲线上任一点的切线与 x 轴的夹角的正切就是挠曲线在该点的斜率,即

$$\tan\theta = \frac{dy}{dx} = f'(x)$$

由于变形非常微小,θ 角也很小,因而有

$$\theta \approx \tan\theta = \frac{dy}{dx} = f'(x) \qquad (9-12)$$

式(9-12)表明,任意横截面的转角 θ 等于挠曲线在该截面形心处的斜率。显然,只要知道了挠曲线方程,就可以确定梁上任一横截面的挠度和转角。

9.3.2 梁的挠曲线近似微分方程

在第 8 章推导纯弯曲梁的正应力过程中,曾用到公式:

$$\frac{1}{\rho} = \frac{M}{EI_z}$$

式中:ρ 为梁的挠曲线的曲率半径;M 为弯矩;E 为弹性模量;I_z 为截面对中性轴的惯性矩。上式表达了纯弯曲时梁的变形与受力之间的关系。在横力弯曲时,梁横截面上除了弯矩外,还有剪力。但对于细长梁,剪力对梁的变形影响很小,可以略去不计,上式仍然成立。只是梁的各截面的弯矩和曲率都随截面的位置而变,即它们都是 x 的函数,故上式可以改写为

$$\frac{1}{\rho(x)} = \frac{M(x)}{EI_z}$$

另一方面,由高等数学知,平面曲线 $y = y(x)$ 上任意点处的曲率为

$$\frac{1}{\rho(x)} = \pm \frac{\dfrac{d^2 y}{dx^2}}{\left[1 + \left(\dfrac{dy}{dx}\right)^2\right]^{3/2}} \approx \pm \frac{d^2 y}{dx^2}$$

代入上式,略去高阶微量 $\left(\dfrac{dy}{dx}\right)^2$,将其简化,可以导出

$$\frac{d^2 y}{dx^2} = \pm \frac{M(x)}{EI_z}$$

式中:正、负号取决于坐标系的选取和弯矩的符号规则。

坐标系选取如图 9-6 时,则有

$$\frac{d^2 y}{dx^2} = -\frac{M(x)}{EI_z} \tag{9-13}$$

式(9-13)称为梁挠曲线的近似微分方程。由上式即可求得梁的转角方程和挠度方程。

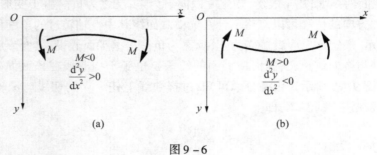

图 9-6

9.3.3 梁的变形计算

1. 用积分法求梁的变形

对式(9-13)进行积分运算,积分一次得到转角方程,再积分一次,可得挠曲线方程:

$$y' = -\frac{1}{EI_z}\left[\int M(x)\,dx + C\right]$$

$$y = -\frac{1}{EI_z}\left\{\int\left[\int M(x)\,dx\right]dx + Cx + D\right\}$$

C、D 为积分常数,其值的大小由梁的边界条件确定。所谓梁的边界条件是指梁的一些截面变形已知的条件。如图 9-7(a) 所示简支梁,由于梁 A 处为固定铰支座,而 B 处为可动铰支座,故 A、B 两截面不发生竖向位移,此简支梁的边界条件为:$y_A = 0, y_B = 0$。又如图 9-7(b) 所示悬臂梁,在固定端 A 截面处,截面既不能转动又不能移动,则此梁的边界条件为 $y_A = 0, \theta_A = 0$。

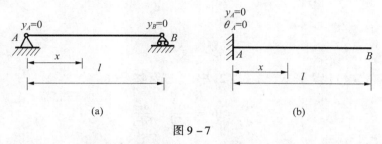

图 9-7

例题 9-3 图 9-8 所示等截面悬臂梁,抗弯刚度 EI 为已知,受均布荷载的作用,求自由端的挠度及转角。

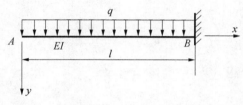

图 9-8

解:梁弯矩方程为

$$M_x = -\frac{1}{2}qx^2$$

梁的挠曲线近似微分方程为

$$y'' = -\frac{1}{EI_z}\left(-\frac{qx^2}{2}\right)$$

对上式进行积分,可得

$$\frac{dy}{dx} = \frac{qx^3}{6EI} + C \tag{1}$$

$$y = \frac{qx^4}{24EI} + C \cdot x + D \tag{2}$$

梁的边界条件为

$$x = l \text{ 时}, y = 0$$
$$x = l \text{ 时}, \theta = 0$$

将此边界条件代入前面的式(9-14)中,得

$$\frac{ql^3}{6EI} + C = 0$$

即

$$C = -\frac{ql^3}{6EI} \tag{3}$$

将 C 值代入式(2)中,有

$$y = \frac{qx^4}{24EI} + \left(-\frac{ql^3}{6EI}\right) \cdot x + D$$

得

$$D = \frac{ql^4}{8EI} \tag{4}$$

分别将式(3)、式(4)代入到式(1)、式(2)中,并进行整理得

$$\frac{dy}{dx} = \theta = \frac{qx^3}{6EI} - \frac{ql^4}{6EI}$$

$$y = \frac{qx^4}{24EI} - \frac{ql^3}{6EI} \cdot x + \frac{ql^4}{8EI}$$

自由端的挠度、转角为

$$\theta_{x=0} = -\frac{ql^3}{6EI}$$

$$y_{x=0} = \frac{ql^4}{8EI}$$

2. 用叠加法计算梁的变形

可以证明,在小变形的前提下,梁在多个荷载同时作用所产生的变形等于该梁在各个荷载各自单独作用所产生的变形的代数和。因此,当求解一个受多个荷载作用下梁的变形时,可分别用积分法或查表的方式求出各个荷载各自单独作用时产生的变形,然后算出各变形的代数和,即为梁的变形。

现将各种简单荷载作用下梁的挠曲线方程、转角和挠度的有关计算公式列于表9-2中,以便使用。

表9-2 梁在简单荷载作用下的变形

序号	梁的简图	挠曲线方程	梁端转角	最大挠度
1		$y = \frac{Fx^2}{6EI}(3l - x)$	$\theta_B = \frac{Fl^2}{2EI}$	$y_B = \frac{Fl^3}{3EI}$
2		$y = \frac{Fx^2}{6EI}(3a - x)$ $(0 \leq x \leq a)$ $y = \frac{Fa^2}{6EI}(3x - a)$ $(a \leq x \leq l)$	$\theta_B = \frac{Fa^2}{2EI}$	$y_B = \frac{Fa^2}{6EI}(3l - a)$

(续)

序号	梁的简图	挠曲线方程	梁端转角	最大挠度
3	悬臂梁 A 固定端，均布载荷 q，长度 l	$y = \dfrac{qx^2}{24EI}(x^2 - 4lx + 6l^2)$	$\theta_B = \dfrac{ql^3}{6EI}$	$y_B = \dfrac{ql^4}{8EI}$
4	悬臂梁 A 固定端，B 端作用力偶 m	$y = \dfrac{mx^2}{2EI}$	$\theta_B = \dfrac{ml}{EI}$	$y_B = \dfrac{ml^2}{2EI}$
5	简支梁，跨中集中力 F，跨度 l	$y = \dfrac{Fx^2}{48EI}(3l^2 - 4x^2)$ $\left(0 \leqslant x \leqslant \dfrac{l}{2}\right)$	$\theta_A = -\theta_B = \dfrac{Fl^2}{16EI}$	$y_C = \dfrac{Fl^3}{48EI}$
6	简支梁，集中力 F 作用于距 A 端 a，距 B 端 b	$y = \dfrac{Fbx}{6lEI}(l^2 - x^2 - b^2)$ $(0 \leqslant x \leqslant a)$ $y = \dfrac{Fa(l-x)}{6lEI} \cdot (2lx - x^2 - a^2)$ $(a \leqslant x \leqslant l)$	$\theta_A = \dfrac{Fab(l+b)}{6lIE}$ $\theta_B = -\dfrac{Fab(l+a)}{6lEI}$	设 $a > b$，在 $x = \sqrt{\dfrac{l^2 - b^2}{3}}$ 处，$y_{\max} = \dfrac{\sqrt{3}Fb}{27lEI}(l^2 - b^2)^{3/2}$ 在 $x = \dfrac{l}{2}$ 处，$y_{l/2} = \dfrac{Fb}{48EI}(3l^2 - 4b^2)$
7	简支梁，均布载荷 q，跨度 l	$y = \dfrac{qx}{24EI}(l^3 - 2lx^2 + x^3)$	$\theta_A = -\theta_B = \dfrac{ql^3}{24EI}$	在 $x = \dfrac{l}{2}$ 处，$y_{\max} = \dfrac{5ql^4}{384EI}$
8	简支梁，A 端作用力偶 m	$y = \dfrac{ma}{6lEI}(l-x)(2l-x)$	$\theta_A = \dfrac{ml}{3EI}$ $\theta_B = -\dfrac{ml}{6EI}$	在 $x = \left(l - \dfrac{l}{\sqrt{3}}\right)$ 处，$y_{\max} = \dfrac{ml^2}{9\sqrt{3}EI}$ 在 $x = \dfrac{l}{2}$ 处，$y_{l/2} = \dfrac{ml^2}{16EI}$

(续)

序号	梁 的 简 图	挠曲线方程	梁端转角	最大挠度
9		$y = \dfrac{mx}{6lEI}(l^2 - x^2)$	$\theta_A = \dfrac{ml}{6EI}$ $\theta_B = -\dfrac{ml}{3EI}$	在 $x = \dfrac{l}{\sqrt{3}}$ 处, $y_{max} = \dfrac{ml^2}{3\sqrt{3}EI}$ 在 $x = \dfrac{l}{2}$ 处, $y_{l/2} = \dfrac{ml^2}{16EI}$
10		$y = -\dfrac{Fax}{6lEI}(l^2-x^2)$ $(0 \leq x \leq l)$ $y = \dfrac{F(l-x)}{6TI} \cdot$ $[(x-l)^2 - 3ax + al]$ $(l \leq x \leq (l+a))$	$\theta_A = -\dfrac{Fal}{6EI}$ $\theta_B = \dfrac{Fal}{3EI}$ $\theta_C = \dfrac{Fa(2l+3a)}{6EI}$	$y_C = \dfrac{Fa^2}{3EI}(l+a)$
11		$y = -\dfrac{qa^2 x}{12lEI}(l^2 - x^2)$ $(0 \leq x \leq l)$ $y = \dfrac{q(x-l)}{24EI}[2a^2(3x-l) +$ $(x-l^2)(x-l-4a)]$ $(l \leq x \leq (1+a))$	$\theta_A = -\dfrac{qa^2 l}{12EI}$ $\theta_B = \dfrac{qa^2 l}{6EI}$ $\theta_C = \dfrac{qa^2(l+a)}{6EI}$	$y_C = \dfrac{qa^2}{24EI}(4l+3a)$
12		$y = -\dfrac{mx}{6lEI}(l^2 - x^2)$ $(0 \leq x \leq l)$ $y = \dfrac{m}{6EI}(3x^2 - 4xl + l^2)$ $(l \leq x \leq (l+a))$	$\theta_A = \dfrac{ml}{6EI}$ $\theta_B = \dfrac{ml}{3EI}$ $\theta_C = \dfrac{m}{3EI}(l+3a)$	$y_C = \dfrac{ma}{6EI}(2l+3a)$

例题 9-4 图 9-9 所示简支梁同时受集中力 F 和均布荷载 q 作用,求 A 截面的转角和 C 截面的挠度。

解:查表 9-2 分别得到梁在均布荷载作用下截面的转角和截面的挠度,及梁在集中荷载作用下在 A 截面产生的转角、在 C 截面产生的挠度。

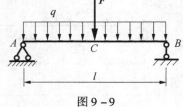

图 9-9

$$\theta_{Aq} = \dfrac{q \cdot l^3}{24EI}; \quad y_{Cq} = \dfrac{5q \cdot l^4}{384EI}$$

$$\theta_{AF} = \dfrac{F \cdot l^2}{16EI}; \quad y_{CF} = \dfrac{F \cdot l^3}{48EI}$$

$$\theta_A = \theta_{Aq} + \theta_{AF} = \dfrac{ql^3}{24EI} + \dfrac{Fl^2}{16EI}(顺时针方向转动)$$

$$y_C = y_{Cq} + y_{CF} = \dfrac{5ql^4}{384EI} + \dfrac{Fl^3}{48EI}(方向向下)$$

9.3.4 梁的刚度条件

按梁的强度条件选择了梁截面后,有时还需要对梁进行刚度校核,即按梁的刚度条件检查梁变形是否在设计所容许的范围内。若变形超过了许用值,则应按刚度条件重新选择梁的截面。

在工程实际中,对梁的刚度要求,就是根据不同工作的需要,对梁的最大挠度和最大转角(或指定截面的挠度和转角)加以限制的。许可挠度用$[y]$表示,许可转角用$[\theta]$表示,则刚度条件为

$$\begin{cases} |y|_{\max} \leqslant [y] \\ |\theta|_{\max} \leqslant [\theta] \end{cases} \tag{9-14}$$

许可挠度$[y]$及许可转角$[\theta]$的数值由具体工作条件决定,如:在土建工程中,梁的许可挠度$[y]$一般取值为$\left(\dfrac{1}{1000} \sim \dfrac{1}{200}\right)l$,$l$为梁的跨度。一般情况下,若梁的强度条件满足,梁的刚度条件也能满足。但对于刚度要求很高的梁,则必须进行刚度校核,此时的刚度条件可能起到控制作用;在机械工程中,许可挠度$[y]$一般取值为$\left(\dfrac{1}{10000} \sim \dfrac{1}{5000}\right)l$,$l$为梁的跨度,许可转角$[\theta]$一般取值为$(0.001 \sim 0.005)$rad。

利用刚度条件,可以进行刚度校核、设计截面和确定许用载荷的三类刚度问题计算。

例题 9-5 起重量为 50kN 的单梁吊车,由 45b 工字钢制成,$I = 33760 \times 10^{-8} \text{m}^4$,$q = 874\text{N/m}$。其跨度为 $l = 10\text{m}$,已知梁的许用挠度$[y] = l/500$,材料的弹性模量 $E = 210\text{GPa}$。试校核吊车梁的刚度。

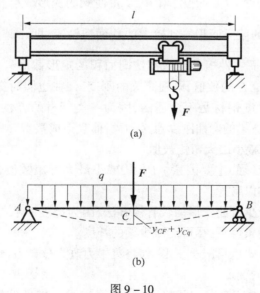

图 9-10

解:吊车梁的计算简图如图 9-10(b)所示,梁的自重为均布荷载,电葫芦的轮压为一集中荷载。当其行至梁的中点时,所产生的挠度为最大。

(1) 计算变形。由表 9-2,可以查得电葫芦产生的挠度为

$$y_{CF} = \frac{Fl^3}{48EI} = \frac{50 \times 10^3 \times 10^3}{48 \times 210 \times 10^9 \times 33760 \times 10^{-8}} = 14.69 \times 10^{-3} \text{m} = 14.69 \text{mm}$$

由表 9-2，可以查得均布荷载产生的挠度为

$$y_{C_q} = \frac{5ql^4}{384EI} = \frac{5 \times 874 \times 10^4}{384 \times 210 \times 10^9 \times 33760 \times 10^{-8}} = 1.605 \times 10^{-3} \text{m} = 1.605 \text{mm}$$

由叠加法，梁的最大挠度为

$$y_{\max} = y_{CF} + y_{C_q} = 14.69 + 1.605 = 16.3 \text{mm}$$

（2）刚度校核。吊车梁的许用挠度为

$$[y] = \frac{l}{500} = \frac{10}{500} = 0.02 \text{m} = 20 \text{mm}$$

$$y_{\max} = 16.3 \text{mm} < [y] = 20 \text{mm}$$

故刚度符合要求。

9.3.5 提高梁刚度的措施

所谓提高梁的刚度，是指在外载荷作用下产生尽可能小的弹性变形。从挠曲线的近似微分方程可以看出，弯曲变形与弯矩大小、跨度长短、支座条件、梁的抗弯刚度 EI 有关。所以要提高弯曲刚度，应从这些因素加以考虑。

1. 选择合理的截面形状

梁的变形与抗弯刚度 EI 成反比，增大 EI 将使梁的变形减小。所以一般选择合理的截面形状，就是用较小的截面面积得到较大的截面惯性矩，即 $\frac{I_z}{A}$ 越大，截面越合理。如工字形、槽形、T 形截面截面惯性矩的数值都比同面积的矩形截面有更大的截面惯性矩 I_z。一般说，提高截面惯性矩 I_z 的数值，既提高梁的刚度，往往也同时提高了梁的强度。为提高梁的刚度而采用高强度钢材是不合适的，因为各类钢材的弹性模量 E 的数值极为接近，采用优质钢材对提高梁的弯曲刚度意义不大，而且造成浪费。

2. 改善结构形式，减小最大弯矩数值

弯矩是引起弯曲变形的主要因素。所以，减小最大弯矩数值也就是提高弯曲刚度。具体可从以下几方面加以考虑。

减少梁的长度是减少弯曲变形的较有效方法，因为挠度一般与梁长度的三次方或四次方成正比。在可能的条件下，尽可能减少梁的长度。

改变施加载荷的方式也可减小变形，如将集中力改为分布力；将力的作用位置尽可能靠近支座，都能减小梁的变形。

前面曾提及，将梁的支座向中间移动，即把简支梁变成外伸梁可以提高梁的强度。同样，将支座向内移，也能改变梁的刚度。将简支梁的支座靠近至适当位置，可使梁的变形明显减小。有些情形，还可使梁有一个反向的初始挠度，这样在加载后减小梁的挠度。

3. 采用超静定结构

如在车床上加工细长轴时,加顶针支承工件,相当于增加梁的支座,可以减小工件自身变形。有时除加顶针外,还用中心架或跟刀架减小工件变形,提高加工精度。增加约束后,使静定梁变为超静定梁,可使刚度增大。

最后指出,弯曲变形还与材料的弹性模量值有关。对 E 值不同的材料,E 值越大,变形越小。但各种钢材的弹性模量数值大致相同,为提高弯曲刚度而采用高强度钢,不会得到预期的效果。

小 结

一、拉压杆件的变形

1. 纵向变形与胡克定律

设杆的原始长度为 l,变形后的长度为 l_1,则杆件沿轴向方向的变形为

$$\Delta l = l_1 - l$$

Δl 称为杆的纵向绝对变形(或称纵向变形)。

$$\varepsilon = \frac{\Delta l}{l}$$

ε 表示杆件单位长度的纵向变形,称为纵向线应变。

实验表明:对于拉伸和压缩杆件,当外力不超过某一限度时,其轴向绝对变形 Δl 与轴力 F_N 及杆长成正比,与杆件的横截面面积成反比,即

$$\Delta l = \frac{F_N l}{EA}$$

胡克定律的另一种形式:

$$\sigma = E\varepsilon$$

2. 横向变形与泊松比

$$\left|\frac{\varepsilon'}{\varepsilon}\right| = \nu$$

比值 ν 称为横向变形系数或泊松比。

$$\varepsilon' = -\nu\varepsilon$$

式中的负号表示:纵向线应变、横向线应变总是相反的。

二、圆轴扭转时的变形计算与刚度计算

1. 圆轴扭转时的变形计算

$$\varphi = \frac{Tl}{GI_p}$$

GI_p 反映了截面抵抗扭转变形的能力,称为抗扭刚度。GI_p 越大,则扭转角 φ 就越小。

单位扭转角:

$$\theta = \frac{\varphi}{l} = \frac{T}{GI_p}$$

由于工程中常用(°)/m 作单位扭转角的单位,所以上式经常写为

$$\theta = \frac{\varphi}{l} = \frac{T}{GI_p} \times \frac{180°}{\pi}$$

2. 圆轴扭转时的刚度计算

$$\theta = \frac{T}{GI_p} \times \frac{180°}{\pi} \leq [\theta]$$

三、梁弯曲时的变形计算及刚度计算

1. 挠度和转角

略。

2. 梁的挠曲线近似微分方程

$$\frac{d^2 y}{dx^2} = -\frac{M(x)}{EI_z}$$

3. 梁的变形计算

（1）用积分法求梁的变形：

转角方程与挠曲线方程：

$$y' = -\frac{1}{EI_z}\left[\int M(x)dx + C\right]$$

$$y = -\frac{1}{EI_z}\left\{\int \left[\int M(x)dx\right]dx + Cx + D\right\}$$

（2）用叠加法计算梁的变形。在小变形的前提下，梁在多个荷载同时作用所产生的变形等于该梁在各个荷载各自单独作用所产生的变形的代数和。因此，当求解一个受多个荷载作用下的梁的变形时，可分别用积分法或查表的方式求出各个荷载各自单独作用时产生的变形，然后算出各变形的代数和，即为梁的变形。借助于表9-2进行计算。

4. 刚度条件

$$|y|_{max} \leq [y]$$
$$|\theta|_{max} \leq [\theta]$$

5. 提高梁刚度的措施

（1）选择合理的截面形状。
（2）改善结构形式，减小最大弯矩数值。
（3）采用超静定结构。

思 考 题

9-1　"应变"和"变形"的概念有何不同？轴向拉压构件绝对变形量怎样计算？

9-2　试说明胡克定律的适用范围，并写出胡克定律的表达式。

9-3　剪应变、扭转角、单位长度扭转角有何区别？

9-4　若圆轴的直径增大一倍，扭转角将怎样变化？

9-5　何谓挠度？何谓转角？它们之间有什么关系？

9-6　什么是边界条件？什么是连续条件？它们有何作用？

9-7　怎样求梁的最大挠度？梁上最大挠度处的截面转角一定等于零吗？

9-8　确定梁的变形可以用哪些方法？哪种方法更具实用性？

9-9 什么是刚度？抗拉(压)刚度、抗扭刚度、抗弯刚度有何异同？

9-10 把轴向拉压杆、圆轴、梁三种基本变形构件变形公式写到一起，并比较它们的相似之处。

习 题

9-1 题 9-1 图所示阶梯形杆 AC，$F=10\text{kN}$，$l_1 = l_2 = 400\text{mm}$，$A_1 = 2A_2 = 100\text{mm}^2$，$E=200\text{GPa}$。试计算杆 AC 的轴向变形 Δl。

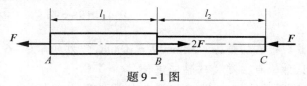

题 9-1 图

9-2 如题 9-2 图所示，已知直杆的材料重度 γ、弹性模量 E，横截面面积 A，长度 L，受外力 F。试计算直杆的轴向伸长量。

9-3 如题 9-3 图所示，截面为正方形的砖柱，由上、下两段组成。上柱高 $h_1 = 3\text{m}$，横截面面积 $A_1 = 240\text{mm} \times 240\text{mm}$；下柱高 $h_1 = 4\text{m}$，横截面面积 $A_2 = 370\text{mm} \times 370\text{mm}$。载荷 $F=40\text{kN}$，砖的弹性模量 $E=300\text{MPa}$，砖的自重不计。试求上、下柱的横截面上的应力以及截面 A 和 B 的位移。

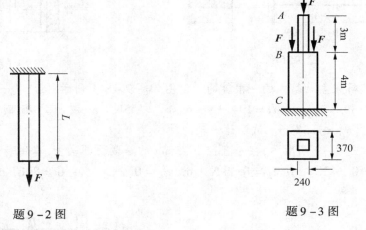

题 9-2 图　　　　　题 9-3 图

9-4 如题 9-4 图所示，一阶梯形杆，其上端固定，下端与刚性地面留有空隙 $\Delta = 0.08\text{mm}$，上段是铜的，$A_1 = 40\text{ cm}^2$，$E_1 = 100\text{GPa}$；下段是钢的，$A_2 = 20\text{cm}^2$，$E_2 = 200\text{GPa}$，在两段交界处，受向下的轴向载荷。求：(1) F 力等于多少时，下端空隙恰好消失；(2) $F = 500\text{kN}$ 时，各段的应力值。

9-5 如题 9-5 图所示，一平板拉伸试件，宽度 $h=29.8\text{mm}$，厚度 $b=4.1\text{mm}$。在拉伸试验中，每增加 3kN 的拉力时，测得沿轴线方向产生的应变 $\varepsilon = 120 \times 10^{-6}$，横向线应变 $\varepsilon_1 = -38 \times 10^{-6}$。求试件材料弹性模量 E 及泊松比 μ。

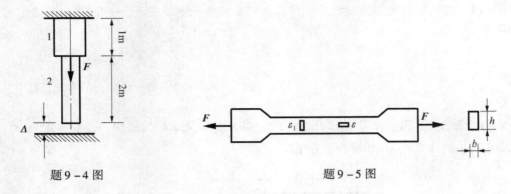

题9-4图 题9-5图

9-6 正方形截面杆有切槽,$a=30$mm,$b=10$mm,受力如题9-6图所示,$F=30$kN,材料$E=200$GPa。试计算自由端A的轴向位移。

9-7 题9-7图所示结构,载荷F作用在刚性平板上,铝杆在钢管的中间,铝杆的弹性模量$E_1=70$GPa,横截面面积$A_1=2000$mm^2,钢管的弹性模量$E_2=200$GPa,横截面面积$A_2=2000$mm^2,铝杆的长度比钢管略长$\delta=0.04$mm。试求使铝杆和钢管的应力相等时的载荷F。

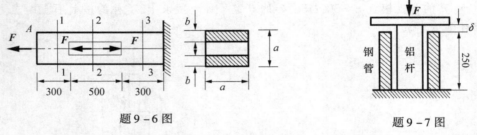

题9-6图 题9-7图

9-8 某机床主轴箱内的一根轴的示意图如题9-8图所示,轴上的三个齿轮外力偶矩分别为$m_1=39.3$N·m、$m_2=194.3$N·m、$m_3=155$N·m,材料为45钢,$G=80$GPa,取$[\tau]=40$MPa,$[\theta]=1.5°$/m。试设计该轴的轴径。

9-9 如题9-9图所示,在一直径为75mm的等截面圆轴上,作用着外力偶矩$m_1=1$kN·m、$m_2=0.6$kN·m、$m_3=0.2$kN·m、$m_4=0.2$kN·m,$G=80$GPa。求出轴的总扭转角。

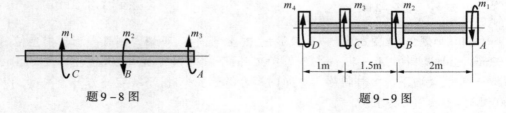

题9-8图 题9-9图

9-10 传动轴结构及其受载如题9-10图所示,轴材料的许用应力$[\tau]=35$MPa,切变模量$G=80$GPa,计算A轮相对E轮的转角φ_{EA}。

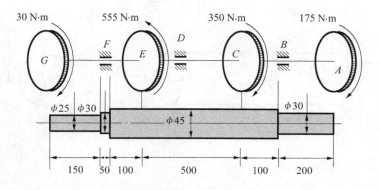

题 9-10 图

9-11 题 9-11 图所示传动轴,主动轮 B 输入功率 $P_1 = 368\text{kW}$,从动轮 A 输出功率分别为 $P_2 = 147\text{kW}, P_3 = 221\text{kW}$,轴的转速 $n = 500\text{r/min}$,材料的 $G = 80\text{GPa}$,许用切应力 $[\tau] = 70\text{MPa}$,许用单位长度扭转角 $[\theta] = 1°/\text{m}$。求:(1)画出轴的扭矩图;(2)设计轴的直径。

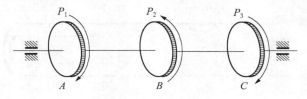

题 9-11 图

9-12 空心阶梯钢轴如题 9-12 图所示,已知外径 $D = 60\text{mm}$,左段内径 $d_0 = 30\text{mm}$,右段内径 $d_0 = 45\text{mm}, l_1 = 200\text{mm}, l_2 = 100\text{mm}$,外力偶矩 $m_1 = 3\text{kN}\cdot\text{m}$,材料的切变模量为 $G = 80\text{GPa}$,若已知两端面间的相对扭转角 $\varphi = 0$。试求外力偶矩 m_2、m_3 及轴内的最大扭转切应力。

9-13 题 9-13 图所示空心圆轴外径 $D = 100\text{mm}$,内径 $d = 80\text{mm}, l = 500\text{mm}$,外力偶矩 $m_1 = 6\text{kN}\cdot\text{m}, m_2 = 4\text{kN}\cdot\text{m}$,材料的切变模量 $G = 80\text{GPa}$,计算 C 截面对 A、B 截面的相对扭转角(用度表示)。

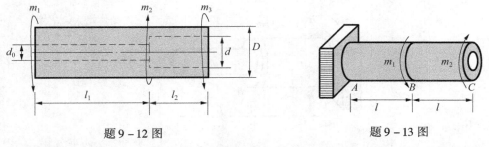

题 9-12 图　　　　　　　题 9-13 图

9-14 采用实验方法求钢的切变模量 G 时,其装置的示意图如题 9-14 图所示,AB 为直径 $d = 10\text{mm}$、长度 $l = 100\text{mm}$ 的圆截面钢试件,A 端固定,B 端有长 $s = 80\text{mm}$ 的杆 BC 与截面连成整体,当在 B 端加转矩 $m = 15\text{N}\cdot\text{m}$ 时,测得 BC 杆顶点 C 的位移 $\Delta = 1.5\text{mm}$。试求:(1)切变模量 G;(2)杆表面的切应变 γ。

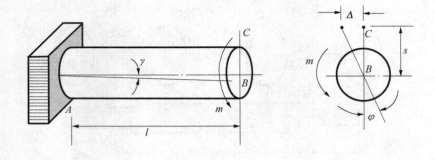

题 9–14 图

9–15 题 9–15 图所示圆轴，AC 段为空心，CE 段为实心，材料的切变模量 $G = 80\text{GPa}$。计算圆轴自由端扭转角（用度表示）。

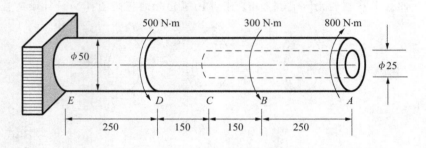

题 9–15 图

9–16 实心圆轴的直径 $d = 100\text{mm}$，长 $l = 1\text{m}$，其两端所受外力偶矩 $m = 14\text{kN} \cdot \text{m}$，材料的剪切弹性模量 $G = 80\text{GPa}$。试求两端截面间的相对扭转角。

9–17 阶梯圆轴受力如题 9–17 图所示，已知 $d_2 = 2d_1 = d$，$l_2 = 1.5l_1 = 1.5a$，材料的剪切弹性模量 G，试求：(1) A、C 两截面间的相对扭转角；(2) 最大单位长度扭转角（结果用 d、a、m、G 表示）。

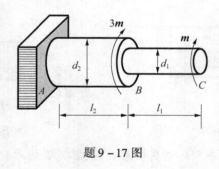

题 9–17 图

9–18 用积分法求题 9–18 图中的梁的挠曲线方程时，应分几段？将出现几个积分常数？写出各梁的边界条件和连续条件。

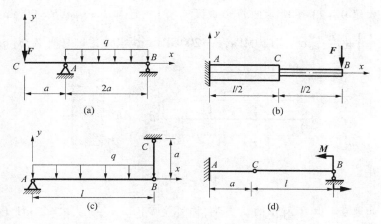

题 9-18 图

9-19 求题 9-19 图所示的简支梁的挠曲线方程及转角方程,并求最大挠度和最大转角,两端抗弯刚度 EI 已知。

9-20 试用积分法求题 9-20 图中各梁的 θ_A, y_C。其中梁的 EI 为已知常数。

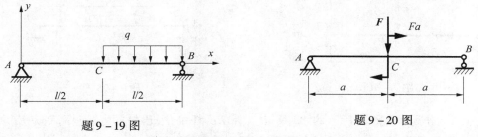

题 9-19 图　　　　　　　题 9-20 图

9-21 求题 9-21 图所示悬臂梁自由端的挠度和转角,EI 为已知常数。

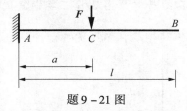

题 9-21 图

9-22 试用积分法和叠加法求题 9-22 图中各梁截面 A 的挠度和截面 B 的转角。EI 为已知常数。

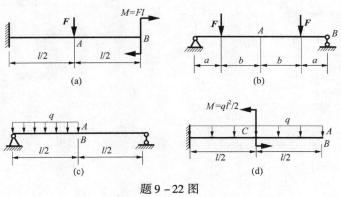

题 9-22 图

9-23 如题 9-23 图所示的矩形截面悬臂梁,已知 $l=3\text{m}$, $b=90\text{mm}$, $h=180\text{mm}$。若许用挠度 $\left[\dfrac{f}{l}\right]=\dfrac{1}{250}$, $[\sigma]=120\text{MPa}$, $E=200\text{GPa}$。试求该梁的许可载荷 $[q]$。

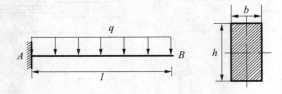

题 9-23 图

9-24 如题 9-24 图所示的简支梁,许可挠度 $[f]=\dfrac{1}{100}\text{m}$, $F=22\text{kN}$, $l=4\text{m}$, $[\sigma]=160\text{MPa}$, $E=200\text{GPa}$。试选择工字钢的型号。

9-25 如题 9-25 图所示的简支梁 AB,在中点 C 处加一弹簧支承,若使 C 处弯矩为零。试求弹簧的刚度 K。

题 9-24 图   题 9-25 图

9-26 如题 9-26 图所示的 AB 梁,B 点用 BD 杆拉住,已知梁的抗弯刚度为 EI 和拉杆的抗拉压刚度为 EA。试求 C 点的挠度 y_C。

9-27 如题 9-27 图所示的悬臂梁由 22b 工字钢制成,$l=2\text{m}$, $[\sigma]=120\text{MPa}$, $E=200\text{GPa}$,许可挠度 $[f]=\dfrac{l}{500}$。试确定许可载荷集度。

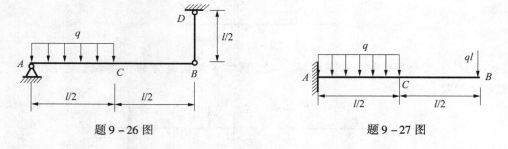

题 9-26 图   题 9-27 图

第 10 章　应力状态和强度理论简介

本章提要

【知识点】点的应力状态、单元体、主平面、主应力、主单元体、单向应力状态、二向应力状态、三向应力状态、主应力轨迹线的概念,平面应力状态分析的解析法,平面应力状态的图解法——应力圆法,三向应力状态下的主应力及最大剪应力,广义胡克定律,强度理论的概念,常用的四个强度理论,相当应力的概念,强度理论的适用范围。

【重点】平面应力状态分析的解析法,平面应力状态的图解法——应力圆法,常用的四个强度理论的应用。

【难点】平面应力状态的图解法——应力圆法,常用的四个强度理论的应用。

10.1　平面应力状态的概念

10.1.1　问题的提出——应力状态的概念

前面研究杆件的基本变形,如拉压、剪切、扭转、弯曲的强度问题时,都是根据杆件横截面上的最大应力(σ_{max} 或 τ_{max})以及相应的实验结果,建立了危险点处只有正应力或只有剪应力时的强度条件:

$$\sigma_{max} \leqslant [\sigma]$$
$$\tau_{max} \leqslant [\tau]$$

然而,仅仅根据横截面上的应力,不能分析低碳钢试件拉伸至屈服时,为什么表面会出现与轴线夹 45°角的滑移线;也不能分析铸铁圆试件扭转以及铸铁压缩时,为什么沿与轴线成 45°螺旋面破坏,如图 10-1 所示。此外,根据横截面上的应力分析和相应的实验结果,也不能直接建立既有正应力又有剪应力存在时的强度条件。

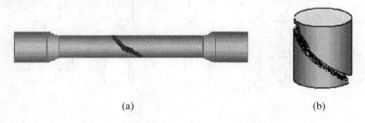

图 10-1
(a) 铸铁试件扭转破坏;(b) 铸铁试件压缩破坏。

事实上,拉压杆件同一点的不同截面上的应力是不同的;梁横截面上不同点的应力情况也是不相同的。因此,不仅要研究横截面上的应力,而且也要研究斜截面上的应力;而同一截面上不同点的应力又各不相同,因此也要逐点加以研究,即需要研究构件内任意一点在各个不同方位截面上的应力。**把一点处各个截面上应力总的情况,称为该点的应力状态。**

研究一点的应力状态,目的在于了解一点处在不同方位截面上的应力变化规律,从而找出该点应力的最大值及其所在的截面,为解决复杂应力状态的强度计算提供理论依据。

10.1.2 如何研究一点处的应力状态

分析一点处的应力情况通常采用取应力单元体的方法。所谓单元体,是围绕一点用三对互相垂直的平面截取边长为 dx、dy、dz 的微小正六面体。单元体的表面就是应力的作用面。由于单元体非常小(实际上就是构件上的一点),可以认为单元体各面上的应力是均匀分布的,而且单元体中每一对平行面上的应力,其大小和性质完全相同(大小相等、方向相反)。

单元体的截取方位可按研究的需要而变化,但不论如何截取,单元体的三对平面必须互相垂直。同一点处,单元体截取的方位不同,作用在单元体各个面上的应力也就不同。知道了某一方位单元体上三个互相垂直平面上的应力后,单元体的任一截面上的应力就可以通过截面法求出。图 10-2(a)所示,为矩形悬臂梁,要取出某一横截面上的 1、2、3、4、5 五点处的应力单元体,首先确定该截面的内力 M、F_Q,然后分别围绕各点取出五个单元体,再根据梁的应力计算公式 $\sigma = \dfrac{M}{I_z}y$ 和 $\tau = \dfrac{F_Q S_z^*}{I_z b}$ 即可求出横截面上各点的正应力和剪应力,如图 10-2(b)所示。

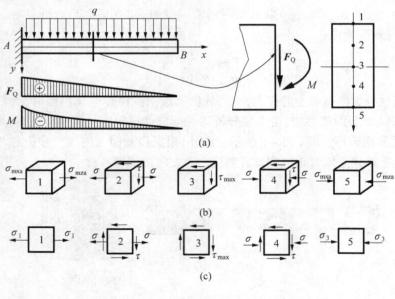

图 10-2

可以证明,对于在受力物体内任意一点所取的应力单元体,可以找到三个互相垂直的平面,且面上没有剪应力只有正应力,这种**剪应力等于零的平面称为主平面。主平面上的正应力称为主应力。**用符号 σ_1、σ_2、σ_3 表示,且 $\sigma_1 > \sigma_2 > \sigma_3$。三个平面都是主平面的单元体称为**主单元体**。图 10-2(b)中 1、5 单元体的六个面均为主平面,是主单元体,2、3、4 单元体的前后两个面为主平面,并且图 10-2(b)所示各单元体由于位于纸平面内的前后两个平面上既无正应力作用,又无剪应力作用,因此各点的应力单元体都可以用图 10-2(c)平面单元体来表示。只有一个主应力不为零的应力状态称为**单向应力状态**,又称为**简单应力状态**,如图 10-3 所示。两个主应力不为零的应力状态称为**二向应力状态**,又称为**平面应力状态**,如图 10-4 所示。三个主应力都不为零的应力状态称为**三向应力状态**,又称为**空间应力状态**,如图 10-5 所示。二向应力状态、三向应力状态又称为复杂应力状态。本章重点研究平面应力状态问题。

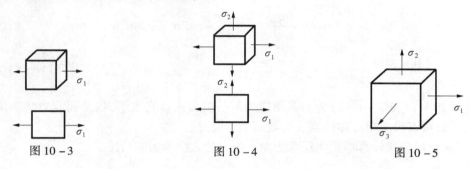

图 10-3　　　　　　　　图 10-4　　　　　　　　图 10-5

10.2　平面应力状态分析

10.2.1　平面应力状态分析的解析法

平面应力状态一般情形的应力单元体如图 10-6(a)所示。

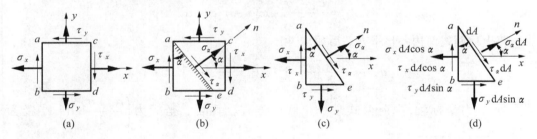

图 10-6

在外法线为 x 轴的截面上作用有应力 σ_x、τ_x;在外法线为 y 轴的截面上作用有应力 σ_y、τ_y,σ_x、σ_y 及 $\tau_x = -\tau_y$ 均为已知。求应力单元体任意斜截面上的应力。

设斜截面 ae 的外法线 n 与 x 轴成 α 角,简称 α 面,并用 σ_α、τ_α 分别表示 α 面上的正应力和剪应力,如图 10-6(b)所示。

应力和角度的正负号作如下规定:正应力 σ 以拉应力为正,反之为负;剪应力 τ 以能使单元体作顺时针转动为正,反之为负;α 角是从 x 轴转到 n 轴作逆时针转动为正,反之为负。

利用截面法,沿斜截面 ae 将图 10-6(b)所示的单元体分成两部分,取其左半部分为研究对象,如图 10-6(c)所示。设 α 截面的面积为 dA,则 ab、ae 平面的面积分别为 $dA\cos\alpha$、$dA\sin\alpha$。研究对象的受力情况如图 10-6(d)所示。由静力学平衡条件:

$$\sum F_x = 0, \sigma_\alpha dA\cos\alpha + \tau_\alpha dA\sin\alpha - \sigma_x dA\cos\alpha + \tau_y dA\sin\alpha = 0$$

$$\sum F_y = 0, \sigma_\alpha dA\sin\alpha - \tau_\alpha dA\cos\alpha - \sigma_y dA\sin\alpha + \tau_x dA\cos\alpha = 0$$

联解上述方程,设 $\tau_x = \tau_y = \tau$,利用三角倍角公式,有

$$\cos^2\alpha = \frac{1+\cos 2\alpha}{2}, \sin^2\alpha = \frac{1-\cos 2\alpha}{2}, \sin 2\alpha = 2\sin\alpha\cos\alpha$$

其解可写为

$$\sigma_\alpha = \frac{\sigma_x + \sigma_y}{2} + \frac{\sigma_x - \sigma_y}{2}\cos 2\alpha - \tau_x\sin 2\alpha \tag{10-1}$$

$$\tau_\alpha = \frac{\sigma_x - \sigma_y}{2}\sin 2\alpha + \tau_x\cos 2\alpha \tag{10-2}$$

式(10-1)、式(10-2)为斜截面应力的一般公式。它表明,当平面应力状态应力单元体已知,可以求出单元体任意一斜截面上的应力。

利用上述公式计算单元体任意截面上应力的方法称为解析法。

10.2.2 平面应力状态的图解法——应力圆法

1. 基本原理

将式(10-1)、式(10-2)改写为

$$\sigma_\alpha - \frac{\sigma_x + \sigma_y}{2} = \frac{\sigma_x - \sigma_y}{2}\cos 2\alpha - \tau_x\sin 2\alpha$$

$$\tau_\alpha = \frac{\sigma_x - \sigma_y}{2}\sin 2\alpha + \tau_x\cos 2\alpha$$

将上述两式两边各自平方然后相加,得

$$\left(\sigma_\alpha - \frac{\sigma_x + \sigma_y}{2}\right)^2 + \tau_\alpha^2 = \left(\frac{\sigma_x - \sigma_y}{2}\right)^2 + \tau^2$$

若取 σ、τ 为坐标轴,则此公式是一个圆的方程。其圆心坐标为 $\left(\dfrac{\sigma_x + \sigma_y}{2}, 0\right)$,半径为

$\sqrt{\left(\dfrac{\sigma_x - \sigma_y}{2}\right)^2 + \tau_x^2}$。通常称此圆为应力圆,又称摩尔圆,如图10-7所示。

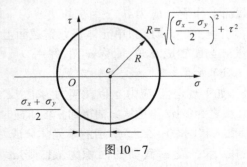

图10-7

2. 应力圆的作法

设单元体的应力 σ_x、σ_y、τ_x 为已知,如图 10-8(a) 所示,作此应力单元体的应力圆。圆可按下列步骤作出。

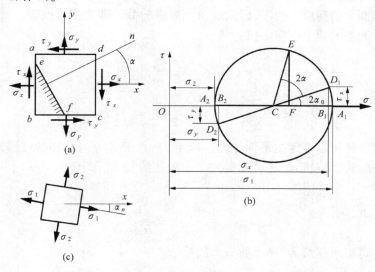

图 10-8

(1) 建立 $\sigma - \tau$ 直角坐标系。

(2) 定基准点 D_1、D_2:将单元体上已知应力数值的 x 平面与 y 平面作为基准面,按一定比例在横坐标上量取 $OB_1 = \sigma_x$,纵坐标上量取 $B_1D_1 = \tau_x$ 得 D_1 点;量取 $OB_2 = \sigma_y$,$B_2D_2 = \tau_y$ 得 D_2 点,如图 10-8(b) 所示。D_1、D_2 点分别代表了基准面 x 面和 y 面上的应力数值。

(3) 连接 D_1、D_2 两点的直线与横坐标 σ 轴交于 C 点。

(4) 以 C 点为圆心,CD_1 或 CD_2 为半径,绘出一个圆,即为所求的应力圆,如图 10-8(b) 所示,证明从略。

在利用应力圆来确定单元体上任一斜截面上的应力时,必须掌握应力圆和单元体之间的对应关系:

① 点面对应——应力圆上某一点的坐标值与单元体相应面上的正应力和剪应力对应。

② 转向对应——半径旋转方向与单元体截面外法线旋转方向一致。

③ 二倍角对应——半径转过的角度是截面外法线旋转角度的两倍,如图 10-9 所示。

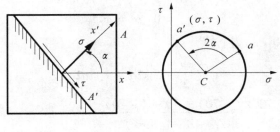

图 10-9

3. 主应力和主平面位置

利用应力圆求主应力及主平面位置十分方便。现以图10-8(a)所示的单元体为例说明。从作出的应力圆图10-8(b)上可以看出,A_1、A_2 两点的纵坐标都等于零,表示单元体上对应截面上的剪应力为零,因此这两点对应的截面即为主平面,A_1、A_2 点的横坐标分别表示主平面上的两个主应力值:

$$\sigma_1 = OA_1 = OC + CA_1 = \frac{\sigma_x + \sigma_y}{2} + \sqrt{\left(\frac{\sigma_x - \sigma_y}{2}\right)^2 + \tau_x^2} \qquad (10-3)$$

$$\sigma_2 = OA_2 = OC - CA_2 = \frac{\sigma_x + \sigma_y}{2} - \sqrt{\left(\frac{\sigma_x - \sigma_y}{2}\right)^2 + \tau_x^2} \qquad (10-4)$$

利用应力圆还可以确定主平面位置。圆上 D_1 点到 A_1 点为顺时针旋转 $2\alpha_0$,在单元体上由 x 轴按顺时针旋转 α_0 便可确定主平面的法线位置,如图10-8(c)所示。从应力圆上可得主平面位置:

$$\tan 2\alpha_0 = -\frac{B_1 D_1}{CB_1} = \frac{-2\tau_x}{\sigma_x - \sigma_y} \qquad (10-5)$$

从应力圆上还可以求得最大、最小剪应力的数值:

$$\begin{matrix}\tau_{\max}\\ \tau_{\min}\end{matrix} = \pm \frac{1}{2}\sqrt{(\sigma_x - \sigma_y)^2 + 4\tau_x^2} = \pm \frac{\sigma_1 - \sigma_2}{2} \qquad \begin{matrix}(10-6)\\(10-7)\end{matrix}$$

最大剪应力的作用面与主应力所在平面的夹角为45°。

例题10-1 试用解析法、图解法分别求图10-10(a)单元体斜截面 ab 上的应力(单位为 MPa)。

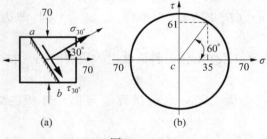

图10-10

解:(1)解析法。由单元体可知:

$$\sigma_x = 70\text{MPa}, \sigma_y = -70\text{MPa}$$
$$\tau_x = 0, \alpha = 30°$$

代入式(10-1)、式(10-2)得

$$\sigma_\alpha = \frac{\sigma_x + \sigma_y}{2} + \frac{\sigma_x - \sigma_y}{2}\cos 2\alpha - \tau_x \sin 2\alpha$$

$$= \frac{70 + (-70)}{2} + \frac{70 - (-70)}{2}\cos 60° - 0 = 35\text{MPa}$$

$$\tau_\alpha = \frac{\sigma_x - \sigma_y}{2}\sin2\alpha + \tau_x\cos2\alpha = \frac{70-(-70)}{2}\sin60° + 0 = 61\text{MPa}$$

(2) 图解法。
① 选取比例,并画出坐标系。
② 画应力圆,如图 10 – 10(b)所示。
③ 求斜截面上的应力:量取 $\sigma_\alpha = 35\text{MPa}$, $\tau_\alpha = 61\text{MPa}$。

例题 10 – 2 已知图 10 – 11(a)应力单元体,试用解析法和图解法求:(1) 主应力大小及主平面位置;(2) 画主应力单元体。

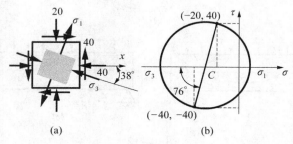

图 10 – 11

解:(1) 解析法。由单元体可知

$$\sigma_x = -40\text{MPa}, \sigma_y = -20\text{MPa}, \tau_x = -40\text{MPa}$$

代入式(10 – 3)、式(10 – 4)得

$$\begin{matrix}\sigma_1\\\sigma_3\end{matrix} = \frac{\sigma_x+\sigma_y}{2} \pm \sqrt{\left(\frac{\sigma_x-\sigma_y}{2}\right)^2 + \tau_x^2} =$$

$$\frac{-40-20}{2} \pm \sqrt{\left(\frac{-40+20}{2}\right)^2 + 40^2} = \begin{matrix}+11.2\\-71.2\end{matrix}\text{MPa}$$

$$\tan2\alpha_0 = \frac{-2\tau_x}{\sigma_x-\sigma_y} = \frac{-2(-40)}{-40+20} = -4, \alpha_0 = -37°59'$$

(2) 图解法。作应力圆,如图 10 – 11(b)所示,从图中可得

$$\sigma_1 = 11\text{MPa}, \sigma_3 = -71\text{MPa}, 2\alpha_0 = 76°$$

10.2.3 主应力轨迹线

对于任一平面结构,都可以求出任意一点的二主应力的大小及方向。掌握构件内部主应力的变化规律,对结构设计是非常有用的。例如在设计钢筋混凝土梁时,如果知道主应力方向变化的情况,即可判断梁上裂纹可能发生的方向,从而恰当地配置钢筋,更有效地发挥钢筋的抗拉作用。在工程设计中,有时需要根据构件上各计算点的主应力方向,绘制出两组彼此正交的曲线,在这些曲线上任意一点处的切线方向即为该点的主应力方向。把这种曲线叫做**主应力轨迹线**。其中的一组是主拉应力 σ_1 的轨迹线,另一组是主压应力 σ_3 的轨迹线。

绘制梁主应力轨迹线的方法:首先对承受均布荷载的简支梁取若干个横截面,如图 10-12(a)所示,且在每个横截面选定若干个计算点,然后求出每个计算点处的主拉应力 σ_1 和主压应力 σ_3 的大小和方向,再按各点处的主应力方向勾绘出梁的主应力轨迹线,如图 10-12(b)所示。

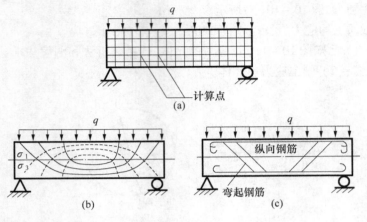

图 10-12

通过对承受均布荷载简支梁的主应力轨迹线的分析,可以看出,在梁的上、下边缘附近的主应力轨迹线是水平线;在梁的中性层处,主应力轨迹线的倾角为 45°。因水平方向的主拉应力 σ_1 可能使梁发生竖向裂纹;倾斜方向的主拉应力 σ_1 可能使梁发生斜向的裂纹。所以在钢筋混凝土中,不但要配置纵向抗拉钢筋,还要配置斜向弯起钢筋,如图 10-12(c)所示。

*10.3　三向应力状态及广义胡克定律

本节为强度理论讨论的需要,只介绍三向应力状态时的最大剪应力和广义胡克定律。

10.3.1　三向应力状态

三向应力状态的一般情形如图 10-13 所示。

用主应力表示的三向应力状态及其应力圆如图 10-14 所示。

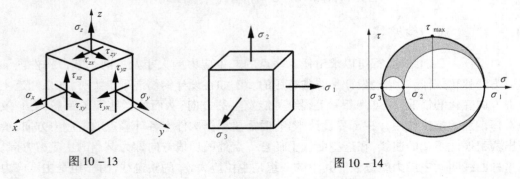

图 10-13　　　　　　　　　　图 10-14

从应力圆图可知，最大剪应力为

$$\tau_{max} = \frac{\sigma_1 - \sigma_3}{2} \tag{10-8}$$

10.3.2 广义胡克定律

在轴向拉压时已经讲过轴向变形和横向变形，即

$$\varepsilon_x = \frac{\sigma_x}{E}, \varepsilon_y = -\nu\frac{\sigma_x}{E}$$

三向应力状态的主应力单元体如图 10-15 所示。当 σ_1 单独作用时，单元体沿三个方向的线应变有

$$\varepsilon'_1 = \frac{\sigma_1}{E}, \varepsilon'_2 = -\nu\frac{\sigma_1}{E}, \varepsilon'_3 = -\nu\frac{\sigma_1}{E}$$

当 σ_2 单独作用时，单元体沿三个方向的线应变有

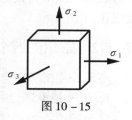

图 10-15

$$\varepsilon''_1 = -\nu\frac{\sigma_2}{E}, \varepsilon''_2 = \frac{\sigma_2}{E}, \varepsilon''_3 = -\nu\frac{\sigma_2}{E}$$

当 σ_3 单独作用时，单元体沿三个方向的线应变有

$$\varepsilon'''_1 = -\nu\frac{\sigma_3}{E}, \varepsilon'''_2 = -\nu\frac{\sigma_3}{E}, \varepsilon'''_3 = \frac{\sigma_3}{E}$$

当 σ_1、σ_2、σ_3 共同作用时，根据叠加原理则有

$$\begin{cases} \varepsilon_1 = \varepsilon'_1 + \varepsilon''_1 + \varepsilon'''_1 = \frac{1}{E}[\sigma_1 - \nu(\sigma_2 + \sigma_3)] \\ \varepsilon_2 = \varepsilon'_2 + \varepsilon''_2 + \varepsilon'''_2 = \frac{1}{E}[\sigma_2 - \nu(\sigma_3 + \sigma_1)] \\ \varepsilon_3 = \varepsilon'_3 + \varepsilon''_3 + \varepsilon'''_3 = \frac{1}{E}[\sigma_3 - \nu(\sigma_1 + \sigma_2)] \end{cases} \tag{10-9}$$

式(10-9)即是以主应力表示的广义胡克定律。式中，ε_1、ε_2、ε_3 称为主应变。

*10.4 强度理论

10.4.1 强度理论的概念

拉压的强度条件：

$$\sigma_{max} = \frac{N}{A} \leqslant [\sigma]$$

扭转的强度条件：

$$\tau_{max} = \frac{M_t}{W_p} \leqslant [\tau]$$

弯曲正应力强度条件：

$$\sigma_{max} = \frac{M_{max}}{W_z} \leq [\sigma]$$

上述强度条件,除扭转外,均为简单应力状态下的问题,是在试验条件下建立起来的。

工程中许多构件的危险点是处于复杂应力状态下,用试验的方法建立强度条件,就需要对材料在各种应力状态下逐一进行试验,以确定相应应力状态下的极限应力,这显然是行不通的。必须寻找一种新的思路来建立复杂应力状态下的强度条件。为了建立强度条件,人们首先对材料的破坏现象进行分析,材料的破坏形式主要分为两类:一类是塑性屈服;另一类是脆性断裂。人们根据材料的破坏现象,总结材料的破坏的规律,提出了关于材料破坏原因的一些假说,解释材料破坏的原因。在这些假说的基础上,利用材料在单向应力状态时的试验数据来建立材料在复杂应力状态下的强度条件,这些假说通常称为**强度理论**。

10.4.2 常用的四个强度理论

下面介绍工程中常用的四个强度理论及根据这些理论所建立的强度条件。

1. 第一强度理论——最大拉应力理论

这一理论认为:引起材料脆性破坏的主要因素是最大拉应力,即不论材料处于何种应力状态下,只要危险点处最大拉应力达到材料单向拉伸断裂时的最大应力值 σ_b,材料即发生断裂破坏。根据这一理论,材料发生断裂破坏的条件为

$$\sigma_1 = \sigma_b$$

相应的强度条件为

$$\sigma_1 \leq [\sigma] = \frac{\sigma_b}{n_b} \tag{10-10}$$

式中 σ_1——构件危险点处的最大拉应力;

$[\sigma]$——单向拉伸时材料的许用应力。

试验表明:脆性材料在承受拉应力而断裂时,理论与试验结果较一致,而对塑性材料就不符合。同时,这个理论没有考虑其他两个主应力的影响,并且对只有压应力而没有拉应力的应力状态无法应用。

2. 第二强度理论——最大伸长线应变理论

这一理论认为:引起材料脆性破坏的主要因素是最大拉应变。即不论材料处于何种应力状态下,只要危险点处最大拉应变达到材料单向拉伸断裂时的最大拉应变值 ε_u,材料即发生断裂破坏。根据这一理论,材料发生断裂破坏的条件为

$$\varepsilon_1 = \varepsilon_u = \frac{\sigma_u}{E} \tag{10-11}$$

根据广义胡克定律,在复杂应力状态下一点处的最大线应变为

$$\varepsilon_1 = \frac{1}{E}[\sigma_1 - \nu(\sigma_2 + \sigma_3)]$$

所以式(10-11)可改写为

$$\frac{1}{E}[\sigma_1 - \nu(\sigma_2 + \sigma_3)] = \frac{\sigma_u}{E}$$

断裂破坏条件又可写为

$$[\sigma_1 - \nu(\sigma_2 + \sigma_3)] = \sigma_u \qquad (10-12)$$

由式(10-12)可知,按第二强度理论建立的强度条件为

$$\sigma_1 - \nu(\sigma_2 + \sigma_3) \leqslant [\sigma] \qquad (10-13)$$

这个理论只对部分脆性材料适用。据此理论,单向受拉要比二向受拉及三向受拉更易破坏,这与实际是不相符合的。最大伸长线应变理论目前已很少使用。

3. 第三强度理论——最大剪应力理论

这一理论认为:引起材料破坏的主要因素是最大剪应力,即不论材料处于何种应力状态下,只要危险点处最大剪应力达到材料单向拉伸屈服时的最大剪应力值 τ_u,材料即发生屈服破坏。根据这一理论,材料发生屈服破坏的条件为

$$\tau_{\max} = \tau_u$$

因为

$$\tau_{\max} = \frac{\sigma_1 - \sigma_3}{2}, \tau_u = \frac{\sigma_u}{2}$$

破坏条件又可写为

$$\frac{1}{2}(\sigma_1 - \sigma_3) = \frac{\sigma_u}{2}$$

或

$$\sigma_1 - \sigma_3 = \sigma_u$$

相应的强度条件为

$$\sigma_1 - \sigma_3 \leqslant [\sigma] \qquad (10-14)$$

试验表明:该理论与塑性材料的试验结果比较接近,因此广泛应用于工程中塑性材料的工程计算。缺点是这一理论没有考虑 σ_2 对材料破坏的影响,这与实际不符。

4. 第四强度理论——形状改变比能理论

这一理论认为:引起材料破坏的主要因素是形状改变比能,即不论材料处于何种应力状态下,只要最大形状改变比能 u_x 达到材料单向拉伸屈服时的形状改变比能,材料即发生屈服破坏。根据这一理论,材料发生屈服破坏的条件为

$$\sqrt{\frac{1}{2}[(\sigma_1 - \sigma_2)^2 + (\sigma_2 - \sigma_3)^2 + (\sigma_3 - \sigma_1)^2]} = \sigma_u$$

相应的强度条件为

$$\sqrt{\frac{1}{2}[(\sigma_1 - \sigma_2)^2 + (\sigma_2 - \sigma_3)^2 + (\sigma_3 - \sigma_1)^2]} \leqslant [\sigma] \qquad (10-15)$$

形状改变比能理论又称为歪形能理论。

第一、二强度理论主要适用于脆性材料,第三、四强度理论主要适用于塑性材料。

10.4.3 强度理论的适用范围

1. 相当应力的概念

以上四个强度理论的强度条件可统一写为

$$\sigma_r \leq [\sigma]$$

式中：σ_r 是按不同强度理论得出的主应力的综合值，从形式上看，它与轴向拉伸时的应力相当，故称为相当应力。

最大拉应力理论：
$$\sigma_{r1} = \sigma_1 \quad (10-16)$$

最大伸长线应变理论：
$$\sigma_{r2} = \sigma_1 - \nu(\sigma_2 + \sigma_3) \quad (10-17)$$

最大剪应力理论：
$$\sigma_{r3} = \sigma_1 - \sigma_3 \quad (10-18)$$

形状改变比能理论：
$$\sigma_{r4} = \sqrt{\frac{1}{2}[(\sigma_1-\sigma_2)^2 + (\sigma_2-\sigma_3)^2 + (\sigma_3-\sigma_1)^2]} \quad (10-19)$$

2. 强度理论的适用范围

（1）在三向拉应力状态下，无论是脆性材料还是塑性材料，都将发生脆性断裂破坏，应采用第一强度理论。在三向压应力状态下，无论是脆性材料还是塑性材料，都将发生塑性屈服破坏，应采用第三、四强度理论。

（2）对于塑性材料，除三向拉应力状态外，在其他复杂应力状态下发生的破坏，采用第三、四强度理论。

（3）对于脆性材料，在二向拉伸应力状态及二向拉压应力状态且拉应力值较大的情况下，应采用第一强度理论；在二向拉压应力状态且压应力值较大的情况下，应采用第二强度理论。

3. 强度理论的选用及应用举例

应用强度理论对处于复杂应力状态的构件进行强度计算时，可按下列步骤进行。

（1）分析构件危险点处的应力，并计算危险点处单元体的主应力 σ_1、σ_2、σ_3。

（2）选用合适的强度理论，确定相当应力 σ_r。

（3）建立强度条件，进行强度计算。

例题 10-3 某危险点处的应力单元体如图 10-16 所示。试按四个强度理论分别建立强度条件。

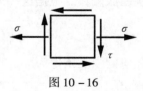

图 10-16

解：（1）计算单元体的主应力，此时 $\sigma_x = \sigma$，$\sigma_y = 0$，$\tau_x = \tau$，由式（10-3）、式（10-4）得

$$\sigma_1 = \frac{\sigma}{2} + \sqrt{\left(\frac{\sigma}{2}\right)^2 + \tau^2}$$

$$\sigma_2 = 0$$

$$\sigma_3 = \frac{\sigma}{2} - \sqrt{\left(\frac{\sigma}{2}\right)^2 + \tau^2}$$

（2）计算相当应力 σ_r，并列出强度条件：

$$\sigma_{r1} = \sigma_1 = \frac{\sigma}{2} + \sqrt{\left(\frac{\sigma}{2}\right)^2 + \tau^2} \leq [\sigma]$$

$$\sigma_{r2} = \sigma_1 - \nu(\sigma_2 + \sigma_3) = \left[\frac{\sigma}{2} + \sqrt{\left(\frac{\sigma}{2}\right)^2 + \tau^2}\right] - \nu\left[\frac{\sigma}{2} - \sqrt{\left(\frac{\sigma}{2}\right)^2 + \tau^2}\right]$$

$$= \frac{1-\nu}{2}\sigma + \frac{1+\nu}{2}\sqrt{\sigma^2 + 4\tau^2} \leq [\sigma]$$

$$\sigma_{r3} = \sigma_1 - \sigma_3 = \sqrt{\sigma^2 + 4\tau^2} \leq [\sigma]$$

$$\sigma_{r4} = \sqrt{\frac{1}{2}[(\sigma_1-\sigma_2)^2 + (\sigma_2-\sigma_3)^2 + (\sigma_3-\sigma_1)^2]} = \sqrt{\sigma^2 + 3\tau^2} \leq [\sigma]$$

例题 10-4 有一铸铁制成的构件,其危险点处的应力状态如图 10-17 所示,已知 $\sigma_x = 30\text{MPa}$,$\tau_{xy} = 30\text{MPa}$。材料的许用拉应力 $[\sigma_t] = 50\text{MPa}$,许用压应力 $[\sigma_c] = 130\text{MPa}$。试校核此构件的强度。

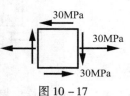

图 10-17

解:危险点处的主应力为

$$\begin{matrix}\sigma_1\\ \sigma_3\end{matrix} = \frac{\sigma_x}{2} \pm \sqrt{\left(\frac{\sigma_x}{2}\right)^2 + \tau_{xy}^2} = \frac{30}{2} \pm \sqrt{\left(\frac{30}{2}\right)^2 + 30^2}$$

$$= 15 \pm 33.5 = \begin{matrix}+48.5\\ -18.5\end{matrix}\text{MPa}$$

$$\sigma_2 = 0$$

因为铸铁是脆性材料,所以采用第一强度理论进行强度校核,其相当应力为

$$\sigma_{r1} = \sigma_1$$

故

$$\sigma_{r1} = \sigma_1 = 48.5\text{MPa} < [\sigma_t] = 50\text{MPa}$$

所以该铸铁件是安全的。

例题 10-5 工字形截面简支梁如图 10-18(a)所示,已知 $F = 120\text{kN}$,$l = 250\text{mm}$,$I_z = 1130\text{cm}^4$,翼缘板对 z 轴的静矩 $S = 66\text{cm}^3$,材料的许用应力 $[\sigma] = 160\text{MPa}$。试分别按第三、第四强度理论校核危险截面上 K 点的强度。

解:(1) K 点的应力分析。梁跨中截面的弯矩和剪力最大,分别为

$$M_{max} = \frac{Fl}{2} = \frac{1}{2} \times 120 \times 10^3 \times 250 \times 10^3 = 15000\text{N}\cdot\text{m}$$

$$Q_{max} = \frac{F}{2} = \frac{1}{2} \times 120 \times 10^3 = 60 \times 10^3\text{N}$$

该截面 K 点的应力为

$$\sigma_K = \frac{M_{max}}{I_z} = \frac{15000 \times 70 \times 10^{-3}}{1130 \times 10^{-8}} = 92.9 \times 10^6 \text{Pa} = 92.9\text{MPa}$$

$$\tau_K = \frac{QS}{bI_z} = \frac{60 \times 10^3 \times 66 \times 10^{-6}}{6 \times 10^3 \times 1130 \times 10^{-8}} = 58.4 \times 10^6 \text{Pa} = 58.4\text{MPa}$$

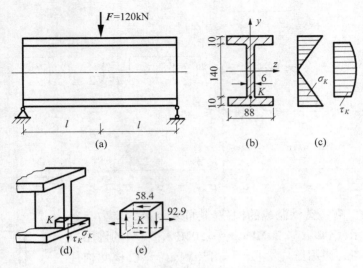

图 10-18

（2）强度校核。根据第三强度理论，由式(10-18)得

$$\sigma_{r3} = \sigma_1 - \sigma_3 = \sqrt{\sigma^2 + 4\tau^2} = \sqrt{92.9^2 + 4 \times 58.4^2} = 149.2 \text{MPa} \leqslant [\sigma]$$

根据第四强度理论，由式(10-17)得

$$\sigma_{r4} = \sqrt{\sigma^2 + 3\tau^2} = \sqrt{92.9^2 + 3 \times 58.4^2} = 137.3 \text{MPa} \leqslant [\sigma]$$

所以工字钢梁 K 点的强度满足要求。

小　结

一、概念
（1）一点处应力状态。
（2）主平面、主应力、主单元体。
（3）主应力轨迹线。

二、平面应力状态分析

1. 平面应力状态分析的解析法

（1）任意截面上的应力：

$$\sigma_\alpha = \frac{\sigma_x + \sigma_y}{2} + \frac{\sigma_x - \sigma_y}{2}\cos2\alpha - \tau_x\sin2\alpha$$

$$\tau_\alpha = \frac{\sigma_x - \sigma_y}{2}\sin2\alpha + \tau_x\cos2\alpha$$

（2）主应力：

$$\left.\begin{matrix}\sigma_1\\\sigma_3\end{matrix}\right\} = \frac{\sigma_x + \sigma_y}{2} \pm \sqrt{\left(\frac{\sigma_x - \sigma_y}{2}\right)^2 + \tau_x^2}$$

$$\sigma_2 = 0$$

主平面位置：

$$\tan 2\alpha_0 = \frac{-2\tau_x}{\sigma_x - \sigma_y}$$

(3) 剪应力：

$$\begin{matrix} \tau_{\max} \\ \tau_{\min} \end{matrix} = \pm \frac{1}{2}\sqrt{(\sigma_x - \sigma_y)^2 + 4\tau_x^2} = \pm \frac{\sigma_1 - \sigma_2}{2}$$

2. 平面应力状态的图解法——应力圆法

1) 应力圆的作法

设单元体的应力 σ_x、σ_y、τ_x 为已知：

(1) 建立 $\sigma - \tau$ 直角坐标系。

(2) 定基准点 D_1、D_2：将单元体上已知应力数值的 x 平面与 y 平面作为基准面，按一定比例在横坐标上量取 σ_x，纵坐标上量取 τ_x 得 D_1 点；同理，量取 σ_y，τ_y 得 D_2 点。D_1、D_2 点分别代表了基准面 x 面和 y 面上的应力数值。

(3) 连接 D_1、D_2 两点的直线与横坐标 σ 轴交于 C 点。以 C 点为圆心，CD_1 或 CD_2 为半径，绘出一个圆，即为所求的应力圆。

2) 应力圆和单元体之间的对应关系

(1) 点面对应——应力圆上某一点的坐标值与单元体相应面上的正应力和剪应力对应。

(2) 转向对应——半径旋转方向与单元体截面外法线旋转方向一致。

(3) 二倍角对应——半径转过的角度是截面外法线旋转角度的两倍。

三、广义胡克定律

$$\varepsilon_1 = \varepsilon'_1 + \varepsilon''_1 + \varepsilon'''_1 = \frac{1}{E}[\sigma_1 - \nu(\sigma_2 + \sigma_3)]$$

$$\varepsilon_2 = \varepsilon'_2 + \varepsilon''_2 + \varepsilon'''_2 = \frac{1}{E}[\sigma_2 - \nu(\sigma_3 + \sigma_1)]$$

$$\varepsilon_3 = \varepsilon'_3 + \varepsilon''_3 + \varepsilon'''_3 = \frac{1}{E}[\sigma_3 - \nu(\sigma_1 + \sigma_2)]$$

四、强度理论

1. 第一强度理论——最大拉应力理论

强度条件：

$$\sigma_1 \leq [\sigma] = \frac{\sigma_b}{n_b}$$

2. 第二强度理论——最大伸长线应变理论

强度条件：

$$\sigma_1 - \nu(\sigma_2 + \sigma_3) \leq [\sigma]$$

3. 第三强度理论——最大剪应力理论

强度条件：

$$\sigma_1 - \sigma_3 \leq [\sigma]$$

4. 第四强度理论——形状改变比能理论

强度条件：

$$\sqrt{\frac{1}{2}[(\sigma_1 - \sigma_2)^2 + (\sigma_2 - \sigma_3)^2 + (\sigma_3 - \sigma_1)^2]} \leq [\sigma]$$

思考题

10-1 为什么要研究一点处应力状态?

10-2 二向应力状态下,总可以不经计算而确定一对主平面和一组主应力,为什么?

10-3 铸铁压缩时,沿与轴线约成45°的斜截面发生破坏且断口呈错动光滑状,为什么?

10-4 何谓主应力轨迹线? 说说它在工程上有何用途。

10-5 怎样研究构件内危险截面危险点处的应力? 描述用应力圆确定该点最大应力的过程。

10-6 举例说明在工程中或生活中存在的三向应力状态问题。

习 题

10-1 如题10-1图所示的原始单元体。试用解析法求:(1)指定斜截面上的应力;(2)主应力、主平面和主单元体;(3)最大切应力。

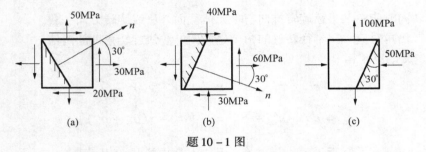

题 10-1 图

10-2 题10-2图所示单元体处于平面应力状态。试求:(1)主应力及主平面;(2)最大切应力及其作用面。

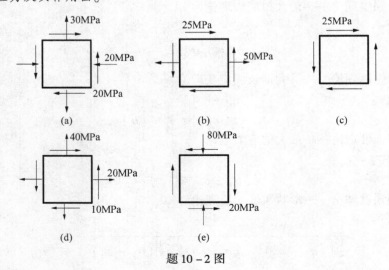

题 10-2 图

10-3 一单元体应力状态如题 10-3 图所示,已知材料的 $E = 200\text{GPa}, \mu = 0.3$。试求:(1)单元体的主应力及最大切应力;(2)单元体的主应变和体积应变。

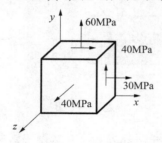

题 10-3 图

10-4 试求题 10-4 图所示单元体的主应力及最大切应力。

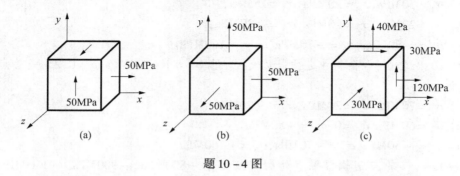

题 10-4 图

10-5 梁横截面上的内力为 M、F_Q,如题 10-5 图所示。试用单元体表示截面上点 1、点 2、点 3、点 4 的应力状态。

10-6 矩形截面简支梁如题 10-6 图所示,在跨中作用有集中力 $F = 100\text{kN}$,若 $l = 2\text{m}, b = 200\text{mm}, h = 600\text{mm}$。试求距离左支座 $L/4$ 处截面上 C 点在 $40°$ 斜截面上的应力。

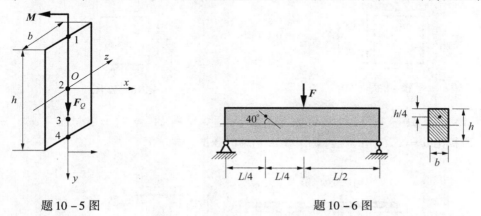

题 10-5 图   题 10-6 图

10-7 实心圆杆如题 10-7 图所示,若已知圆杆直径 $d = 10\text{mm}$,外力偶矩 $m = Fd/10$。(1)试求下面两种情况下的许可载荷 $[F]$:①材料为钢材,$[\sigma] = 160\text{MPa}$;②材料为铸铁,$[\sigma^+] = 30\text{MPa}$。(2)若圆杆为铸铁材料,已知 $F = 2\text{kN}$,材料的弹性模量 $E = 200\text{GPa}, \mu = 0.25$。试求圆杆表面 K 点沿与杆轴线成 $30°$ 分析的线应变,并按第二强度理论进行强度校核。

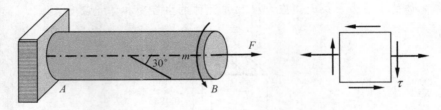

题 10 - 7 图

10 - 8 试按各种强度理论建立纯剪切应力状态的强度条件,如题 10 - 8 图所示。

10 - 9 试对铸铁构件进行强度校核。已知 $[\sigma^+]=30\text{MPa}$,$[\sigma^-]=90\text{MPa}$,$\mu=0.25$,危险点主应力分别为:

(1) $\sigma_1=30\text{MPa}$,$\sigma_2=20\text{MPa}$,$\sigma_3=15\text{MPa}$;

(2) $\sigma_1=29\text{MPa}$,$\sigma_2=20\text{MPa}$,$\sigma_3=-20\text{MPa}$;

(3) $\sigma_1=-50\text{MPa}$,$\sigma_2=-70\text{MPa}$,$\sigma_3=-160\text{MPa}$。

10 - 10 试对铝合金构件进行强度校核。已知 $[\sigma]=120\text{MPa}$,$\mu=0.25$,危险点主应力分别为:

(1) $\sigma_1=70\text{MPa}$,$\sigma_2=30\text{MPa}$,$\sigma_3=-20\text{MPa}$;

(2) $\sigma_1=60\text{MPa}$,$\sigma_2=0$,$\sigma_3=-50\text{MPa}$;

(3) $\sigma_1=-50\text{MPa}$,$\sigma_2=-70\text{MPa}$,$\sigma_3=-160\text{MPa}$。

10 - 11 车轮与钢轨接触点处的主应力为 -800MPa、-900MPa、-1100MPa。若 $[\sigma]=300\text{MPa}$,试对接触点处进行强度校核。

10 - 12 已知题 10 - 12 图所示单元体的 $\tau=40\text{MPa}$,$\sigma=-80\text{MPa}$。求:(1)画出单元体的主平面,并求出主应力;(2)画出切应力为极值的单元体上应力;(3)材料为低碳钢,试按第三和第四强度理论计算单元体的相当应力。

题 10 - 8 图　　　　　　　　　　题 10 - 12 图

10 - 13 题 10 - 13 图所示铸铁外伸梁。已知材料的 $[\sigma^+]=30\text{MPa}$,$[\sigma^-]=160\text{MPa}$,泊松比 $\mu=0.25$。试校核截面 B 上 b 点的强度。

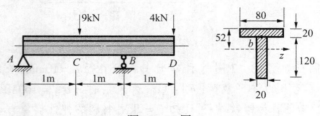

题 10 - 13 图

10-14 一脆性材料制成的圆管,其外径 $D = 0.15\mathrm{m}$,内径 $d = 0.1\mathrm{m}$,承受扭矩 $M = 70\mathrm{kN} \cdot \mathrm{m}$ 和轴向压力 F,已知材料的 $[\sigma^+] = 100\mathrm{MPa}$,$[\sigma^-] = 250\mathrm{MPa}$。试用第一强度理论确定许可压力 F。

10-15 一圆轴发生弯扭组合变形,已知其弯矩和扭矩数值相等,$M = 800\mathrm{N} \cdot \mathrm{m}$,材料许用应力 $[\sigma] = 90\mathrm{MPa}$。试按第三和第四强度理论确定轴的直径。

第11章 组合变形杆件的强度问题分析

本章提要

【知识点】组合变形的概念,工程中常见的组合变形,组合变形的解法,拉伸(压缩)与弯曲的组合,截面核心的概念,扭转与弯曲的组合。

【重点】工程中常见的组合变形,组合变形的解法,拉伸(压缩)与弯曲的组合,截面核心的概念。

【难点】组合变形情况下,危险截面和危险点的确定,以及相应位置处的内力和应力的分析及计算。

11.1 组合变形的概念和实例

11.1.1 组合变形的概念

在前面讨论了构件基本变形(拉压、剪切、扭转、弯曲)时的强度和刚度计算。但在工程实际中,构件只发生基本变形的情况是有限的,由于受力情况复杂,许多构件在荷载作用下常会发生包含两种或两种以上的基本变形的复杂变形,这种由两种或两种以上基本变形组成的复杂变形称为**组合变形**。

11.1.2 工程中常见的组合变形

在工程中,常见的组合变形有下面三种形式。

1. 斜弯曲

前面讨论了梁的平面弯曲问题。当荷载作用于梁的纵向对称平面内,梁轴线由直线变成一条位于梁纵向对称平面内的平面曲线,这种弯曲称为平面弯曲。但在很多工程实际中,作用于梁上的荷载不位于梁的纵向对称平面内,此时,梁弯曲后的梁轴线也不位于梁的纵向对称平面内,这种弯曲称为斜弯曲,如图 11-1 所示。

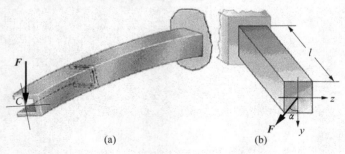

图 11-1

2. 拉伸(压缩)与弯曲的组合

杆件在受轴向力作用的同时,还受有横向力作用,这样就会使杆件产生拉伸(压缩)与弯曲的组合变形,如图 11 – 2 所示。

3. 弯曲与扭转的组合

在工程中,常常有一些构件同时受到扭转和弯曲的联合作用,使构件发生弯曲与扭转的组合变形,如图 11 – 3 所示。

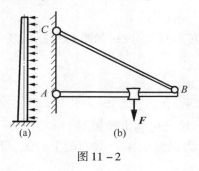

图 11 – 2

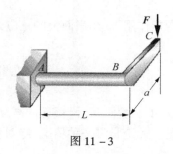

图 11 – 3

11.1.3 组合变形的解法

组合变形的强度计算,在变形较小且材料服从胡克定律的条件下,可应用叠加原理,采用先分解后综合的方法。一般是将外力分成几组,使每一组外力只产生一种基本变形,然后分别算出杆件在每一种基本变形下的应力,再将结果叠加,最后进行强度计算。

本章主要研究土建工程中最常见的组合变形——拉伸(压缩)与弯曲的组合。

11.2 拉伸(压缩)与弯曲的组合

11.2.1 在轴向力和横向力共同作用下的杆

当杆件同时作用有轴向力和横向力时,杆件将发生拉伸(压缩)与弯曲的组合变形。下面以图 11 – 4(a)所示结构为例,建立拉伸(压缩)与弯曲组合变形的强度条件。

1. 外力分析

取横梁 AB 为研究对象,画受力图,如图 11 – 4(b)所示。

轴向力 F_{Ax}、T_x——引起压缩变形;

横向力 F_{Ay}、F、T_y——引起弯曲变形;

AB 杆为压弯组合变形。

2. 内力分析

分别画梁 AB 在轴向力作用下的轴力图,如图 11 – 4(c)所示;在横向力作用下的弯矩图,如图 11 – 4(d)所示。危险截面为 D 截面,其轴力和弯矩分

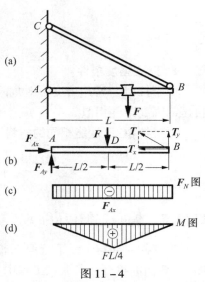

图 11 – 4

别为

$$F_{N\max} = F_{Ax}, \quad M_{\max} = \frac{Fl}{4}$$

3. 应力分析

在轴力作用下，D 截面上的正应力 σ' 均匀分布，如图 11-5(a) 所示，其值为

$$\sigma' = \frac{F_{N\max}}{A}$$

在弯矩作用下，D 截面上的正应力 σ'' 沿截面高度呈线性分布，如图 11-5(b) 所示，其值为

$$\sigma'' = \frac{M_{\max} y}{I_z} = \pm \left| \frac{M_{\max}}{W_z} \right|$$

将 σ' 和 σ'' 叠加后，沿截面的高度正应力的分布情况可能出现如图 11-5(c) 所示的两种情况。无论是哪一种情况，绝对值最大的正应力都发生在 D 截面的上边缘，且为压应力：

$$\sigma_{c\max} = \left| \frac{F_{N\max}}{A} + \frac{M_{\max}}{W_z} \right|$$

在 D 截面的下边缘点可能发生最大拉应力，其值为

$$\sigma_{t\max} = \left| \frac{F_{N\max}}{A} - \frac{M_{\max}}{W_z} \right|$$

所以，危险点为危险截面的上下边缘点。

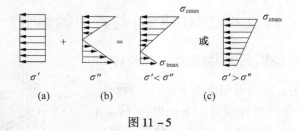

图 11-5

4. 建立强度条件

由于拉（压）弯组合变形时危险点的应力状态为单向应力状态，故其强度条件与轴向拉压的强度条件相似。

对于抗拉、压性能相同的材料，$[\sigma_t] = [\sigma_c] = [\sigma]$，强度条件为

$$\left. \begin{array}{c} \sigma_{t\max} \\ \sigma_{c\max} \end{array} \right\} = \left| \frac{F_{N\max}}{A} \pm \frac{M_{\max}}{W_z} \right| \leqslant [\sigma_t] \text{ 或} [\sigma_c] \quad (11-1)$$

11.2.2 偏心拉伸（压缩）

当杆件受到与轴线平行但不通过其截面形心的外力作用时，其变形为轴向拉伸（压缩）与弯曲的组合变形。在工程中，偏心受压较为常见。例如，图 11-6(a) 台钻的立柱及

图 11 – 6(b) 吊车梁的立柱都受到与轴线平行但不通过其截面形心的外力作用，所以台钻的立柱发生偏心拉伸变形，吊车梁的立柱发生偏心压缩变形。

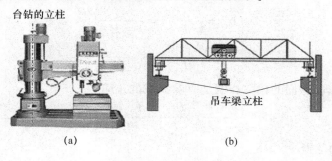

图 11 – 6

外力偏离轴线的距离称为**偏心距**，一般用 e 表示。

下面以图 11 – 7 所示的立柱为例，建立偏心压缩的强度条件。

1. 外力分析

根据力的平移定理将偏心压力 F 向轴心简化，如图 11 – 8 所示，得到作用于 O 点的轴心压力 F、对形心轴 Oy 的力偶 M_y 和对形心轴 Oz 的力偶 M_z，其中 $M_y = Fz_F$，$M_z = Fy_F$。

轴心压力 F 使立柱产生压缩变形，力偶 M_y、M_z 分别使立柱在 xz 面、xy 面产生纯弯曲变形，所以立柱的变形是轴向压缩与两个纯弯曲的组合变形。

2. 内力分析

任取截面 $m – m$，如图 11 – 9 所示，取其上半部分为研究对象，可得该截面上的内力为

$$F_N = F(压力), M_y = Fz_F, M_z = Fy_F$$

立柱所有横截面上的内力都与 $m – m$ 截面相同，各截面均为危险截面。

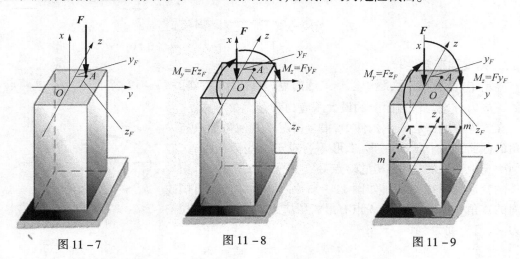

图 11 – 7　　　　　　图 11 – 8　　　　　　图 11 – 9

3. 应力分析

在 $m – m$ 截面上，任取一点 $B(y,z)$，如图 11 – 10 所示，对应上述三种内力 B 点产生的应力分别为

$$\sigma' = \frac{F_N}{A} = -\frac{F}{A}$$

$$\sigma'' = \frac{M_y \cdot z}{I_y} = -\frac{F z_F \cdot z}{I_y}$$

$$\sigma''' = \frac{M_z \cdot y}{I_z} = -\frac{F y_F \cdot y}{I_z}$$

根据叠加原理,它们的代数和就是所求 B 点的正应力。

$$\sigma = \sigma' + \sigma'' + \sigma''' = -\frac{F}{A} - \frac{F z_F z}{I_y} - \frac{F y_{F_p} y}{I_z} = -\frac{F}{A}\left(1 + \frac{z_F z}{i_y^2} + \frac{y_F y}{i_z^2}\right) \quad (11-2)$$

4. 中性轴的位置

将 $\sigma = 0$ 代入式(11-2)可求得中性轴方程为

$$\left(1 + \frac{z_F z}{i_y^2} + \frac{y_F y}{i_z^2}\right) = 0 \quad (11-3)$$

为一条不通过截面形心的直线方程,如图 11-11 所示。

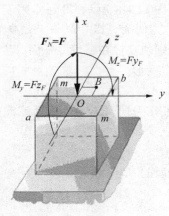

图 11-10

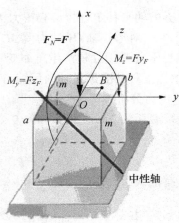

图 11-11

5. 建立强度条件

确定中性轴位置后,距中性轴最远的点即为危险点,如图 11-12 所示,D_1、D_2 这两点处的正应力分别为横截面上的最大压应力和最大拉应力。

在工程中的偏心压缩构件中,很多情况下其横截面具有棱角的截面,如矩形、工字形、T 形等。对于这些截面形式,无须确定中性轴的位置,其危险点必在截面的棱角处,可由杆件的变形情况来判断。如图 11-11 所示,可以分析出横截面的棱角 a、b 是危险点,b 点有最大压应力,a 点有最大拉应力,其值分别为

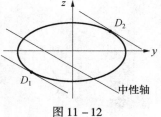

图 11-12

$$\begin{cases} \sigma_{tmax} = -\dfrac{F}{A} + \dfrac{M_y}{W_y} + \dfrac{M_z}{W_z} \\ \sigma_{cmax} = -\dfrac{F}{A} - \dfrac{M_y}{W_y} - \dfrac{M_z}{W_z} \end{cases} \quad (11-4)$$

则其强度条件为

$$\begin{cases} \sigma_{tmax} = -\dfrac{F}{A} + \dfrac{M_y}{W_y} + \dfrac{M_z}{W_z} \leq [\sigma_t] \\ \sigma_{cmax} = \left| -\dfrac{F}{A} - \dfrac{M_y}{W_y} - \dfrac{M_z}{W_z} \right| \leq [\sigma_c] \end{cases} \qquad (11-5)$$

如果是偏心受拉,只需将轴力所引起应力前面的符号改为正号即可。

6. 结果讨论

对 $b \times h$ 矩形截面的偏心受压杆,如图 11-13(a) 所示,$W_z = \dfrac{bh^2}{6}$,$M_z = Fy_F$,$A = bh$,由式 (11-4) 可得

$$\begin{matrix} \sigma_{max} \\ \sigma_{min} \end{matrix} = -\left(\dfrac{F}{bh} \mp \dfrac{6Fy_F}{bh^2}\right) = -\dfrac{F}{bh}\left(1 \mp \dfrac{6y_F}{h}\right) \qquad (11-6)$$

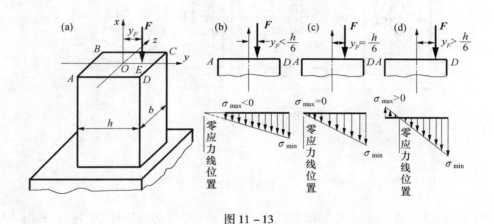

图 11-13

AB 边缘上最大正应力 σ_{max} 的正负号,由式中的 $\left(1 - \dfrac{6y_F}{h}\right)$ 决定,可能出现的三种情况如下:

(1) 当 $y_F < \dfrac{h}{6}$ 时,σ_{max} 为压应力。截面上的应力分布为如图 11-13(b) 所示,整个截面均为压应力。

(2) 当 $y_F = \dfrac{h}{6}$ 时,σ_{max} 为零。截面上的应力分布为如图 11-13(c) 所示,整个截面均为压应力,AB 边缘处应力为零。

(3) 当 $y_F > \dfrac{h}{6}$ 时,σ_{max} 为拉应力。截面上的应力分布为如图 11-13(d) 所示,整个截面有压应力及拉应力两种应力同时存在。可见,偏心距 y_F 的大小决定着截面上有无拉应

力,而 $y_F = \dfrac{h}{6}$ 成为有无拉应力的分界线。

偏心压力 F 作用在 z 轴上如图 11-14 所示,同理可以证明,当 $z_F \leqslant \dfrac{b}{6}$ 时,整个截面均为压应力。

也就是,如果外力作用在截面形心附近的某一个区域内,杆件整个截面上全为压应力而无拉应力,则这个外力作用的区域称为截面核心。

图 11-15 是几种常见截面的截面核心图形及其尺寸。i_y 与 i_z 为惯性半径:$i_y^2 = \dfrac{I_y}{A}$,$i_z^2 = \dfrac{I_z}{A}$。

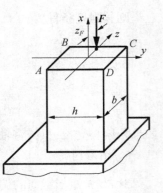

图 11-14

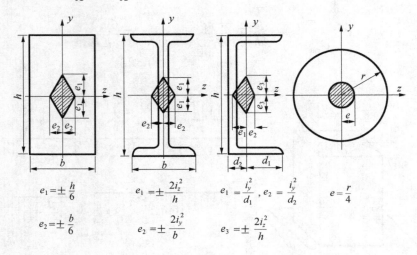

$e_1 = \pm \dfrac{h}{6}$ $\quad$ $e_1 = \pm \dfrac{2i_z^2}{h}$ $\quad$ $e_1 = \dfrac{i_y^2}{d_1}$, $e_2 = \dfrac{i_y^2}{d_2}$ $\quad$ $e = \dfrac{r}{4}$

$e_2 = \pm \dfrac{b}{6}$ $\quad$ $e_2 = \pm \dfrac{2i_y^2}{b}$ $\quad$ $e_3 = \pm \dfrac{2i_z^2}{h}$

图 11-15

例题 11-1 有一个三角形托架,如图 11-16(a)所示,杆 AB 为 18 工字钢。$F = 8\text{kN}$,型钢的许用应力为 $[\sigma] = 100\text{MPa}$。试校核杆 AB 的强度。

解:(1)外力分析。画 AB 杆的受力图,如图 11-16(b)所示。

$$\sum M_A = 0, F_C \sin30° \times 2.5 - 8 \times 4 = 0$$

$$F_C = 25.6\text{kN}$$

$$\sum F_x = 0, -F_{Ax} + F_C \cos30° = 0$$

$$F_{Ax} = 22.17\text{kN}$$

$$\sum F_y = 0, -F_{Ay} + F_C \sin30° - 8 = 0$$

$$F_{Ay} = 4.8\text{kN}$$

力 F_{Ax} 与 F_C 的水平分力使 AB 杆产生拉伸变形,力 F_{Ay}、F_C 的竖直分力与 F 使 AB 杆产生弯曲变形,所以 AB 杆的变形是拉伸与弯曲的组合。

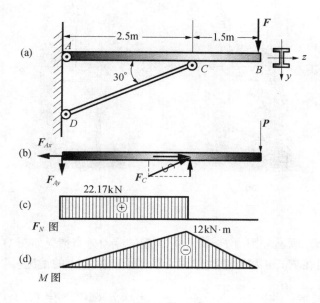

图 11-16

(2) 内力分析。画 AB 杆的轴力图和弯矩图,如图 11-16(c)、(d)所示。从内力图上可知,C 左截面为危险截面。其最大轴力与最大弯矩分别为

$$F_{N\max} = 22.17\text{kN}$$
$$M_{\max} = 12\text{kN} \cdot \text{m}$$

(3) 应力分析。由于轴力在 C 左截面上产生均匀的拉应力,弯矩在 C 左截面的上边缘点产生最大拉应力,在下边缘点产生最大压应力。根据叠加原理,杆 AB 在 C 左截面的上边缘有最大拉应力,其值为

$$\sigma_{\max} = \frac{F_{N\max}}{A} + \frac{M_{\max}}{W_z}$$

由型钢表可查得,18 工字钢的 $A = 30.6\text{cm}^2$, $W_z = 185\text{ cm}^3$,故有

$$\sigma_{\max} = \frac{22.17 \times 10^3}{30.6 \times 10^{-4}} + \frac{12 \times 10^3}{185 \times 10^{-6}} = 72.1 \times 10^6 \text{Pa} = 72.1\text{MPa} \leq [\sigma]$$

所以 AB 杆满足强度要求。

例题 11-2 在图 11-17(a)所示偏心受压柱中,已知 $h = 300\text{mm}$, $b = 200\text{mm}$, $F = 42\text{kN}$,偏心距 $e_y = 100\text{mm}$, $e_z = 80\text{mm}$。求截面 ABCD 上 A、B、C、D 各点的应力。

解:(1) 外力分析。将力 F 向柱的轴线平移,得到柱的受力图,如图 11-17(b)所示。压力 F 使柱产生压缩变形,力偶 $M_y = Fe_z$ 和 $M_z = Fe_y$ 使柱产生弯曲变形,故柱受压缩和弯曲的组合变形。

(2) 内力分析。从图 11-17(b)可知,柱各截面的内力都相同,分别为

$$F_N = -F = -42\text{kN}$$
$$M_z = F \cdot e_y = 4.20\text{kN} \cdot \text{m}$$
$$M_y = F \cdot e_z = 3.36\text{kN} \cdot \text{m}$$

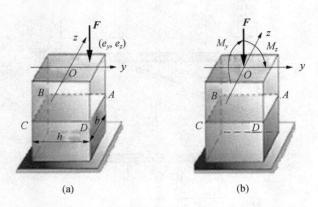

图 11-17

(3) 应力分析。画出分别由 F_N、M_y、M_z 引起的应力分布情况如图 11-18(a)、(b)、(c) 所示，并分别求出在 F_N、M_y、M_z 单独作用下横截面产生应力的情况：

$$\sigma' = \frac{F_N}{A} = \frac{42 \times 10^3}{200 \times 300 \times 10^{-6}} = 0.7 \times 10^6 \mathrm{Pa} = 0.7 \mathrm{MPa}$$

$$\sigma'' = \frac{M_y}{W_y} = \frac{3.36 \times 10^3}{\frac{300 \times 200^2 \times 10^{-9}}{6}} = 1.68 \times 10^6 \mathrm{Pa} = 1.68 \mathrm{MPa}$$

$$\sigma''' = \frac{M_z}{W_z} = \frac{4.20 \times 10^3}{\frac{200 \times 300^2 \times 10^{-9}}{6}} = 1.4 \times 10^6 \mathrm{Pa} = 1.4 \mathrm{MPa}$$

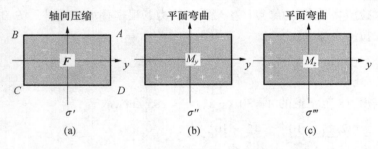

图 11-18

从而得到 A、B、C、D 四点的正应力，分别为

$$\sigma_A = -\sigma' - \sigma'' - \sigma''' = -0.7 - 1.68 - 1.4 = -3.78 \mathrm{MPa}$$

$$\sigma_B = -\sigma' - \sigma'' + \sigma''' = -0.7 - 1.68 + 1.4 = -0.98 \mathrm{MPa}$$

$$\sigma_C = -\sigma' + \sigma'' + \sigma''' = -0.7 + 1.68 + 1.4 = 2.38 \mathrm{MPa}$$

$$\sigma_D = -\sigma' + \sigma'' - \sigma''' = -0.7 + 1.68 - 1.4 = -0.42 \mathrm{MPa}$$

从计算结果看，可知 A 点有最大压应力 $3.78 \mathrm{MPa}$，C 点有最大拉应力 $2.38 \mathrm{MPa}$。

例题 11-3 夹具的受力和尺寸如图 11-19(a) 所示。已知 $F = 2 \mathrm{kN}$，$e = 60 \mathrm{mm}$，$b = 10 \mathrm{mm}$，$h = 22 \mathrm{mm}$，材料的许用应力 $[\sigma] = 170 \mathrm{MPa}$。试校核夹具竖杆的强度。

解：(1) 计算竖杆所受的外力。将力 F 向夹具竖杆的轴线平移，得到如图 11-19(b)

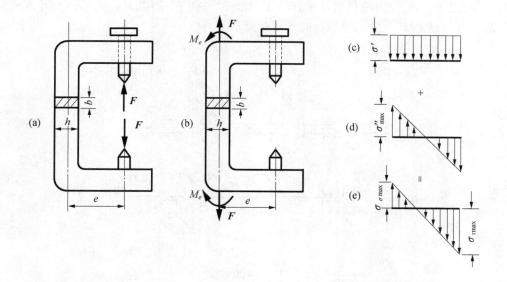

图 11－19

所示。拉力 F 使柱产生拉伸变形,力偶 $M_e = Fe$ 使夹具竖杆产生弯曲变形,故夹具竖杆受拉伸和弯曲的组合变形。

$$F = 2000\text{N}, M_e = F \cdot e = 2000 \times 0.06 = 120\text{N} \cdot \text{m}$$

(2) 计算竖杆横截面上的内力。从图 11－19(b)可知,柱各截面的内力都相同,分别为

$$F_N = F = 2000\text{N}$$
$$M = M_e = F \cdot e = 2000 \times 0.06 = 120\text{N} \cdot \text{m}$$

(3) 应力计算。由于轴力使夹具竖杆截面上产生均匀的拉应力,如图 11－19(c)所示,弯矩使夹具竖杆截面的右边缘点产生最大拉应力,使左边缘点产生最大压应力,如图 11－19(d)所示,根据叠加原理,夹具竖杆的截面的右边缘有最大拉应力,如图 11－19(d)所示,其值为

$$\sigma_{\max} = \frac{F_N}{A} + \frac{M}{W} = \frac{2000}{0.01 \times 0.022} + \frac{120}{\frac{1}{6} \times 0.01 \times 0.022^2}$$
$$= 157.9 \times 10^6 \text{Pa} = 157.9 \text{MPa} < [\sigma]$$

所以夹具竖杆满足强度。

*11.3 扭转与弯曲的组合

在机械中,传动轴的变形是弯曲与扭转的组合变形。例如装有齿轮的传动轴,如图 11－20(a)所示,经简化后的计算简图如图 11－20(b)所示,径向力 F_{1y}、F_{2y} 使轴产生弯曲

变形,周向力 F_{1z}、F_{2z} 经简化后也作用在轴上,使轴产生弯曲变形,M_C、M_D 使轴 AB 发生扭转变形。可见,轴 AB 产生扭转与弯曲的组合变形。

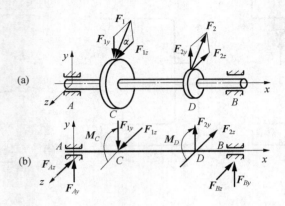

图 11 - 20

下面以图 11 - 21(a) 所示的曲拐为例来建立 AB 杆的强度条件。

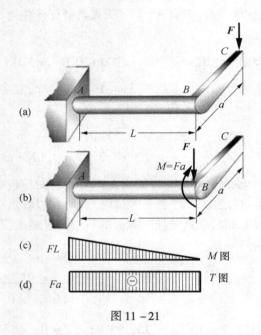

图 11 - 21

1. 外力分析

将作用于 C 点的外力 F 向 AB 杆的右端截面的形心 B 简化,得到作用于 B 处的集中力 F 和集中力偶 $M = Fa$,如图 11 - 21(b)所示。力 F 使杆 AB 产生弯曲变形,力偶 M 使杆产生扭转变形,所以 AB 杆将发生扭转与弯曲的组合变形。

2. 内力分析

分别作杆 AB 的弯矩图(图 11 - 21(c))和杆 AB 的扭矩图(图 11 - 21(d))。从内力图上可以看出固定端 A 截面是危险截面,其最大弯矩和最大扭矩分别为

$$M_{\max} = FL, M_{t\max} = Fa$$

3. 应力分析

在 $M_{\max}$ 作用下，A 截面上边缘点产生最大拉应力，下边缘点产生最大压应力，即

$$\sigma_M = \pm \frac{M}{W_z}$$

在 $M_{t\max}$ 作用下，A 截面的边缘各点将产生最大剪应力，即

$$\tau_n = \frac{T}{W_p}$$

所以，A 截面的上、下边缘点是危险点，即 1、3 点是危险点，如图 11-22(a)所示。为了进行强度计算，必须分析 1 点和 3 点的应力状态。在图 11-22(b)、(c)中分别表示了 1 点和 3 点处取出的单元体。由此可得到两单元体的主应力为

$$\begin{matrix}\sigma_1\\\sigma_3\end{matrix} = \frac{\sigma_M}{2} \pm \sqrt{\left(\frac{\sigma_M}{2}\right)^2 + \tau_n^2}$$

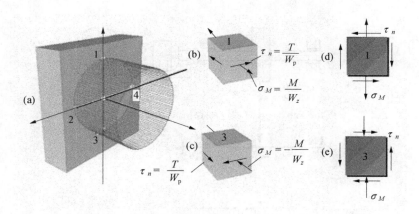

图 11-22

4. 建立强度条件

由前面的应力分析可知，扭转与弯曲的组合变形构件，其危险点是二向应力状态，所以图 11-22(b)、(c)可以用图 11-22(d)、(e)来表示，当 AB 杆是用塑性材料制成时，应采用第三强度理论或是第四强度理论。按第三强度理论，将主应力代入相当应力表达式得

$$\sigma_{r3} = \sigma_1 - \sigma_3$$

经化简可得

$$\sigma_{r3} = \sqrt{\sigma_M^2 + 4\tau_n^2} \tag{11-7}$$

注意到对于圆截面来说，$W_z = \frac{\pi d^3}{32} = W, W_p = \frac{\pi d^3}{16} = 2W$，于是得到圆轴在扭转和弯曲组合变形下的第三强度理论相当应力为

$$\sigma_{r3} = \frac{1}{W}\sqrt{M^2 + T^2} \qquad (11-8)$$

按第四强度理论,将主应力代入 $\sigma_{r4} = \sqrt{\frac{1}{2}[(\sigma_1-\sigma_2)^2+(\sigma_2-\sigma_3)^2+(\sigma_3-\sigma_1)^2]}$,经化简可得

$$\sigma_{r4} = \sqrt{\sigma_M^2 + 3\tau_n^2} \qquad (11-9)$$

对于圆截面,式(11-9)又可写为

$$\sigma_{r4} = \frac{1}{W}\sqrt{M^2 + 0.75T^2} \qquad (11-10)$$

式(11-9)、式(11-10),是圆轴弯曲与扭转组合变形时按第三和第四强度理论计算的强度条件,它可以解决强度计算的三类问题。

例题 11-4 图 11-23(a)所示传动轴 AB 由电机带动,轴长 $l = 1.2$m,在跨中央安装一胶带轮,半径 $R = 0.6$m,重量 $G = 5$kN,胶带紧边张力 $F_1 = 6$kN,松边张力 $F_2 = 3$kN。轴直径 $d = 0.1$m,材料许用应力 $[\sigma] = 50$MPa。试按第三强度理论校核轴的强度。

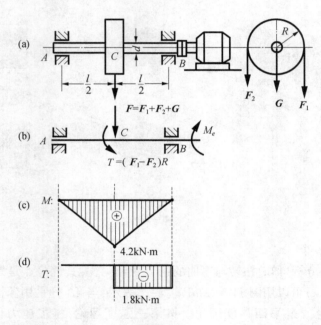

图 11-23

解:(1) 外力分析。把力 F_1、F_2 平移到轴线上得计算简图,如图 11-23(b)所示。

$$F = 14\text{kN}, T = 1.8 \text{ kN·m}$$

(2) 内力分析。画弯矩图和扭矩图,如图 11-23(c)、(d)所示,得 C 处右侧截面为危险截面。危险截面的内力值为

$$M = 4.2 \text{ kN·m}$$
$$T = 1.8 \text{ kN·m}$$

(3) 强度校核。按第三强度理论,由式(11-8)得

$$\sigma_{r3} = \frac{\sqrt{M^2+T^2}}{W_z} = \frac{\sqrt{(4.2\times10^3)^2+(1.8\times10^3)^2}}{\pi\times0.1^3/32} = 46.6\times10^6\mathrm{Pa} < [\sigma]$$

故该轴满足强度要求。

例题 11-5 直径 $d=80\mathrm{mm}$ 的 T 形杆 $ABCD$ 位于水平面内,A 端固定,CD 垂直于 AB,在 C 处作用一沿 CD 轴线方向的力 F,在 D 处作用一竖向力 F,尺寸如图 11-24(a) 所示,杆材料的许用应力 $[\sigma]=80\mathrm{MPa}$。试利用第三强度理论确定许用载荷 $[F]$。

解:(1) 外力分析。把力 F 平移到轴线上得计算简图,如图 11-24(b) 所示。

(2) 内力分析。画弯矩图和扭矩图,如图 11-24(c)、(d)、(e) 所示,得 A 处右侧截面为危险截面。危险截面的内力值为

$$M_{Az} = 2F, M_{Ay} = 2F, T = 1.5F$$

$$M_A = \sqrt{M_{Az}^2 + M_{Ay}^2}$$
$$= \sqrt{(2F)^2 + (2F)^2} = 2\sqrt{2}F$$

(3) 确定许用载荷 $[F]$。按第三强度理论,由式 (11-8) 得

$$\sigma_{r3} = \frac{\sqrt{M_A^2+T^2}}{W} = \frac{\sqrt{10.25}F}{W} \leqslant [\sigma]$$

即

$$F \leqslant \frac{W[\sigma]}{\sqrt{10.25}} = \frac{\pi\times0.08^3\times80\times10^6}{32\times\sqrt{10.25}} = 1256\mathrm{N}$$

故 T 形杆的许用载荷 $[F] = 1256\mathrm{N}$。

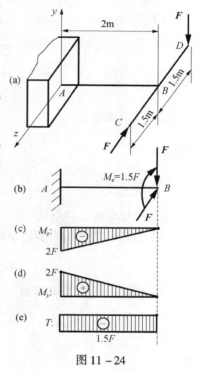

图 11-24

小 结

一、概念

(1) 组合变形。

(2) 截面核心。

二、组合变形的解法

组合变形的强度计算,在变形较小且材料服从胡克定律的条件下,可应用叠加原理,采用先分解后综合的方法。一般是将外力分成几组,使每一组外力只产生一种基本变形,然后分别算出杆件在每一种基本变形下的应力,再将结果叠加,最后进行强度计算。

三、拉伸(压缩)与弯曲的组合

1. 轴向力和横向力共同作用下的杆

$$\left.\begin{array}{c}\sigma_{tmax}\\ \sigma_{cmax}\end{array}\right\} = \left|\pm\frac{F_{Nmax}}{A} \pm \frac{M_{max}}{W_z}\right| \leqslant [\sigma_t] \text{ 或} [\sigma_c]$$

2. 偏心拉伸(压缩)

(1) 单向偏心：

$$\begin{cases}\sigma_{tmax} = \pm\dfrac{F}{A} + \dfrac{M_z}{W_z} \leqslant [\sigma_t]\\ \sigma_{cmax} = \left|\pm\dfrac{F}{A} - \dfrac{M_z}{W_z}\right| \leqslant [\sigma_c]\end{cases}$$

(2) 双向偏心：

$$\begin{cases}\sigma_{tmax} = \pm\dfrac{F}{A} + \dfrac{M_y}{W_y} + \dfrac{M_z}{W_z} \leqslant [\sigma_t]\\ \sigma_{cmax} = \left|\pm\dfrac{F}{A} - \dfrac{M_y}{W_y} - \dfrac{M_z}{W_z}\right| \leqslant [\sigma_c]\end{cases}$$

四、扭转与弯曲的组合

(1) 扭转和弯曲组合变形下的第三强度理论为

$$\sigma_{r3} = \sqrt{\sigma_M^2 + 4\tau_n^2} \leqslant [\sigma]$$

对于圆截面上式又可写为

$$\sigma_{r3} = \frac{1}{W}\sqrt{M^2 + T^2} \leqslant [\sigma]$$

(2) 按第四强度理论为

$$\sigma_{r4} = \sqrt{\sigma_M^2 + 3\tau_n^2} \leqslant [\sigma]$$

对于圆截面上式又可写为

$$\sigma_{r4} = \frac{1}{W}\sqrt{M^2 + 0.75T^2} \leqslant [\sigma]$$

组合变形有相同的分析步骤：
① 外力分析。
② 内力分析。
③ 应力分析。
④ 建立强度条件。

思 考 题

11-1 组合变形构件的应力计算是依据什么原理进行的？基本思路是什么？

11-2 斜弯曲与平面弯曲有何区别？

11-3 何谓偏心拉伸(压缩)? 偏心拉(压)与轴心拉(压)有什么不同?

11-4 什么是截面核心? 矩形截面杆和圆形截面杆的截面核心各为什么形状?

11-5 列举生活或工程中的偏心问题。

习 题

11-1 简易起重架如题 11-1 图所示,移动载荷 $F=24\text{kN}$,AB 杆为工字钢,材料的许用应力 $[\sigma]=100\text{MPa}$。试确定 AB 杆的截面型号。

11-2 试分别求出题 11-2 图所示两个受压杆的最大正应力,并作比较。

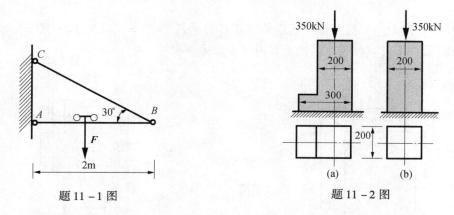

题 11-1 图   题 11-2 图

11-3 题 11-3 图所示悬臂梁,承受载荷 F_1 与 F_2 作用,已知 $F_1=800\text{N}$,$F_2=1.6\text{kN}$,$l=1\text{m}$,许用应力 $[\sigma]=160\text{MPa}$。试分别在下列两种情况下确定截面尺寸:(1) 截面为矩形,$h=2b$;(2) 截面为圆形。

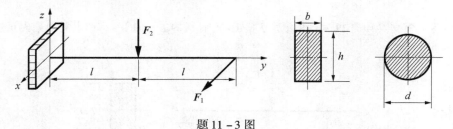

题 11-3 图

11-4 题 11-4 图所示矩形截面钢杆,用应变片测得其上、下表面的轴向正应变分别为 $\varepsilon_a=1.0\times10^{-3}$ 与 $\varepsilon_b=0.4\times10^{-3}$,材料的弹性模量 $E=210\text{GPa}$。试绘横截面上的正

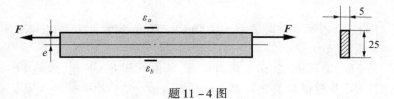

题 11-4 图

应力分布图,并求拉力 F 及偏心距 e 的数值。(提示:$\sigma = E\varepsilon$)

11-5 题 11-5 图所示板件,载荷 $F = 12 \text{kN}$,许用应力 $[\sigma] = 100 \text{MPa}$。试求板边切口的允许深度 $x(\delta = 5 \text{mm})$。

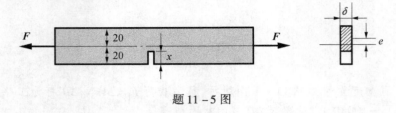

题 11-5 图

11-6 短柱受载荷如题 11-6 图所示。试求固定端截面上角点 A、B、C 及 D 的正应力。

11-7 题 11-7 图所示一矩形截面厂房柱受压力 $F_1 = 100 \text{kN}$、$F_2 = 100 \text{kN}$ 作用,如果求柱截面内不出现拉应力。问截面高度 h 应为多少?

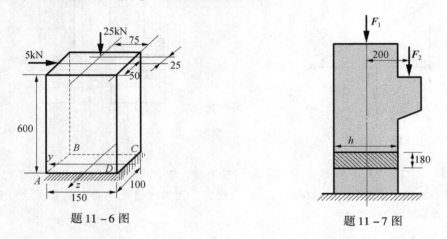

题 11-6 图   题 11-7 图

11-8 简支梁如题 11-8 图所示,$F = 10 \text{kN}$,材料的 $E = 10 \text{GPa}$。试求梁的最大正应力。

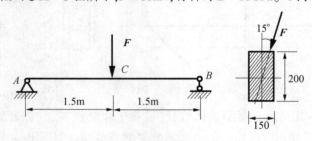

题 11-8 图

11-9 题 11-9 图所示梁的截面为 $100 \text{mm} \times 100 \text{mm}$ 的正方形,$F = 3 \text{kN}$。试求梁的最大拉应力和最大压应力。

11-10 梁 ABC 由两根 12.6 号槽钢组成,并由拉杆 BD 吊起,如题 11-10 图所示,已知 $F = 35 \text{kN}$,12.6 号槽钢的截面面积 $A = 15.69 \text{ cm}^2$,对于对称轴的抗弯截面系数 $W_z = 62.137 \text{ cm}^3$。试求梁内最大拉应力 $\sigma_{\max}^+$ 及最大压应力 $\sigma_{\max}^-$。

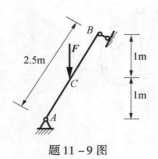

题 11-9 图

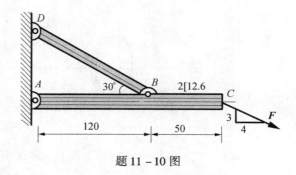

题 11-10 图

11-11 由 18 号工字钢制成的立柱，受力如题 11-11 图所示，$F_1 = 420$N，$F_2 = 560$N，$e_1 = 1.4$m，$e_2 = 3.2$m，若考虑立柱的自重。试求立柱的最大拉应力和最大压应力。

11-12 如题 11-12 图所示夹具，在夹紧零件时受力 $F = 2$kN，已知螺钉与夹具竖杆的中心距 $e = 0.6$mm，设夹具竖杆的横截面尺寸为 $b = 10$mm，$h = 24$mm，材料的许用应力 $[\sigma] = 160$MPa。试校核竖杆的强度。

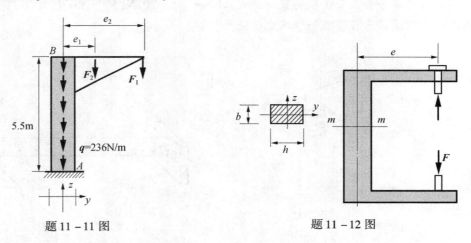

题 11-11 图   题 11-12 图

11-13 题 11-13 图所示钢制圆轴，齿轮 C 上作用数值切向力 $F_1 = 5$kN，齿轮 D 上作用水平切向力 $F_2 = 10$kN，齿轮 C 的直径 $d_C = 300$mm，齿轮 D 的直径 $d_D = 150$mm，已知轴的许用应力 $[\sigma] = 80$MPa。试按第四强度理论选择圆轴的直径。

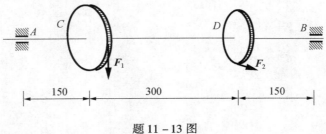

题 11-13 图

11-14 传动轴尺寸及受载如题 11-14 图所示，已知二轮直径均为 $D = 600$mm，轴的直径 $d = 60$mm，许用应力 $[\sigma] = 85$MPa。试校核该轴的强度。

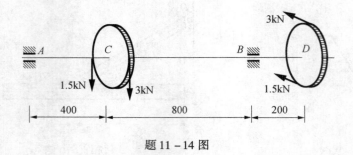

题 11-14 图

11-15 广告牌由钢管支承,如题 11-15 图所示,其自重 $W=150\text{N}$,受水平风力 $F=120\text{N}$,钢管外径 $D=50\text{mm}$,内径 $d=45\text{mm}$,许用应力 $[\sigma]=70\text{MPa}$。试用第三强度理论校核钢管的强度。

11-16 水平放置的钢制直角圆杆 ABC 如题 11-16 图所示,杆的横截面面积 $A=80\times10^{-4}\text{ m}^2$,抗弯截面模量 $W=100\times10^{-6}\text{ m}^3$,抗扭截面模量 $W_t=200\times10^{-6}\text{ m}^3$,AB 部分长 $l_1=3\text{m}$,BC 部分长 $l_2=0.5\text{m}$,载荷 $q=4\text{kN/m}$,$F_1=20\text{kN}$,$F_2=80\text{kN}$,许用应力 $[\sigma]=160\text{MPa}$。试用第三强度理论校核此杆强度。

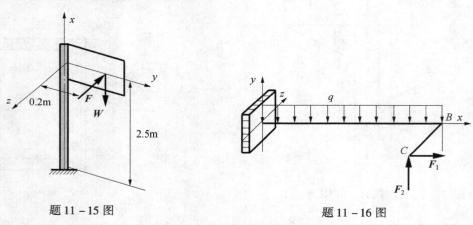

题 11-15 图　　　　　题 11-16 图

第12章 压杆稳定

本章提要

【知识点】丧失稳定、稳定平衡、随遇平衡、不稳定平衡、临界状态及临界力的概念,不同杆端约束下压杆临界力的计算公式——欧拉公式,临界应力和柔度的概念,欧拉公式的适用范围,中、小柔度杆的临界应力,临界应力总图,压杆的稳定条件及折减系数法,压杆的稳定计算,提高压杆稳定性的措施。

【重点】不同杆端约束下压杆临界力的计算公式——欧拉公式,临界应力和柔度,欧拉公式的适用范围,中、小柔度杆的临界应力,压杆的稳定条件及折减系数法,压杆的稳定计算。

【难点】临界应力总图,压杆的稳定条件及折减系数法,压杆的稳定计算。

12.1 压杆稳定的概念

12.1.1 稳定性问题的提出

杆件在轴向拉压时,杆件承载能力的计算是依据强度条件 $\sigma = \dfrac{F_N}{A} \leqslant [\sigma]$ 进行的。但是,对受压杆件的破坏分析表明,许多压杆却是在满足了强度条件的情况下发生的,例如:取一根较短的松木直杆,设材料的抗压强度为 $[\sigma_c] = 40\text{MPa}$,截面积为 $A = b \times \delta = 30\text{mm} \times 5\text{mm}$,在杆上缓慢加力使它受压,如图 12-1(a) 所示,当 $F = [\sigma_c]A = 40 \times 10^6 \times 0.005 \times 0.03 = 6000\text{N}$ 时,杆件发生破坏;而另取一根长杆,材料和截面与前杆完全相同,如图 12-1(b) 所示。当压力达到 $F = 27.8\text{N}$ 时,如再作用一微小的侧向干扰力,杆件就会突然发生弯曲,并导致折断。按强度条件分析,两根杆材料相同,截面相同,其承载能力也应该相同,即短杆不发生破坏,长杆也不会发生破坏。显然,长杆的这种破坏,并非是强度不足而造成的,而是细长压杆的轴线不能维持原有直线形状的平衡状态,这种现象称为**丧失稳定**,简称**失稳**。

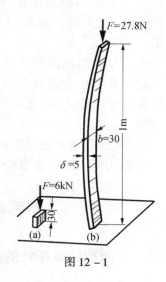

图 12-1

12.1.2 平衡状态的稳定性

对于由均质材料制成、轴线为直线、承受轴向压力作用的理想压杆,能否正常工作是根据其直线形状下的平衡是否为稳定平衡而确定的。如图 12-2(a)所示,在一细长杆的顶端作用一轴向压力 F,当压力 F 的数值小于某一极限值 F_{cr} 时,压杆处于直线平衡状态。此时若作用一微小的侧向干扰力,杆发生弯曲变形,如图 12-2(b)所示,随着侧向干扰力的撤除,压杆将恢复其原有的直线平衡状态,如图 12-2(c)所示,这种平衡称为**稳定平衡**。

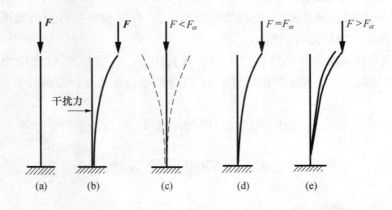

图 12-2

当压力 F 的数值增大到某一极限值 F_{cr} 时。压杆虽然也处于直线平衡位置,但一旦受到微小的侧向干扰力而发生微小弯曲,即使除去干扰,压杆仍将处于弯曲的平衡状态,而不能恢复原有的直线形状,如图 12-2(d)所示,这种平衡称为**随遇平衡**。

当压力 F 的数值增大到大于某一极限值 F_{cr} 时,压杆虽然也处于直线平衡位置,但一旦受到微小的侧向干扰力而发生微小弯曲,即使除去干扰,压杆再也不会恢复到原有的平衡位置,而是继续弯曲趋向破坏,如图 12-2(e)所示,这种平衡称为**不稳定平衡**。

由稳定的平衡状态过渡到不稳定的平衡状态时的随遇平衡状态称为**临界状态**。临界状态所受的压力 F_{cr} 称为**临界力**。

12.2 不同杆端约束下压杆临界力的计算公式

12.2.1 两端铰支压杆的临界力

设一细长压杆 AB 如图 12-3 所示,两端铰支,在轴向压力 F 作用下处于微弯平衡状态。经推导可得压杆的临界力公式:

$$F_{cr} = \frac{\pi^2 EI}{l^2} \qquad (12-1)$$

式中 E——压杆材料的弹性模量;
$\quad\quad l$——压杆的长度;
$\quad\quad I$——压杆横截面对中性轴的惯性矩。
式(12-1)称为两端铰支压杆临界力的欧拉公式。

12.2.2 其他约束情况下压杆的临界力

各种不同约束情况下的临界力公式可以写成统一的形式:

$$F_{cr} = \frac{\pi^2 EI}{(\mu l)^2} \qquad (12-2)$$

式中:μ 为不同约束条件下压杆的长度系数;μl 为压杆的计算长度。

各种杆端支撑情况系数 μ 列于表 12-1 中。

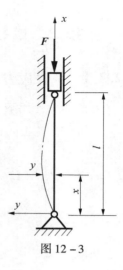

图 12-3

表 12-1 压杆的长度系数

杆端约束情况	两端铰支	一端固定一端自由	一端固定一端铰支	两端固定
挠曲线形状	$\mu l = l$	$\mu l = 2l$	$\mu l = 0.7l$	$\mu l = 0.5l$
长度系数	1.0	2.0	0.7	0.5

例题 12-1 试求图 12-4 所示松木压杆,如为两端铰支时的临界力。已知弹性模量 $E = 9\text{GPa}$,矩形截面的尺寸为:$b = 3\text{cm}$, $h = 0.5\text{cm}$, 杆长 $l = 1\text{m}$。

解:先计算横截面的惯性矩:

$$I_{\min} = \frac{0.03 \times 0.005^3}{12} = \frac{1}{32 \times 10^8} \text{m}^4$$

杆的两端为铰支,则由式(10-1),可得其临界力为

$$F_{cr} = \frac{\pi^2 EI}{l^2} = \frac{\pi^2 \times 9 \times 10^9}{1^2 \times 32 \times 10^8} = 27.8\text{N}$$

由此可知,若轴向压力达到 27.8N 时,此杆就会丧失稳定。

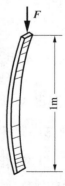

图 12-4

12.3 欧拉公式的适用范围及中、小柔度杆的临界应力

12.3.1 临界应力和柔度

在临界力作用下,压杆横截面上的平均应力称为压杆的临界应力,并以 σ_{cr} 来表示,即

$$\sigma_{cr} = \frac{F_{cr}}{A} = \frac{\pi^2 EI}{(\mu l)^2 A} \tag{12-3}$$

以 $I = i^2 A$ 代入式(12-3),得

$$\sigma_{cr} = \frac{\pi^2 E i^2}{(\mu l)^2} = \frac{\pi^2 E}{\left(\dfrac{\mu l}{i}\right)^2}$$

设

$$\lambda = \frac{\mu l}{i} \tag{12-4}$$

可得到压杆临界应力的一般公式为

$$\sigma_{cr} = \frac{\pi^2 E}{\lambda^2} \tag{12-5}$$

式中:λ 称为**压杆的柔度**或**长细比**,是一个无量纲的量,它反映了杆端约束情况、压杆长度、截面形状和尺寸等因素对临界力的综合影响。柔度 λ 值越大,杆件越细长,相应的临界应力 σ_{cr} 就越小,则压杆越容易失稳;反之,柔度 λ 值越小,杆件越短粗,相应的临界应力 σ_{cr} 就越大,则压杆越不容易失稳。所以,柔度 λ 是压杆稳定问题中的一个重要物理量。

12.3.2 欧拉公式的适用范围

欧拉公式的适用条件为

$$\sigma_{cr} = \frac{\pi^2 E}{\lambda^2} \leqslant \sigma_p \tag{12-6}$$

由此式可求得对应于比例极限的柔度值为

$$\lambda_p = \pi \sqrt{\frac{E}{\sigma_p}} \tag{12-7}$$

工程中,把 $\lambda \geqslant \lambda_p$ 的压杆称为**大柔度杆**或**细长杆**。

对于常用的 Q235 钢,弹性模量 $E = 200\text{GPa}$,比例极限 $\sigma_p = 200\text{MPa}$,代入式(12-7)可算得 $\lambda_p = 100$。

12.3.3 中、小柔度杆的临界应力

工程实际中常用的压杆,其柔度往往小于 λ_p,这一类压杆的临界应力已不能用欧拉公式计算,通常用经验公式计算。

当 $\lambda_s \leqslant \lambda < \lambda_p$ 的压杆称为**中柔度杆**(**中长杆**),λ_s 是由压杆材料决定的柔度界限值。

中柔度压杆的临界应力采用经验公式计算:

$$\sigma_{cr} = a - b\lambda \qquad (12-8)$$

对于塑性材料制成的压杆

$$\sigma_{cr} = a - b\lambda < \sigma_s \text{ 或 } \lambda > \frac{a - \sigma_s}{b}$$

因此,使用上述经验公式的最小柔度极限值为

$$\lambda_s = \frac{a - \sigma_s}{b} \qquad (12-9)$$

式中:a、b 及 λ_s 均是与材料有关的常数,可由相应的表中查出(表12-2)。

表12-2 与材料有关的常数

材料	a/MPa	b/MPa	λ_p
Q235 钢	310	1.14	100
35 钢	469	2.62	100
45 钢	589	3.82	100
铸铁	338.7	1.483	80
松木	40	0.203	59

对于常用的 Q235 钢,其屈服极限 $\sigma_s = 235\text{MPa}$,$a = 310\text{MPa}$,$b = 1.14\text{MPa}$,代入式(12-9)可算得

$$\lambda_s = \frac{a - \sigma_s}{b} = \frac{310 - 235}{1.14} \approx 66$$

$\lambda < \lambda_s$ 的杆件称为**小柔度杆**又称为**短粗杆**,这类杆往往因强度不够而破坏,应按强度问题处理,即

$$\begin{cases} \sigma_{cr} = \sigma_s & \text{(塑性材料)} \\ \sigma_{cr} = \sigma_c & \text{(脆性材料)} \end{cases} \qquad (12-10)$$

综上所述,所得到的压杆临界应力 σ_{cr} 与柔度 λ 的曲线如图12-5所示,称为临界应力总图。由图中可以看出,小柔度杆的 σ_{cr} 与 λ 无关,而大柔度杆与中柔度杆的临界应力 σ_{cr} 则随着柔度 λ 的增大而减小,说明压杆柔度越大(杆越细长),越容易失稳。

例题 12-2 一截面为 $120\text{mm} \times 200\text{mm}$ 的矩形木柱,长 $l = 4\text{m}$,其支撑情况是:在最大刚度平面内弯曲时为两端铰支,如图12-6(a)所示;在最小刚度平面内弯曲时为两端固定,如图12-6(b)所示。木柱为松木,其弹性模量 $E = 10\text{GPa}$。试求木柱的临界力和临界应力。

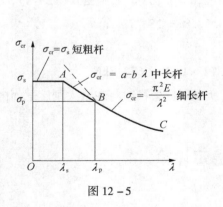

图 12-5

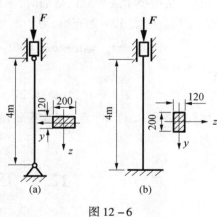

图 12-6

解:(1) 计算在最大刚度平面内弯曲时的临界力和临界应力。

截面的最大惯性矩为

$$I_z = \frac{12 \times 20^3}{12} = 8000 \text{cm}^4$$

计算相应的惯性半径为

$$i_z = \sqrt{\frac{I_z}{A}} = \sqrt{\frac{8000}{12 \times 20}} = 5.77 \text{cm}$$

两端铰支时长度系数 $\mu = 1$,由式(12-4)算得其柔度为

$$\lambda = \frac{\mu l}{i_z} = \frac{1 \times 400}{5.77} = 69.3 > \lambda_p = 59$$

所以,在最大刚度平面内弯曲时,木杆为大柔度杆件,其临界力、临界应力可分别采用欧拉公式计算:

$$\sigma_{cr} = \frac{\pi^2 E}{\lambda^2} = \frac{\pi^2 \times 10 \times 10^9}{69.3^2} = 20.55 \text{MPa}$$

$$F_{cr} = \sigma_{cr} A = 20.55 \times 10^6 \times 0.12 \times 0.2 = 493.2 \times 10^3 \text{N} = 493.2 \text{kN}$$

(2)计算在最小刚度平面内弯曲时的临界力和临界应力。

截面的最小惯性矩为

$$I_y = \frac{20 \times 12^3}{12} = 2880 \text{cm}^4$$

计算相应的惯性半径

$$i_y = \sqrt{\frac{I_y}{A}} = \sqrt{\frac{2880}{12 \times 20}} = 3.46 \text{cm}$$

两端固定时长度系数 $\mu = 0.5$,由式(12-4)算得其柔度为

$$\lambda = \frac{\mu l}{i_y} = \frac{0.5 \times 400}{3.46} = 57.8 < \lambda_p = 59$$

所以,在最小刚度平面内弯曲时,木杆为中柔度杆件,其临界力、临界应力可分别由经验公式计算。由表12-2查得,对于木材 $a = 40 \text{MPa}, b = 0.203 \text{MPa}$,则由式(12-8),得

$$\sigma_{cr} = a - b\lambda = 40 - 0.203 \times 57.8 = 28.27 \text{MPa}$$

故其临界力为

$$F_{cr} = \sigma_{cr} A = 28.27 \times 10^6 \times 0.12 \times 0.2 = 678.5 \text{kN}$$

比较计算结果可知,第一种情况的临界力小,所以压杆失稳时将在最大刚度平面内产生弯曲。

12.4 压杆的稳定计算

12.4.1 压杆的稳定条件及折减系数法

要使压杆不丧失稳定,不但不能使压杆的实际工作压力达到临界压力 F_{cr},而且必须

具有一定的安全储备,故压杆的稳定条件为

或
$$\begin{cases} F \leqslant \dfrac{F_{cr}}{n_w} = [F_{cr}] \\ \sigma \leqslant \dfrac{\sigma_{cr}}{n_w} = [\sigma_{cr}] \end{cases} \quad (12-11)$$

式中:n_w 为压杆的稳定安全系数,是随 λ 而变化的(λ 越大,所取安全系数 n_w 也越大,稳定安全系数一般都比强度安全系数 n 大);$[\sigma_{cr}]$ 为压杆的稳定许用应力。

在压杆稳定计算中,常将变化的稳定许用应力 $[\sigma_{cr}]$ 改为用材料的许用应力 $[\sigma]$ 来表示:

$$[\sigma_{cr}] = \frac{\sigma_{cr}}{n_w}, [\sigma] = \frac{\sigma^0}{n}$$

$$[\sigma_{cr}] = \frac{\sigma_{cr}}{n_w} \cdot \frac{n}{\sigma^0} \cdot [\sigma] = \varphi[\sigma]$$

式中

$$\varphi = \frac{[\sigma_{cr}]}{[\sigma]} = \frac{\sigma_{cr}}{n_w} \cdot \frac{n}{\sigma^0}$$

由于 $\sigma_{cr} < \sigma^0$,$n < n_w$,所以 φ 总是小于 1。φ 称为折减系数。φ 也是一个随 λ 而变化的量。表 12-3 是几种材料的 φ 值,计算时可查用。

于是,压杆的稳定条件可改写为

$$\sigma = \frac{F}{A} \leqslant \varphi[\sigma] \quad (12-12)$$

表 12-3 压杆的折减系数 φ

λ	φ 值				
	A2、A3 钢	16 锰钢	铸铁	木材	混凝土
0	1.000	1.000	1.00	1.000	1.00
20	0.981	0.973	0.91	0.932	0.96
40	0.927	0.895	0.69	0.822	0.83
60	0.842	0.776	0.44	0.658	0.70
70	0.789	0.705	0.84	0.575	0.63
80	0.731	0.627	0.26	0.460	0.57
90	0.669	0.546	0.20	0.371	0.51
100	0.604	0.462	0.16	0.300	0.46
110	0.536	0.384		0.248	
120	0.466	0.325		0.209	
130	0.401	0.279		0.178	
140	0.349	0.242		0.153	
150	0.306	0.213		0.134	
160	0.272	0.188		0.117	
170	0.243	0.168		0.102	
180	0.218	0.151		0.093	
190	0.197	0.136		0.083	
200	0.180	0.124		0.075	

12.4.2 稳定计算

应用式(12-11)或式(12-12),可对压杆进行稳定方面的三种计算。

(1) 稳定校核。已知压杆的杆长、支撑情况、材料、截面及作用力,检查它是否满足稳定的条件。此时,式(12-12)中的 F、A、$[\sigma]$ 都已知,再按支承情况、杆长及截面惯性矩计算出杆的柔度 λ,在表 12-3 中查出 φ 值,代入式(12-12)便可校核。

(2) 确定许用载荷。已知压杆的杆长、支承情况、材料及截面,可按稳定条件来确定杆的最大承载压力——许用载荷的大小。此时式(12-12)可改写为

$$[F] = \varphi[\sigma]A$$

(3) 选择截面。由稳定条件选择截面时,可将式(12-12)改写为

$$A \geqslant \frac{F}{\varphi[\sigma]}$$

但由于 φ 本身与 A 的大小有关,所以在 A 未定时,φ 也不能确定,因此可采用试算法。采用试算法选择截面的步骤如下:

(1) 先根据以往的经验假定一个 φ_1 值(通常取 $\varphi_1 = 0.5 \sim 0.6$),用式(12-12)初步定出截面尺寸 A。

(2) 根据初选的 A,计算 λ,查出相应的 φ_1',比较算出的 φ_1' 与所设的 φ_1 值是否接近,若两者较为接近,可对所选截面进行稳定校核,看是否符合稳定条件而又不过于安全。

(3) 如 φ_1' 与 φ_1 相差较大,可再设 $\varphi_2 = \dfrac{\varphi_1 + \varphi_1'}{2}$,重复步骤(1)、(2)试算,直至求得的 φ' 与所设的 φ 值接近为止。一般经两三次重复便可满足要求。

例题 12-3 托架受力和尺寸如图 12-7(a)所示,已知撑杆 AB 的直径 $d = 40$ mm,长度 $l = 0.8$ m,材料为 Q235 钢,两端可视为铰支,规定稳定安全系数 $n_w = 2$。试根据撑杆 AB 的稳定条件求托架承载的最大值。

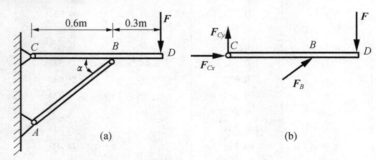

图 12-7

解:(1) 求撑杆的许可压力:

$$i = \frac{d}{4} = \frac{40}{4} = 10 \text{ mm}$$

$$\lambda = \frac{\mu l}{i} = \frac{1 \times 800}{10} = 80$$

$\lambda_s < \lambda < \lambda_p$，属于中柔度杆，现采用经验公式计算 AB 杆的临界应力和临界力。查表 12-2 得 $a = 310\text{MPa}, b = 1.14\text{MPa}$，代入式(12-8)可得

$$\sigma_{cr} = a - b\lambda = 310 - 1.14 \times 80 = 218.8\text{MPa}$$

$$F_{cr} = \sigma_{cr}A = 218.8 \times 10^6 \times \frac{\pi}{4} \times 40^2 \times 10^{-6} = 274944\text{N}$$

由式(12-11)可得其许可压力，即

$$F_B = [F_{cr}] = \frac{F_{cr}}{n_w} = \frac{274944}{2} = 137472\text{N}$$

(2) 求托架承载的最大值。取 CD 杆为研究对象，画受力图，如图 12-7(b)所示，由平衡方程得

$$\sum M_C = 0, F_B \sin\alpha \times CB - F \times CD = 0$$

$$F = \frac{F_B \sin\alpha \times CB}{CD} = \frac{137472 \times \frac{\sqrt{0.8^2 - 0.6^2}}{0.8} \times 0.6}{0.9} = 60619\text{N} = 60.6\text{kN}$$

例题 12-4 压杆一端固定，一端自由，杆长 $l = 1.5\text{m}$，承受轴向压力 $F = 350\text{kN}$，材料为 A3 钢，$[\sigma] = 160\text{MPa}$。试选择工字钢的型号。

解：(1) 第一次试算。设 $\varphi_1 = 0.5$，由式(12-12)可得

$$A_1 \geq \frac{F}{\varphi_1[\sigma]} = \frac{350 \times 10^3}{0.5 \times 160 \times 10^6} = 4.38 \times 10^{-3}\text{m}^2 = 43.8\text{cm}^2$$

查型钢表得 22b 工字钢，截面 $A = 46.4\text{cm}^2$，$i_{min} = 2.27\text{cm}$。若选用 22b 工字钢，则压杆的柔度为

$$\lambda = \frac{\mu l}{i} = \frac{2 \times 150}{2.27} = 132.2$$

由表 12-3 用插入法算得

$$\varphi'_1 = 0.401 + \frac{0.349 - 0.401}{10} \times 2.2 = 0.39$$

φ'_1 与所设的 φ_1 值相差较大，故需进一步试算。

(2) 第二次试算。取 $\varphi_2 = \frac{\varphi'_1 + \varphi_1}{2} \approx 0.44$，由式(12-12)可得

$$A_2 \geq \frac{F}{\varphi_2[\sigma]} = \frac{350 \times 10^3}{0.44 \times 106 \times 10^6} = 4.97 \times 10^{-3}\text{m}^2 = 49.7\text{cm}^2$$

查型钢表得 25b 工字钢，截面 $A = 53.5\text{cm}^2$，$i_{min} = 2.404\text{cm}$。若选用 22b 工字钢，则压杆的柔度为

$$\lambda = \frac{\mu l}{i} = \frac{2 \times 150}{2.404} = 124.8$$

由表 10-3 用插入法算得

$$\varphi'_2 = 0.466 + \frac{0.401 - 0.466}{10} \times 4.8 = 0.435$$

φ_2' 与所设的 φ_2 的值已十分接近,故可按 $\varphi_2' = 0.435$ 来进行稳定校核。

(3) 稳定校核:

$$\varphi[\sigma] = 0.435 \times 160 = 69.6 \text{MPa}$$

压杆的工作应力为

$$\sigma = \frac{F}{A} = \frac{350 \times 10^3}{53.5 \times 10^{-4}} = 65.42 \times 10^6 \text{Pa} = 65.42 \text{MPa} < \varphi[\sigma]$$

因而所选 25b 工字钢满足稳定性要求。

12.5 提高压杆稳定性的措施

提高压杆稳定性的措施,可从决定压杆临界力和临界应力的各种因素去考虑。如综合考虑杆长、支承、截面的合理性以及材料性能等因素的影响。

12.5.1 减小压杆的长度

对于细长杆,其临界应力与杆长的平方成反比,因此减小杆长,可以显著提高杆的承载能力。如果工作条件不允许减小压杆的长度,可以通过在压杆中间增加约束来提高压杆的承载能力。如图 12-8(a) 所示,两端铰支的细长压杆,若在杆件中点增加一个支承,如图 12-8(b) 所示,则计算长度为原来的一半,柔度相应地也减小一半,而其临界应力则是原来的 4 倍。

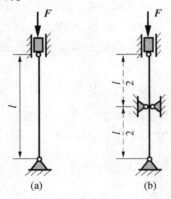

图 12-8

12.5.2 增强支撑的刚性

支撑的刚性越大,压杆的长度系数 μ 值就越小,计算长度 μl 相应也越小,临界应力就越大。所以,采用支撑刚性大的约束,可以提高压杆的稳定性。例如,将两端铰支的细长杆变成两端固定约束时,临界压力将成倍数地增加。

12.5.3 合理地选择截面形状

当压杆两端在各个方向的挠曲平面内具有相同的约束条件时,压杆将在刚度最小的平面内失稳。这时,如果只增加截面某个方向的惯性矩(例如增加矩形截面高度),并不能有效地提高压杆的承载能力。最经济的办法是将截面设计成中心是空的,且使 $I_y = I_z$,从而加大截面的惯性矩,并使截面对各个方向轴的惯性矩均相同,如图 12-9 所示。当压杆端部在不同的平面内具有不同的约束条件时,应采用最大与最小惯性矩不等的截面(例如工字形截面),并使惯性矩较小的平面内具有刚性较大的约束,尽量使两惯性矩平

面内的压杆的柔度 λ 相接近,如图 12 – 10 所示。

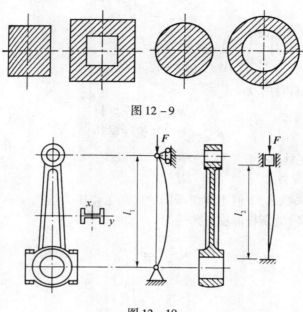

图 12 – 9

图 12 – 10

12.5.4 合理地选用材料

在其他条件相同的情况下,对于 $\lambda \geqslant \lambda_p$ 的细长压杆,临界应力 $\sigma_{cr} = \dfrac{\pi^2 E}{\lambda^2}$,故临界应力的大小与材料的弹性模量 E 有关。选用弹性模量 E 较大的材料,可以提高大柔度压杆的承载能力。例如钢杆的临界应力大于铜、铸铁、铝制压杆的临界应力。但是。普通碳素钢、合金钢以及高强度钢的弹性模量 E 相差不大。因此,对于弹性模量 E 相差不大,而选用合金钢以及高强度钢,对压杆临界应力提高甚微,意义不大,反而浪费材料。对于中长杆,其临界应力随材料的屈服极限 σ_s 的提高而增大,这时选用合金钢、高强度钢会使临界压力有所提高。对于短粗杆,本身就是强度问题,选用高强度材料则可相应地提高强度。

小　结

一、概念
(1) 失稳。
(2) 临界力与临界应力。
(3) 柔度。
二、压杆分类及临界应力
压杆依照柔度划分为三类,三类压杆的临界力 F_{cr} 都可以用相应的临界应力乘以压杆的面积求出。

1. 大柔度杆(细长杆) $\lambda \geq \lambda_p$
$$\sigma_{cr} = \frac{\pi^2 E}{\lambda^2}$$

2. 中柔度杆(中长杆) $\lambda_s \leq \lambda < \lambda_p$
$$\sigma_{cr} = a - b\lambda$$

3. 小柔度杆(短粗杆) $\lambda < \lambda_s$
$$\sigma_{cr} = \sigma_s \quad \text{(塑性材料)}$$
$$\sigma_{cr} = \sigma_c \quad \text{(脆性材料)}$$

三、压杆的稳定计算

1. 压杆的稳定条件

要使压杆不丧失稳定,不但不能使压杆的实际工作压力达到临界压力 F_{cr},而且必须具有一定的安全储备,故压杆的稳定条件为

$$F \leq \frac{F_{cr}}{n_w} = [F_{cr}]$$

或

$$\sigma \leq \frac{\sigma_{cr}}{n_w} = [\sigma_{cr}]$$

或

$$\sigma = \frac{F}{A} \leq \varphi[\sigma]$$

式中:φ 称为折减系数。

2. 稳定计算

应用稳定条件,可对压杆进行稳定方面的三种计算。

(1) 稳定校核。已知压杆的杆长、支撑情况、材料、截面及作用力,检查它是否满足稳定的条件。

(2) 确定许用载荷。已知压杆的杆长、支撑情况、材料及截面,可按稳定条件来确定杆的最大承载压力——许用载荷的大小。

(3) 选择截面。由稳定条件选择截面,即

$$A \geq \frac{F}{\varphi[\sigma]}$$

四、提高压杆稳定性的措施

(1) 减小压杆的长度。
(2) 增强支撑的刚性。
(3) 合理地选择截面形状。
(4) 合理地选用材料。

思 考 题

12-1 什么是临界力?什么是临界应力?

12-2 简述欧拉公式的适用范围。

12-3 何谓压杆的柔度？其物理意义是什么？

12-4 画出临界应力总图。

12-5 如何用折减系数法计算压杆的稳定性问题？

习 题

12-1 题 12-1 图所示两端球形铰支细长压杆，弹性模量 $E=200\text{GPa}$。试用欧拉公式计算其临界载荷，求：(1) 圆形截面，$d=25\text{mm}$，$l=1.0\text{m}$；(2) 矩形截面，$h=2b=40\text{mm}$，$l=1.0\text{m}$；(3) 16 工字钢，$l=2.0\text{m}$。

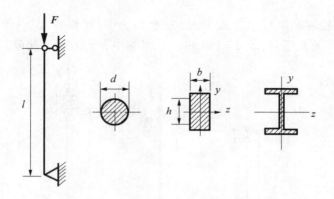

题 12-1 图

12-2 题 12-2 图所示矩形截面压杆，有三种支持方式。杆长 $l=300\text{mm}$，截面宽度 $b=20\text{mm}$，高度 $h=12\text{mm}$，弹性模量 $E=70\text{GPa}$，$\lambda_\text{p}=50$，$\lambda_0=30$，中柔度杆的临界应力公式为 $\sigma_\text{cr}=382\text{MPa}-(2.18\text{MPa})\lambda$。试计算它们的临界载荷，并进行比较。

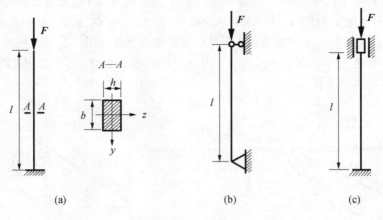

题 12-2 图

12-3 题 12-3 图所示压杆,截面有四种形式。但其面积均为 $A = 3.2 \times 10 \text{mm}^2$,弹性模量 $E = 70\text{GPa}$。试计算它们的临界载荷,并进行比较。

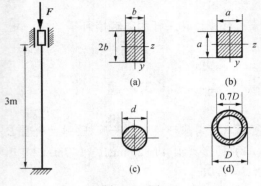

题 12-3 图

12-4 题 12-4 图所示三细长杆,直径均为 d,材料均为 A3 钢,弹性模量 $E = 200\text{GPa}$,但支撑和长度不同,若 $d = 160\text{mm}$。试求其中最大的临界载荷。

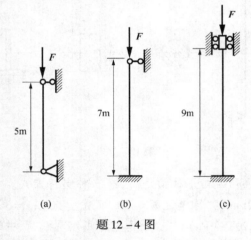

题 12-4 图

12-5 如题 12-5 图所示托架中的 AB 杆为圆截面直杆,直径 $d = 40\text{mm}$,长度 $l = 800\text{mm}$,弹性模量 $E = 200\text{GPa}$,其两端可视为铰接,材料为 A3 钢,试求:(1)AB 杆的临界载荷 F_{cr};(2)若已知工作载荷 $F = 70\text{kN}$,AB 杆规定稳定安全系数 $[n_\text{w}] = 2$,问此托架是否安全?

12-6 如题 12-6 图所示结构中,AB 及 AC 均为圆截面杆,直径 $d = 80\text{mm}$,材料为 A3 钢。求此结构的临界载荷 F_{cr}。

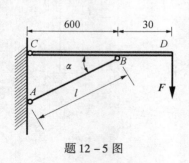

题 12-5 图

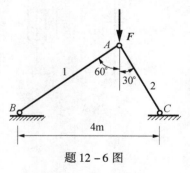

题 12-6 图

12-7 题12-7图所示结构中,分布载荷 $q=20\text{kN/m}$。梁的截面为矩形,$b=90\text{mm}$, $h=130\text{mm}$。柱的截面为圆形,直径 $d=80\text{mm}$。梁和柱的材料为 A3 钢,$[\sigma]=160\text{ MPa}$, 规定的稳定安全系数 $[n_w]=3$。试校核结构的安全。

12-8 焊接组合柱的截面如题12-8图所示,柱长 $l=7500\text{mm}$,材料为 A3 钢,柱的上端可视为铰支,下端当截面绕 y 轴弯曲时相当于铰支,而当截面绕 z 轴弯曲时相当于固定。试求此杆的临界力。

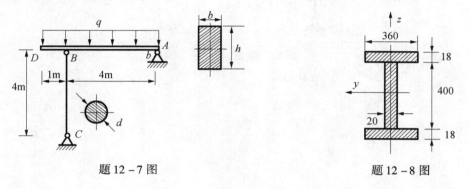

题12-7图 　　　　　　　题12-8图

12-9 如题12-9图所示,1、2 两杆均为圆截面,直径相同 $d=40\text{mm}$,弹性模量 $E=200\text{GPa}$,材料的许用应力 $[\sigma]=120\text{MPa}$,$\lambda_p=90$,规定稳定安全系数 $[n_w]=2$。试求许可载荷 $[F]$。

12-10 题12-10图所示结构,圆杆 CD 的 $d=50\text{mm}$,$E=200\text{GPa}$,$\lambda_p=100$。试求该机构的临界载荷 F_{cr}。

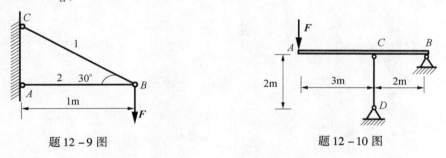

题12-9图　　　　　　　题12-10图

12-11 如题12-11图所示结构,受载 $F=45\text{kN}$,撑杆 BC 为外径 $D=30\text{mm}$、内径 $d=18\text{mm}$ 的 Q235A 钢管,$E=206\text{GPa}$,$\sigma_s=235\text{MPa}$,$a=304\text{MPa}$,$b=1.12\text{MPa}$,规定稳定安全系数 $n_w=2$。试校核 BC 杆的稳定性。

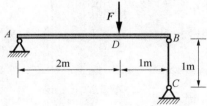

题12-11图

12-12 如题 12-12 图所示结构,梁 AB 为 No.14 普通热轧工字钢,CD 为圆截面直杆,其直径 $d = 20\text{mm}$,其材料均为 Q235A 钢,A、C、D 三处均为球铰约束。若已知 $F = 25\text{kN}$,$E = 206\text{GPa}$,$\sigma_s = 235\text{MPa}$,强度安全因数 $n_S = 1.45$,规定稳定安全系数 $[n]_{st} = 1.8$,试校核此结构是否安全。

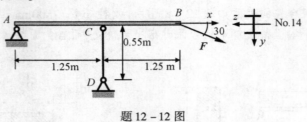

题 12-12 图

附录 I　平面图形的几何性质

工程实际中的许多构件,其横截面都是具有一定几何形状的平面图形,如矩形、圆形等。对于这些构件的研究过程中,除了要用到杆件的横截面面积之外,还要用到横截面的另外一些几何量,如静矩、惯性矩、极惯性矩等,这些量又称为截面图形的几何性质。本附录主要讲述截面图形的这些几何量。

I.1　静矩和形心

I.1.1　静矩

任意平面图形如图 I-1 所示,其面积为 A,y 轴和 z 轴为图形所在平面内的坐标轴。在坐标 (y,z) 处取微面积 dA,则 ydA 和 zdA 分别称为微面积 dA 对 z 轴和 y 轴的静矩。将 ydA 和 zdA 对整个截面进行积分,将其积分式

$$\begin{cases} S_z = \int_A y dA \\ S_y = \int_A z dA \end{cases} \quad (\text{I}-1)$$

定义为平面图形对 z 轴和 y 轴的静矩,也称为平面图形对 z 轴和 y 轴的一次矩或面积矩。分别用 S_z、S_y 表示。

从式(I-1)可以得出,平面图形的静矩是对某一坐标轴而言的,同一图形对不同的坐标轴,其静矩不同。静矩的数值可能为正,可能为负,也可能为零。静矩的量纲是长度的三次方。

I.1.2　形心

平面图形面积的几何中心称为形心。

设图 I-1 中平面图形的形心坐标为 (y_C, z_C),y_C 和 z_C 的计算公式直接给出如下:

$$\begin{cases} y_C = \dfrac{\int_A y dA}{A} \\ z_C = \dfrac{\int_A z dA}{A} \end{cases} \quad (\text{I}-2)$$

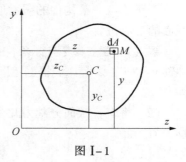

图 I-1

利用式(I-1)可将式(I-2)改写为

$$\begin{cases} y_C = \dfrac{S_z}{A} \\ z_C = \dfrac{S_y}{A} \end{cases} \qquad (\text{I-3})$$

即把平面图形对 z 轴和 y 轴的静矩,除以图形的面积 A,就得到图形的形心坐标 y_C 和 z_C。式(I-3)可改写为

$$\begin{cases} S_z = A \cdot y_C \\ S_y = A \cdot z_C \end{cases} \qquad (\text{I-4})$$

这表明,平面图形对 z 轴和 y 轴的静矩,分别等于图形的面积 A 乘以形心的坐标 y_C 和 z_C。

由式(I-4)可以看出,若 $S_z = 0$ 和 $S_y = 0$,则 $y_C = 0$ 和 $z_C = 0$。可见,若图形对某一轴的静矩为零,则该轴必然通过截面的形心;反之,若某一轴通过截面的形心,则图形对该轴的静矩等于零。

当一个平面图形是由若干个简单图形(如矩形、圆形、三角形)组成时,由静矩的定义可知,图形的各部分对某一轴的静矩的代数和,等于整个图形对同一轴的静矩,即

$$\begin{cases} S_z = \sum S_{zi} = \sum A_i y_{Ci} \\ S_y = \sum S_{yi} = \sum A_i z_{Ci} \end{cases} \qquad (\text{I-5})$$

式中 S_{zi}、S_{yi}——第 i 块面积对 z 轴及 y 轴的静矩;

A_i——第 i 块面积的大小;

y_{Ci}、z_{Ci}——第 i 块面积的形心坐标;

n——简单图形的个数。

由于图形的任一组成部分都是简单图形,其面积和形心坐标都不难确定,所以由式(I-5)可以很容易地确定整个组合图形的静矩。将式(I-5)中的 S_z 和 S_y 代入式(I-4),便得到组合图形形心坐标的计算公式:

$$\begin{cases} y_C = \dfrac{\sum A_i y_{Ci}}{\sum A_i} \\ z_C = \dfrac{\sum A_i z_{Ci}}{\sum A_i} \end{cases} \qquad (\text{I-6})$$

例题 I-1 某构件的截面形状为 T 形,如图 I-2 所示(图中单位:mm)。试确定 T 形截面的形心位置。

解:(1)建立参考坐标系。由于图示 T 形截面左右对称,因此形心必然在对称轴上,取对称轴 y 为一个参考轴,只需确定形心的另一个坐标即可。取 z_1 轴为另一个参考轴,参考坐标系为 yOz_1。

(2)将组合截面分割为几个简单图形。将 T 形截面分为 I 和 II 两个矩形,其形心分别为 C_1 和 C_2。

对矩形 I,有

$$A_1 = 150 \times 50 = 75 \times 10^2 \text{mm}^2$$

$$y_1 = 225\text{mm}$$

对矩形 II,有
$$A_2 = 200 \times 50 = 100 \times 10^2 \text{mm}^2$$
$$y_2 = 100\text{mm}$$

其中:y_1、y_2 分别为 C_1 与 C_2 对 z_1 的坐标。

(3) 计算 T 形截面的形心:
$$y_C = \frac{\sum A_i y_i}{\sum A_i} = \frac{A_1 y_{C1} + A_2 y_{C2}}{A_1 + A_2}$$
$$= \frac{75 \times 10^2 \times 225 + 100 \times 10^2 \times 100}{75 \times 10^2 + 100 \times 10^2} = 153.6\text{mm}$$
$$z_C = 0(\text{因 } y \text{ 轴为对称轴})$$

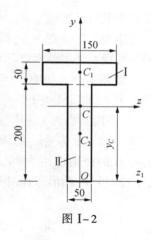

图 I-2

则 T 形截面的形心 C 点的坐标为(0,153.6mm)。

例题 I-2 试确定如图 I-3 所示截面阴影部分的形心位置,其中圆半径为 25mm。

解:图示截面可视为由矩形截面和圆形截面组合而成的组合截面,这里由于圆形为挖掉的部分,因此其面积可看成为"负面积"。

取 yOz_1 为参考坐标系,C_1 和 C_2 分别是矩形和圆形的形心,它们的坐标分别为
$$y_1 = 100\text{mm}, y_2 = 160\text{mm}$$

截面的形心坐标为
$$y_C = \frac{A_1 y_1 + A_2 y_2}{A_1 + A_2}$$
$$= \frac{100 \times 200 \times 100 + (-\pi \times 25^2) \times 160}{100 \times 200 + (-\pi \times 25^2)}$$
$$= 93.5\text{mm}$$
$$z_C = 0(\text{因 } y \text{ 轴为对称轴})$$

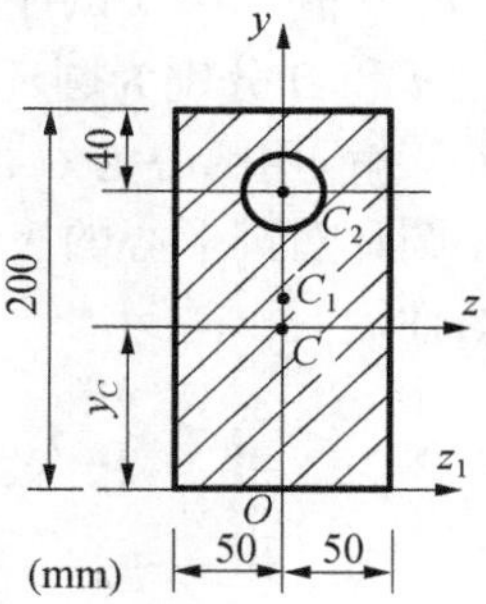

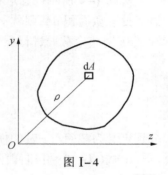

图 I-3

则形心 C 的坐标为(0,93.5mm)。

这种把截面的空心部分作为负面积,以确定截面形心位置的方法称为负面积法。

I.2 极惯性矩和惯性矩

I.2.1 极惯性矩

如图 I-4 所示截面,若微面积 dA 到坐标原点的距离为 ρ,则 $\rho^2 dA$ 称为微面积 dA 对坐标原点的极惯性矩。将 $\rho^2 dA$ 对整个截面进行积分,将其积分式

$$I_p = \int_A \rho^2 dA \qquad (\text{I}-7)$$

图 I-4

定义为截面对坐标原点的极惯性矩。从式(I-7)可知,截面的极惯性矩的量纲为长度的四次方,其单位是 mm⁴ 和 cm⁴。工程力学经常用到的是圆形截面及环形截面对形心的极惯性矩。

例题 I-3 如图 I-5 所示圆形截面,其直径为 D,求圆形截面对形心 O 的极惯性矩 I_p。

解:用圆心为 O 的同心圆将圆截面分割成很多小圆环。其中任一小圆环的宽度为 $d\rho$,到圆心的距离为 ρ,面积为 $2\pi\rho\, d\rho$。小圆环对形心 O 的极惯性矩为 $2\pi\rho\, d\rho \cdot \rho^2 = 2\pi\rho^3\, d\rho$,由极惯性矩的定义式(I-7)可知,圆形截面对其形心 O 的极惯性矩 I_p 为

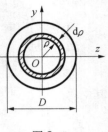

图 I-5

$$I_p = \int_A \rho^2 dA = \int_0^{D/2} 2\pi\rho^3 d\rho = \frac{\pi D^4}{32}$$

即

$$I_p = \frac{\pi D^4}{32} \tag{I-8}$$

例题 I-4 试计算图 I-6 所示环形截面对形心 O 的极惯性矩 I_p,d 和 D 分别为圆环的内外直径。

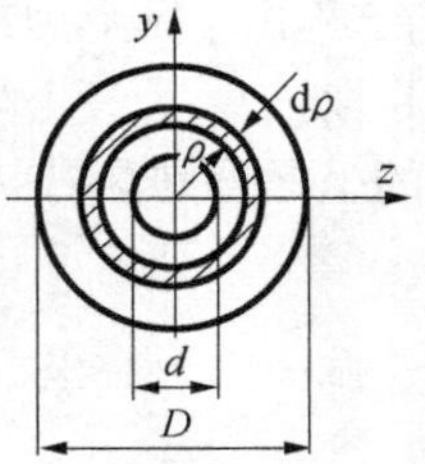

解:用圆心为 O 的同心圆将圆截面分割成很多小圆环。任一小圆环对其形心的极惯性矩为 $2\pi\rho^3 d\rho$,圆环截面对其形心 O 的极惯性矩为

$$I_p = \int_{d/2}^{D/2} 2\pi\rho^3 d\rho = 2\pi\int_{d/2}^{D/2} \rho^3 d\rho$$
$$= \frac{\pi}{32}(D^4 - d^4) = \frac{\pi}{32}D^4\left(1 - \frac{d^4}{D^4}\right)$$

图 I-6

若令 $\alpha = \dfrac{d}{D}$,则

$$I_p = \frac{\pi}{32}D^4(1 - \alpha^4) \tag{I-9}$$

I.2.2 惯性矩及惯性矩的平行移轴公式

1. 惯性矩

对图 I-4 所示任意形状的截面极其平面内的坐标系 yOz,在截面上坐标为 (z,y) 的任意点处取微面积 dA,则称 $y^2 dA$ 和 $z^2 dA$ 分别为微面积 dA 对 z 轴和 y 轴的惯性矩。将 $y^2 dA$ 和 $z^2 dA$ 对整个截面进行积分,将其积分式

$$\begin{cases} I_z = \int_A y^2 dA \\ I_y = \int_A z^2 dA \end{cases} \tag{I-10}$$

分别定义为截面对 z 轴的惯性矩和截面对 y 轴的惯性矩。

由式(I-10)可知,截面对任一轴的惯性矩恒为正值,其量纲为长度的四次方,常用

单位是 mm⁴ 和 cm⁴。

例题 I–5 如图 I–7 所示矩形截面,高为 h,宽为 b,z 轴和 y 轴为过形心 O 的对称轴。试求出截面对 z 轴和 y 轴的惯性矩 I_z 及 I_y。

解:用无数多条与 z 轴相平行的直线将矩形分割成无数个小的矩形,其中一个小的矩形到 z 轴的距离为 y,面积 $dA = bdy$,可作为微面积。该微面积对 z 轴的惯性矩为 $dA \cdot y^2 = by^2 dy$。由惯性矩的定义式(I–10)可知,截面对 z 轴的惯性矩为

$$I_z = \int_A y^2 dA = \int_{-h/2}^{h/2} by^2 dy = \frac{bh^3}{12} \tag{I–11a}$$

同理可得

$$I_y = \frac{hb^3}{12} \tag{I–11b}$$

在矩形截面中,由于 $h > b$,则 I_z 比 I_y 大得多。

例题 I–6 试确定图 I–8 所示圆形截面对过形心 O 的 z、y 轴的惯性矩。

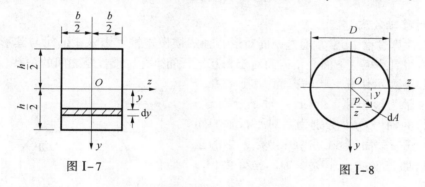

图 I–7　　　　　图 I–8

解:设圆截面的直径为 D,由于圆面积的对称分布,有 $I_z = I_y$。

由极惯性矩的定义式(I–7)已知,圆形截面对其形心 O 的极惯性矩 $I_p = \int_A \rho^2 dA$,其中 dA 为圆截面上的任一微面积,ρ 为 dA 到形心的距离,参照例题 I–3 结果,则

$$I_p = \int_A \rho^2 dA = \int_A (y^2 + z^2) dA = \int_A y^2 dA + \int_A z^2 dA$$

$$= I_z + I_y = 2I_z = 2I_y = \frac{\pi D^4}{32}$$

即

$$I_z = I_y = \frac{\pi D^4}{64} \tag{I–12a}$$

同理,可计算出圆环截面对形心轴的惯性矩为

$$I_z = I_y = \frac{\pi}{64}(D^4 - d^4) = \frac{\pi}{64}D^4(1 - \alpha^4) \tag{I–12b}$$

式中:d 和 D 为圆环截面的内外径;α 为内、外径之比($\alpha = d/D$)。

2. 惯性半径

在工程中,把截面对某轴的惯性矩与截面面积比值的算术平方根定义为截面对该轴

的惯性半径,用 i 来表示：

$$i = \sqrt{\frac{I}{A}} \qquad (\text{I}-13)$$

例如,圆截面对过形心 O 的 z 轴的惯性半径为

$$i_z = \sqrt{\frac{I_z}{A}} = \sqrt{\frac{\pi D^4/64}{\pi D^2/4}} = \frac{D}{4}$$

例题 I-5 中,矩形截面对 z 轴的惯性半径为

$$i_z = \sqrt{\frac{I_z}{A}} = \sqrt{\frac{bh^3/12}{bh}} = \frac{h}{2\sqrt{3}}$$

对 y 轴的惯性半径为

$$i_y = \sqrt{\frac{I_y}{A}} = \sqrt{\frac{hb^3/64}{bh}} = \frac{b}{2\sqrt{3}}$$

3. 平行移轴公式

在工程计算过程中,常常通过截面对形心轴的惯性矩推算出该截面对与其形心轴平行的其他轴的惯性矩。下面介绍截面对于相互平行的坐标轴惯性矩之间的关系。

如图 I-9 所示任意形状的截面,其形心在 O 点,z 轴与 y 轴为形心轴。z_1 轴、y_1 轴是分别与 z 轴、y 轴平行的轴,a 与 b 分别为两对平行轴的间距。截面上任一微面积 dA 在 yOz 坐标系中的坐标为 (z, y),而在 $y_1 O_1 z_1$ 坐标系中的坐标为 (z_1, y_1),显然有

$$\begin{cases} y_1 = y + a \\ z_1 = z + b \end{cases} \qquad (1)$$

按照定义,截面对于形心轴 z 与 y 的惯性矩分别为

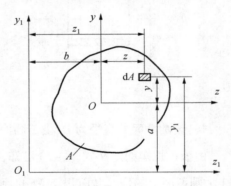

图 I-9

$$\begin{cases} I_z = \int_A y^2 dA \\ I_y = \int_A z^2 dA \end{cases} \qquad (2)$$

截面对于 z_1 与 y_1 轴的惯性矩分别为

$$\begin{cases} I_{z_1} = \int_A y_1^2 dA \\ I_{y_1} = \int_A z_1^2 dA \end{cases} \qquad (3)$$

将式(1)的第一式代入式(3)的第一式,展开可得

$$I_{z_1} = \int_A (y + a)^2 dA = \int_A (y^2 + 2ya + a^2) dA$$

$$= \int_A y^2 dA + 2a \int_A y dA + a^2 \int_A dA$$

式中:第一项$\int_A y^2 dA$是截面对形心轴z的惯性矩I_z;第二项中的$\int_A y dA$是截面对z轴的静矩S_z,由于z轴是形心轴,所以$S_z = \int_A y dA = 0$,即式中的第二项为零;第三项中的$\int_A dA$是截面面积A,故有

$$I_{z1} = I_z + a^2 A \qquad (\text{I}-14\text{a})$$

同理

$$I_{y1} = I_y + b^2 A \qquad (\text{I}-14\text{b})$$

式(I-14a)与式(I-14b)称为惯性矩的平行移轴公式。从公式中可以看出,由于每式中的三项均恒为正值,所以在所有相互平行的轴中,截面对形心轴的惯性矩最小。

如果截面由几个简单的截面组成,则截面对某轴的惯性矩等于各简单截面对该轴的惯性矩的和,即

$$I_z = I_{1z} + I_{2z} + \cdots + I_{nz} = \sum_{i=1}^{n} I_{iz} \qquad (\text{I}-15)$$

式(I-15)称为惯性矩的组合公式。

在工程中,经常要求出截面对于形心轴的惯性矩。

例题 I-7 试求图 I-10 所示 T 形截面对形心轴的惯性矩(图中单位:mm)。

解:(1)确定截面形心的位置。选参考坐标系 yOz',如图 I-10 所示,并将截面分成 I、II 两个矩形。矩形 I 的面积和形心纵坐标分别为

$$A_1 = 120 \times 20 = 2400 \text{mm}^2$$

$$y_1 = \frac{20}{2} = 10 \text{mm}$$

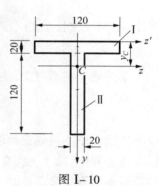

图 I-10

矩形 II 的面积和形心纵坐标分别为

$$A_2 = 20 \times 120 = 2400 \text{mm}^2$$

$$y_2 = 20 + \frac{120}{2} = 80 \text{mm}$$

所以,整个截面形心 C 的坐标为

$$y_C = \frac{A_1 y_1 + A_2 y_2}{A_1 + A_2} = \frac{2400 \times 10 + 2400 \times 80}{2400 + 2400} = 45 \text{mm}$$

(2)分别用平行移轴公式求出 I、II 两部分面积对形心轴的惯性矩。过形心 C 作 z 轴,则矩形 I 对 z 轴的惯性矩为

$$I_z^{\text{I}} = \frac{b_1 h_1^3}{12} + b_1 h_1 (y_C - y_1)^2 = \frac{120 \times 20^3}{12} + 120 \times 20 \times (45 - 10)^2$$

$$= 3.02 \times 10^6 \text{mm}^4$$

矩形 II 对 z 轴的惯性矩为

$$I_z^{\text{II}} = \frac{b_2 h_2^3}{12} + b_2 h_2 (y_2 - y_C)^2 = \frac{20 \times 120^3}{12} + 20 \times 120 \times (80 - 45)^2$$

$$= 5.82 \times 10^6 \text{mm}^4$$

（3）计算整个截面对形心轴 z 轴的惯性矩。由惯性矩的组合公式可知,整个截面对 z 轴的惯性矩为矩形 I、矩形 II 对 z 轴的惯性矩 I_z^{I} 和 I_z^{II} 之和,即

$$I_z = I_z^{\text{I}} + I_z^{\text{II}} = 3.02 \times 10^6 + 5.82 \times 10^6 = 8.84 \times 10^6 \text{mm}^4$$

I.2.3 计算惯性矩的近似方法

如图 I-11 所示一任意形状的截面。若要计算该截面对 z 轴的惯性矩 I_z,则可作一系列与 z 轴平行的直线,将截面分为 n 个高度均等于 t 的狭长条。当 t 很小时,它们就可以近似地看成是矩形。任一狭长条的面积 ΔA_i 可按照下式计算：

$$\Delta A_i = z_i t$$

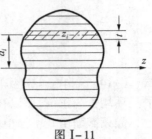

图 I-11

式中　z_i——该狭长条在中点处的宽度。

按惯性矩的平行移轴公式,任意一个被看成是矩形的狭长条对 z 轴的惯性矩为

$$\Delta I_{zi} = \frac{z_i t^3}{12} + a_i^2 \Delta A_i \approx a_i^2 z_i t$$

式中:a_i 为该狭长条的中点到 z 轴的距离(图 I-11);因 $\frac{z_i t^3}{12}$ 与 $a_i^2 z_i t$ 相比很小,故忽略不计。

于是整个截面对于 z 轴的惯性矩就近似为

$$I_z = \sum_{i=1}^{n} \Delta I_{zi} \approx t \sum_{i=1}^{n} a_i^2 z_i \tag{I-16}$$

这一方法用于不规则截面的惯性矩计算最为有效。

在工程中,除了上面介绍的简单截面形状外,还会遇到各种类型的型钢。型钢的几何性质请参阅附录 III。

习　题

I-1　试求题 I-1 图所示两平面图形形心 C 的位置。图中尺寸单位为 mm。

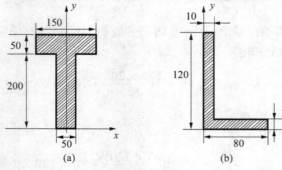

题 I-1 图

I-2 试求题 I-2 图所示平面图形形心位置。图中尺寸单位为 mm。

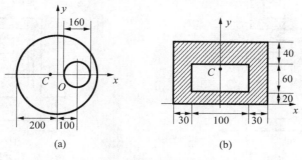

题 I-2 图

I-3 试求题 I-3 图中各截面的形心位置。图中尺寸单位为 mm。

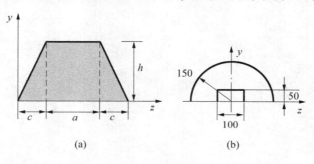

题 I-3 图

I-4 试计算题 I-4 图中各平面图形对形心轴的惯性矩。图中尺寸单位为 mm。

I-5 一 T 形截面如题 I-5 图所示。试确定其形心 C 的位置,并计算图形对其形心轴的惯性矩。图中尺寸单位为 mm。

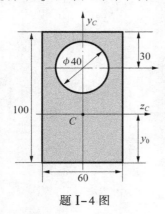

题 I-4 图

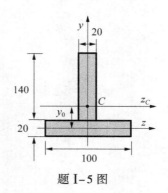

题 I-5 图

I-6 试计算题 I-6 图所示组合图对其形心轴的惯性矩 I_y 和 I_{z_C}。图中尺寸单位为 mm。

I-7 试求题 I-7 图所示截面图形对其形心轴的惯性矩 I_y 和 I_{z_C}。图中尺寸单位为 mm。

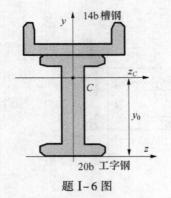

题 I-6 图

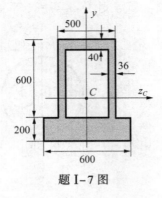

题 I-7 图

附录Ⅱ 知识及综合技能拓展

Ⅱ.1 工程力学在生活中的应用

Ⅱ.1.1 知识拓展

力学的发展是和人类社会的发展密切相关的。其发展史是人类文明史的一部分,内容极其丰富,目前已出版了若干专著。通常认为,意大利科学家伽利略《关于力学和局部运动的两门新科学的对话和数学证明》一书的发表(1638年)是材料力学开始形成为一门独立学科的标志。在该书中,这位科学巨匠尝试用科学的解析方法确定构件的尺寸,书中讨论的第一个问题是直杆轴向拉伸问题,并且得到了直杆承载能力与横截面积成正比而与长度无关的正确结论。

在《关于力学和局部运动的两门新科学的对话和数学证明》一书中,伽利略讨论的第二个问题是梁的弯曲强度问题。按今天的科学结论,当时作者所得的弯曲正应力公式并不完全正确,但该公式已反映了矩形截面梁的承载能力和 bh^2(b、h 分别为截面的宽度和高度)成正比,圆形截面梁的承载能力和 d^3(d 为横截面直径)成正比的正确结论。对于空心梁承载能力的叙述则更为精彩,他说,空心梁"能大大提高强度而无需增加重量,所以在技术上得到广泛的应用。在自然界就更为普遍了。这样的例子在鸟类的骨骼和各种芦苇中可以看到,它们既轻巧,而又对弯曲和断裂具有相当高的抵抗能力"。

Ⅱ.1.2 拓展示例

如图Ⅱ-1所示为承受纵向荷载的人骨受力简图。①假定骨骼为实心圆截面,试确定 $B-B$ 截面上的应力分布。②假定骨骼中心部分(其直径为骨骼外直径的1/2)由海绵状骨质所组成,忽略海绵状承受应力的能力,试确定 $B-B$ 截面上的应力分布。③鉴于骨骼受力特性,确定上述两种情形下,骨骼在横截面 $B-B$ 上最大压应力之比,并分析截面变化对应力的影响。

[分析] 骨骼受力情况属于偏心问题,将作用在骨骼上的力 445N 平行移动到轴线上,则形成轴向压缩变形和纯弯曲变形的组合,其轴向压缩变形时的轴力 $F_N=445$N,其纯弯曲变形时弯矩 $M=445\times61=27145$N·mm。

1. 假定骨骼为实心圆截面时

在轴力 $F_N=445$N 单独作用下,$B-B$ 截面上的应力分布如图Ⅱ-1(b)所示,其值为

$$\sigma'_1 = -\frac{F_N}{A} = -\frac{445}{\dfrac{3.14\times26.7^2\times10^{-6}}{4}} = -0.795\text{MPa}$$

在弯矩 $M=445\times61=27145$N·mm $=27.145$N·m 单独作用下,$B-B$ 截面上的应力

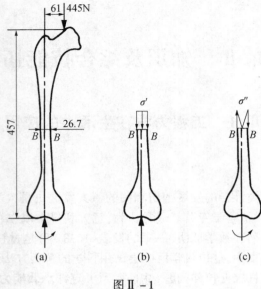

图 Ⅱ-1

分布如图 Ⅱ-1(c)所示,其值为

$$\sigma''_1 = \frac{M}{W_z} = \frac{27.145}{\frac{3.14 \times 26.7^3 \times 10^{-9}}{32}} = 14.53 \text{MPa}$$

在轴向力和弯矩共同作用下,$B-B$ 截面上的最大压应力和最大拉应力分别为

$$\sigma^-_{1\max} = \sigma'_1 - \sigma''_1 = -0.795 \text{MPa} - 14.53 \text{MPa} = -15.33 \text{MPa}$$
$$\sigma^+_{1\max} = \sigma'_1 + \sigma''_1 = -0.795 \text{MPa} + 14.53 \text{MPa} = 13.74 \text{MPa}$$

2. 假定骨骼中心部分(其直径为骨骼外直径的 1/2)由海绵状骨质所组成,忽略海绵状承受应力的能力时

在轴力 $F_N = 445\text{N}$ 单独作用下,$B-B$ 截面上的应力分布如图 Ⅱ-1(b)所示,其值为

$$\sigma'_2 = -\frac{F_N}{A} = -\frac{445}{\frac{3.14 \times (26.7^2 - 13.35^2)}{4}} = -1.06 \text{MPa}$$

在弯矩 $M = 445 \times 61 = 27145 \text{N} \cdot \text{mm} = 27.145 \text{N} \cdot \text{m}$ 单独作用下,$B-B$ 截面上的应力分布如图 Ⅱ-1(c)所示,其值为

$$\sigma''_2 = \frac{M}{W_z} = \frac{27.145}{\frac{3.14 \times 26.7^3 (1 - 0.5^4) \times 10^{-9}}{32}} = 15.50 \text{MPa}$$

在轴向力和弯矩共同作用下,$B-B$ 截面上的最大压应力和最大拉应力分别为

$$\sigma^-_{2\max} = \sigma'_2 - \sigma''_2 = -1.06 \text{MPa} - 15.50 \text{MPa} = -16.56 \text{MPa}$$
$$\sigma^+_{2\max} = \sigma'_2 + \sigma''_2 = -1.06 \text{MPa} + 15.50 \text{MPa} = 14.44 \text{MPa}$$

3. 确定上述两种情形下,骨骼在横截面 $B-B$ 上最大压应力之比为

$$\frac{\sigma_{2\max}^-}{\sigma_{1\max}^-} = \frac{-16.56\text{MPa}}{-15.33\text{MPa}} = 1.08$$

从上述计算可以看出,截面由实心转为空心的情况下,空心时杆件横截面面积减小为实心时横截面面积的 0.75 倍。轴向压缩应力由实心时的 0.795MPa 增大到 1.06MPa,增长 33.33%,应力受截面面积影响较大;但对于弯曲应力则由实心时的 14.53MPa 增大到 15.50MPa,增长仅为 6.68%。由此看出,弯曲问题中选取合适的空心杆件,在无需增加重量的前提下能大大提高构件的承载能力。

Ⅱ.2 工程力学在土建工程中的应用

Ⅱ.2.1 知识拓展

受弯构件广泛地存在于生活和工程实际结构中,其内力图被广泛应用在各种结构设计中。弯矩图的绘制是工程力学学习中非常重要的环节,能够正确、熟练画出弯矩图是继续学习专业课必备的力学技能之一。

法国学者圣维南的老师纳维(H. Navier)在他的那本有关材料力学讲义的 1826 年第一版中,讨论了在简支架上求一段受均布载荷作用的变形问题。当计算最大应力时,他认为最大弯矩发生在分布载荷的合力处。对于一般情况(分布载荷对称时例外),这当然是错误的。铁木辛柯分析他出错的原因,认为是当时还未曾使用弯矩图的缘故。我们知道,弯矩图最先出现在 1856 年雷布赫恩(G. Rebhann)的《钢木结构理论》一书中,而用于确定最大弯矩位置的微分关系,是施韦德勒尔门(J. W. Schwedler)在 1851 年《桥梁的梁式理论》一文中首先给出的。

钢筋混凝土梁是一种在土木结构工程中广泛使用的组合梁。众所周知,混凝土材料是一种抗压强度高而抗拉强度很低的材料。比如在《混凝土结构设计规范》中,C25 混凝土的弯曲抗压强度设计值为 11.5MPa,而抗拉强度设计值仅为 1.23MPa,前者约为后者的 9.35 倍。钢筋混凝土梁是在梁的受拉侧放置钢筋承受拉应力,以弥补混凝土抗拉强度的不足,这种结构既能较好地发挥钢筋的抗拉性能,又能充分地利用混凝土的高抗压强度性能。

Ⅱ.2.2 拓展示例

某商场楼为三层内框架结构,一层的橱窗上设有挑出 1.2m 的雨篷,雨篷为现浇钢筋混凝土结构。浇灌混凝土后,待达到设计强度时按期拆模,这时突然发生雨篷像门帘似的从根部折断的质量事故。如图Ⅱ-2 所示,试分析其原因。

[分析] 在本问题中涉及到力学模型的建立、弯矩图的正确绘制、危险截面及危险点的确定等力学问题。

(1) 在工程力学中,将悬挑出的雨篷简化,计算简图为悬臂梁。悬臂梁的自重及梁上作用的活荷载简化为沿梁分布的均布荷载,如图Ⅱ-3(a)所示。

(2) 弯矩图画在轴线的上侧,即梁受拉的一侧。

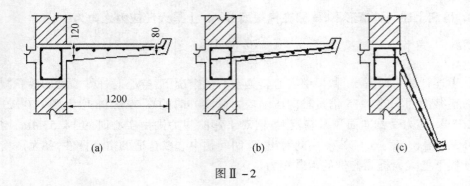

图Ⅱ-2

(3)危险截面为固定端根部 A 处,危险点在危险截面的上下缘各点,上缘各点为拉应力,下缘各点为压应力。鉴于混凝土抗拉性能差,在梁的受拉侧配置钢筋以承受拉应力。由于钢筋被踩踏到下面受压一侧,如图Ⅱ-2(b)所示,失去了其应有的作用,故造成了雨篷从根部折断的质量事故,如图Ⅱ-2(c)所示。

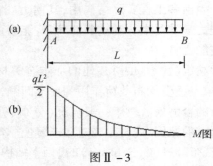

图Ⅱ-3

延伸思考:
(1)如果弯矩图画反了,对结构有何影响?
(2)对于图Ⅱ-2(a)正常配筋的雨篷,如果在悬臂端增加柱子,又对结构有何影响?雨篷加柱子,需要怎样配筋?

Ⅱ.3 工程力学在工程机械中的应用

Ⅱ.3.1 知识拓展

工程力学研究的方法是实验观察—假设建模—理论分析—实践验证。在研究结构的承载力时,需要知道构件材料的诸多力学性能,诸如材料的弹性模量、极限应力、延伸率等,我们知道材料的力学性能都可以通过实验测定。最早的材料力学实验课是在1838—1871年,魏斯巴赫(J. L. Weisbach)在德国弗赖贝格矿业学院担任力学和机械设计方面的教授,他很重视工程力学的讲授方法。据1868年一份刊物介绍,魏斯巴赫建立了一个实验室,让学生通过实验来证实静力学、动力学和材料力学的各项理论。当时的实验内容有固定的实心梁的弯曲、桁架模型、轴的扭转、扭转与弯曲的联合作用等。实验都是用木制的模型来进行的。为便于测量,模型的尺寸设计得当,能在不大的载荷下产生相当大的变形。从此开创了学生通过实验来学习材料力学的有效途径,也因此开启了强度计算的新篇章。

II.3.2 拓展示例

图II-4所示为工程中常用的一种悬臂起重机。AC 部分杆件长为 3m,截面尺寸为 $10cm \times 8cm$ 的矩形截面;CD 部分杆件长为 2m;截面尺寸为 $8cm \times 6cm$ 的矩形截面,BC 杆件为长 2m 的空心钢管,外径 3cm,内径 2cm。AB 间距离为 2m,$\alpha = 30°$;钢索相当于直径 d 为 1cm 的圆杆计算。材料为优质钢材,许用应力为 $[\sigma]$ = 140MPa,弹性模量 E = 200GPa,比例极限时柔度 $\lambda_p = 100$,屈服时柔度 $\lambda_s = 60$。不考虑滑轮尺寸、车架与螺栓销轴的强度分析(假设它们拥有足够的强度),试分析重物匀速上升或下降时,该起重机的最大起重重量 W_{max}。

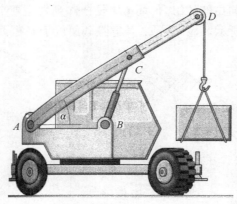

图II-4

[分析] 该问题需要从强度和稳定性的角度综合考虑问题。钢索为轴向拉伸,ACD 为受弯杆件,BC 杆件为轴向压杆。

结构的计算简图,如图II-5(a)所示。

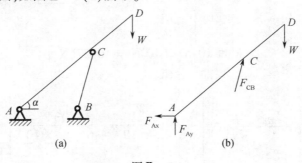

图II-5

1. 考虑钢索的承载力时起重机的起重量 W

根据强度条件

$$\sigma_1 = \frac{F_N}{A} \leq [\sigma]$$

$$F_N \leq A[\sigma] = \frac{3.14 \times 1^2 \times 10^{-4}}{4} \times 140 \times 10^6 = 109.9 \times 10^2 \text{N} = 10.99 \text{kN}$$

即
$$W = F_N = 10.99 \text{kN}$$

2. 考虑 ACD 杆件的承载力时起重机的起重量 W

取 ACD 分析,受力如图Ⅱ-5(b)所示。由静力平衡条件确定 BC 杆件所受力 F_{CB} 与起重物重力 W 的关系

$$\sum m_A(F) = 0, \quad F_{CB}\sin 30° \times 3 - W\sin 60° \times 5 = 0$$

$$F_{CB} = \frac{5\sqrt{3}}{3}W$$

AC 段发生弯曲与轴向拉伸的组合,而 CD 段杆件则发生弯曲与压缩的组合变形,内力图如图Ⅱ-6(a)、(b)所示。显而易见,其危险截面位于 C 截面处。

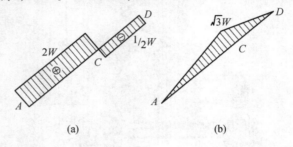

图Ⅱ-6
(a) 轴力图;(b) 弯矩图。

对于 AC 段 C 截面处,由

$$\sigma_{\max} = \sigma_1 + \sigma_2 = \frac{F_N}{A} + \frac{M}{W_Z} = \frac{2W}{8 \times 10 \times 10^{-4}} + \frac{\sqrt{3}W}{\frac{8 \times 10^2 \times 10^{-6}}{6}} \leq [\sigma] = 140 \times 10^6$$

得
$$W \leq 10.57 \times 10^3 N = 10.57 \text{kN}$$

CD 段 C 截面处,由

$$\sigma_{\max} = \sigma_1 + \sigma_2 = \left| -\frac{F_N}{A} - \frac{M}{W_Z} \right| = \left| -\frac{\frac{1}{2}W}{8 \times 6 \times 10^{-4}} - \frac{\sqrt{3}W}{\frac{6 \times 8^2 \times 10^{-6}}{6}} \right| \leq [\sigma] = 140 \times 10^6$$

得
$$W \leq 5.15 \times 10^3 N = 5.15 \text{kN}$$

3. 考虑 BC 杆件的承载力时起重机的起重量 W

BC 杆件为轴向受压杆,所以首先要计算压杆的柔度。

BC 杆两端铰接,支承系数 $\mu=1$,惯性半径 $i=\sqrt{\dfrac{I}{A}}=\sqrt{\dfrac{\dfrac{\pi(D^4-d^4)}{64}}{\dfrac{\pi(D^2-d^2)}{4}}}=\dfrac{\sqrt{D^2+d^2}}{4}$,杆件柔度为

$$\lambda=\dfrac{\mu l}{i}=\dfrac{1\times 2\times 100\mathrm{cm}}{\dfrac{\sqrt{3^2+2^2}}{4}\mathrm{cm}}=221.88>\lambda_\mathrm{p}=100$$

即,BC 杆是大柔度杆件,需要对 BC 杆进行稳定性计算。

故

$$\sigma_\mathrm{cr}=\dfrac{\pi^2 E}{\lambda^2}=\dfrac{3.14^2\times 200\times 10^9}{221.88^2}=40.05\times 10^6\mathrm{Pa}$$

$$P_\mathrm{cr}=\sigma_\mathrm{cr}A=40.05\times 10^6\times\dfrac{3.14\times(3^2-2^2)\times 10^{-4}}{4}=15.72\times 10^3\mathrm{N}$$

BC 杆件处于稳定时,起重物体时所承受的力 F_{CB} 不超过其临界力 F_cr,即

$$F_{CB}=\dfrac{5\sqrt{3}}{3}W\leqslant F_\mathrm{cr}=15.72\times 10^3 N$$

得

$$W\leqslant 5.41\times 10^3 N=5.41\mathrm{kN}$$

由上述分析计算可知,起重机的最大起重重量为 $W_\mathrm{max}=5.15\mathrm{kN}$。

Ⅱ.4 构件的疲劳强度概述

Ⅱ.4.1 交变应力与疲劳断裂的概念

在工程实际中,有许多构件其工作应力随时间作周期性变化,这种应力称为**交变应力**。构件内产生交变应力的原因大致有两种。一种是载荷**不随时间变化**,而构件本身在转动,从而引起构件内部产生交变应力。如匀速行驶火车的车轴,如图Ⅱ-7(a)所示,除轴线上各点外,其他任一点的弯曲正应力都是随轮轴的转动而变化的,当轮轴转动一周,各点的弯曲正应力就完成了一次周期性的变化,如图Ⅱ-7(b)所示。另一种是受交变载荷的作用,而引起构件内部产生交变应力。如因电动机转子偏心而引起强迫振动的简支

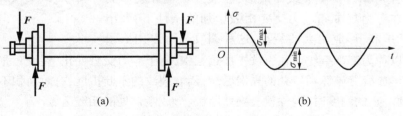

图Ⅱ-7

梁,如图Ⅱ-8(a)所示,除中性轴上各点外,其他任一点的弯曲正应力都是随转子的转动而作周期性变化,如图Ⅱ-8(b)所示。

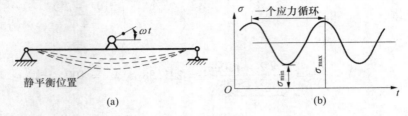

图Ⅱ-8

根据应力随时间的变化情况,定义下列名词和术语。

(1) 应力循环:应力变化一个周期,称为一个应力循环。

(2) 循环特征:应力循环中最小应力与最大应力的比值,用 r 表示,即

$$r = \frac{\sigma_{\min}}{\sigma_{\max}} \tag{Ⅱ-1}$$

若循环特征 $r=-1$,这种应力循环称为对称循环;$r \neq -1$ 的应力循环称为非对称循环;在非对称循环中,若 $\sigma_{\min}=0$,则循环特征 $r=0$,这种应力循环称为脉动循环。

(3) 平均应力:最大应力与最小应力的平均值,用 σ_m 表示,即

$$\sigma_m = \frac{\sigma_{\max} + \sigma_{\min}}{2} \tag{Ⅱ-2}$$

(4) 应力幅值:应力变化的幅度,用 σ_a 表示,即

$$\sigma_a = \frac{\sigma_{\max} - \sigma_{\min}}{2} \tag{Ⅱ-3}$$

实践证明,在交变应力作用下的构件,虽然所受的应力值小于材料的屈服极限,但经过应力多次的重复后,构件在破坏前和破坏时都没有明显的塑性变形,即使塑性很好的材料也将呈现脆性断裂,这种破坏现象称为**疲劳破坏**或**疲劳失效**。

观察疲劳破坏构件的断口,一般都有明显的两个区域:**光滑区域**和**粗糙区域**,如图Ⅱ-9所示。通常认为,产生疲劳破坏的原因是:当交变应力的大小超过一定限制,并随着应力变化的次数的增加,在构件内应力的最大处或材料缺陷处都可能产生了微小的裂纹,这些微小的裂纹便是疲劳破坏的起源,简称**疲劳源**。微小裂纹生成后,在裂纹尖端处就形成应力集中,在应力集中和应力交变次数增加的条件下,微小裂纹将不断扩展,形成较大的裂纹,这种裂纹是可以用裸眼

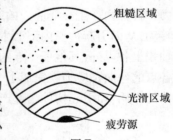

图Ⅱ-9

所见的,所以称为宏观裂纹。在裂纹扩展过程中,由于应力交替变化,裂纹时张时合,类似研磨,所以形成疲劳破坏断口处的**光滑区域**,随着裂纹的不断扩展,有效面积不断减小,当截面消弱到一定的程度时,构件就会突然断裂,形成断口处的**粗糙区域**。

疲劳破坏通常是在构件工作中事先没有明显预兆的情况下突然发生的,往往会造成严重事故。因此,对于承受交变应力的构件,在设计和使用中都必须特别注意裂纹的生成

与扩展,防止发生疲劳破坏。如,当火车靠站时,都有铁路工人用小铁锤轻轻敲击车厢车轴,可以从声音直观判断车轴是否发生裂纹,这就是防止发生突然事故的一种措施。

Ⅱ.4.2 材料的疲劳极限及其测定

对称循环下光滑试件的疲劳极限是进行疲劳强度计算的主要强度指标。以此为基础,通过不同的影响系数和修正系数,便可得到不同形状、不同尺寸以及不同表面加工质量的实际构件的疲劳极限。

所谓**疲劳极限**,是指试件经过无穷多次应力循环而不发生破坏时,应力循环中最大应力值的最高限,又称为**持久极限**。

为了确定疲劳极限,需利用光滑的试件,如图Ⅱ-10所示,在专用的疲劳试验机上进行试验,如图Ⅱ-11所示。

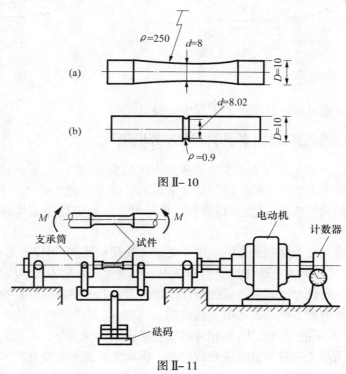

图Ⅱ-10

图Ⅱ-11

试验时,准备6~10根试件,一般将第一根试件的最大弯曲应力调整至$(0.5 \sim 0.6)\sigma_b$,其后依次逐根降低试件的最大弯曲应力。然后让每根试件经历对称的应力循环,直至发生疲劳破坏。记录下每根试件危险截面上的最大应力值以及发生破坏时所经历的循环数。

将试验结果标在$\sigma_{max} - N$坐标系中,用光滑的曲线连接,此曲线称为疲劳曲线,如图Ⅱ-12所示。

由疲劳曲线可以看出,试件断裂前所经历的循环次数随试件最大弯曲应力的减小而增加,当最大弯曲应力降至某一数值后,疲劳曲线趋于水平。通常认为,黑色金属若经过10^7次应力循环而不发生疲劳破坏,则再增加循环次数也不会发生疲劳破坏了。因此,

$N=10^7$ 次应力循环所对应的最大应力值,就是黑色金属的疲劳极限,用 σ_{-1} 表示。

需要指出的是,通过试验还可以确定其他虚幻特征下的疲劳极限(用 σ_r 表示)。试验结果表明,疲劳极限与循环特征有着很大的关系,循环特征(r)不同,疲劳极限(σ_r)亦不同,而且对称循环下的疲劳极限 σ_{-1} 最低。例如钢材在弯曲时,各循环特征下的疲劳极限曲线如图Ⅱ-13所示。

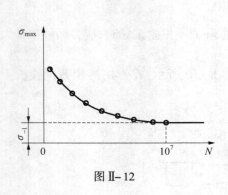

图Ⅱ-12

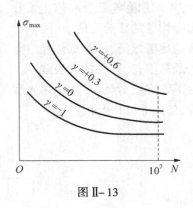

图Ⅱ-13

各种材料的疲劳极限可以从有关手册中查得。

Ⅱ.4.3 影响疲劳极限的因素:构件的疲劳极限

上述疲劳极限是用光滑试件在实验室条件下得到的,排除应力集中、试件外形、尺寸以及表面加工质量等因素的影响。对于构件来说必须计及这些实际因素的影响之后,才能确定实际构件的疲劳极限,进而进行疲劳强度计算。下面定性介绍这些因素对构件疲劳极限的影响。

(1) 构件外形对疲劳极限的影响。由于工艺和使用的要求,构件常需钻孔、开槽或设置轴阶等,这样在构件截面不连续处将引起应力集中现象。在应力集中区域,由于应力很大,不仅容易形成疲劳裂纹,而且会促使裂纹加速扩展,因而使构件的疲劳极限降低。

(2) 构件尺寸对疲劳极限的影响。构件的尺寸越大,其内部所含的杂质和缺陷也越多,产生疲劳裂纹的可能性就越大,则构件的疲劳极限也相应降低。

(3) 构件表面加工质量对疲劳极限的影响。粗糙的机械加工会在构件的表面形成深浅不同的刻痕,这些刻痕本身就是一些初始的裂纹。当所受的应力比较大的时候,裂纹的扩展首先就从这些刻痕开始。因此,随着构件表面加工质量的降低,构件的疲劳极限也相应降低。

以上三种因素对构件疲劳极限影响的定量关系,可以在有关设计手册中查得。

为了校核构件的疲劳强度,可将构件的疲劳极限除以规定的安全系数得到疲劳许用应力,然后再将工作应力与许用应力进行比较,即可判断构件是否安全。

Ⅱ.5 大作业

通过大作业的形式,强化学生对于一些简单的结构进行简化、建立力学模型并对其进行简单的分析计算,训练学生发掘问题、分析问题和解决问题的能力,也起到阶段性综合练习及复习基本理论和基本方法的作用。同时为了提高学生的团队意识和合作精神,可分组完成。

Ⅱ.5.1 约束及约束反力、结构计算简图

1. 目标

简单问题力学模型的建立。

2. 任务设定

在学习完第一模块后,让学生课后分组去寻找与约束类型相关的生活实例及工程实例,形式不限,难易不限,可以是网络查询、生活实拍图片、工程介绍等,并通过所学知识点,将所找实例简化,深化对约束及约束反力、结构计算简图的理解。

3. 要求

每组需要找到三种以上约束类型。

4. 内容

提供图片,说明约束类型,画出简化图形。

Ⅱ.5.2 截面图形的几何性质

1. 目标

计算组合截面图形的几何性质。

2. 任务设定

(1)在教室、实验室、校园实习实训场地或实地观察,寻找发现生活中、工程机械及桥梁工程等存在的槽形截面、工字形截面、T形截面或箱形截面等,并自行假定或测量出与实地情况基本相符合的数据。

(2)计算给定的下列图Ⅱ-14、图Ⅱ-15、图Ⅱ-16中由型钢和钢板组成的组合截面图形的几何性质。相关参数见表Ⅱ-1。

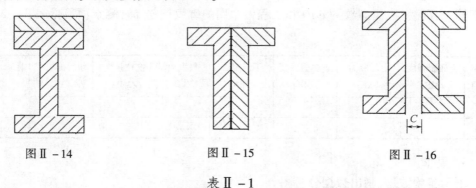

图Ⅱ-14   图Ⅱ-15   图Ⅱ-16

表Ⅱ-1

序号	图号	原型钢号	辅助条件
1	图Ⅱ-14	工字钢20a	辅加钢板100mm×10mm
2	图Ⅱ-15	不等边角钢100mm×8mm×8mm	两根绑定
3	图Ⅱ-16	槽钢18a	两根间距 $c=15$mm

3. 要求

确定截面的形心和形心主轴,计算形心主惯性矩。

4. 内容

(1) 说明书一份(针对自行寻找到的截面,说明其出处、作用)。

(2) 给定的组合图形,提供包括计算过程和作图在内的计算说明书一份。

Ⅱ.5.3 晾衣架杆件的强度问题

1. 目标

梁的承载能力分析。

2. 任务设定

以宿舍的晾衣杆为研究对象,设定杆为空心圆形截面钢杆,其外径 $D=3$cm,内径 $d=2$cm,晾衣杆长度为3m。材料的许用应力为140MPa。若晾衣杆自重不计,假定所挂衣物都是裤子,湿水后每条重量均重5N,且等间距挂在晾衣杆上,分析晾衣杆的承载能力。

3. 要求

(1) 若晾衣杆简化为简支梁,试分析能够悬挂裤子的数量。

(2) 若晾衣杆简化为两端外伸梁(每端外神部分长设为0.5m),又能够悬挂多少条裤子?

4. 内容

提交计算简图、弯矩图、计算过程、两种梁承载能力对比分析。

Ⅱ.5.4 实操训练

1. 目标

强化实际操作能力。

2. 任务设定

某单位委托测定钢筋性能,试样取自工程用材,试样类型为钢筋原材。分别为热轧带肋钢筋,表面锈蚀,无裂纹的 $\phi 10$ 和工程中常用的螺纹钢筋 $\phi 8$,测定项目见表Ⅱ-2。

表Ⅱ-2

测定项目	上屈服强度/MPa	上屈服力/kN	下屈服强度/MPa	下屈服力/kN	最大力/kN	抗拉强度/MPa	断后伸长率/%	断面收缩率/%
$\phi 10$								
$\phi 8$								

3. 要求

出示实验数据,画出数据分析图。

附录Ⅲ 型钢表

表Ⅲ-1 热轧等边角钢（GB/T 706—2008）

b——边宽；
d——边厚；
r——内圆弧半径；
r_1——边端内弧半径；
r_2——边端外弧半径；
r_0——顶端圆弧半径；
I——惯性矩；
i——惯性半径；
W——截面系数；
z_0——重心距离。

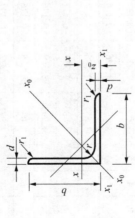

角钢号数	尺寸/mm			截面面积 ×10^2 /mm^2	理论重量 ×9.8 /(N/m)	外表面积 /(m^2/m)	参考数值											
							$x-x$			x_0-x_0			y_0-y_0			x_1-x_1	$z_0 \times 10$ /mm
	b	d	r				$I_x \times 10^4$ /mm^4	$i_x \times 10$ /mm	$W_x \times 10^3$ /mm^3	$I_{x0} \times 10^4$ /mm^4	$i_{x0} \times 10$ /mm	$W_{x0} \times 10^3$ /mm^3	$I_{y0} \times 10^4$ /mm^4	$i_{y0} \times 10$ /mm	$W_{y0} \times 10^3$ /mm^3	$I_{x1} \times 10^4$ /mm^4	
2	20	3	3.5	1.132	0.889	0.078	0.40	0.59	0.29	0.63	0.75	0.45	0.17	0.39	0.20	0.18	0.60
		4		1.459	1.145	0.077	0.50	0.58	0.36	0.78	0.73	0.55	0.22	0.38	0.24	1.09	0.64
2.5	25	3		1.432	1.124	0.098	0.82	0.76	0.46	1.29	0.95	0.73	0.34	0.49	0.33	1.57	0.73
		4		1.859	1.459	0.097	1.03	0.74	0.59	1.62	0.93	0.92	0.43	0.48	0.40	2.11	0.76

257

(续)

角钢号数	尺寸/mm				截面面积 $\times 10^2$ /mm²	理论重量 $\times 9.8$ /(N/m)	外表面积 /(m²/m)	参考数值										
								$x-x$			x_0-x_0			y_0-y_0			x_1-x_1	$z_0 \times 10$ /mm
	b	d		r				$I_x \times 10^4$ /mm⁴	$i_x \times 10$ /mm	$W_x \times 10^3$ /mm³	$I_{x0} \times 10^4$ /mm⁴	$i_{x0} \times 10$ /mm	$W_{x0} \times 10^3$ /mm³	$I_{y0} \times 10^4$ /mm⁴	$i_{y0} \times 10$ /mm	$W_{y0} \times 10^3$ /mm³	$I_{x1} \times 10^4$ /mm⁴	
3.0	30	3		4.5	1.749	1.373	0.117	1.46	0.91	0.68	2.31	1.15	1.09	0.61	0.59	0.51	2.71	0.85
		4			2.276	1.786	0.117	1.84	0.90	0.87	2.92	1.13	1.37	0.77	0.58	0.62	3.63	0.89
3.6	36	3			2.109	1.656	0.141	2.58	1.11	0.99	4.09	1.39	1.61	1.07	0.70	0.76	4.68	1.09
		4		4.5	2.756	2.163	0.141	3.29	1.09	1.28	5.22	1.38	2.05	1.37	0.70	0.93	6.25	1.04
		5			3.382	2.654	0.141	3.95	1.08	1.56	6.24	1.36	2.45	1.65	0.70	1.09	7.84	1.07
4.0	40	3			2.359	1.852	0.157	3.59	1.23	1.23	5.69	1.55	2.01	1.49	0.79	0.96	6.41	1.09
		4		5	3.086	2.422	0.157	4.60	1.22	1.60	7.29	1.54	2.58	1.91	0.79	1.19	8.56	1.13
		5			3.791	2.976	0.156	5.53	1.21	1.96	8.76	1.52	3.01	2.30	0.78	1.39	10.74	1.17
4.5	45	3			2.659	2.088	0.177	5.17	1.40	1.58	8.20	1.76	2.58	2.14	0.90	1.24	9.12	1.22
		4		5	3.486	2.736	0.177	6.65	1.38	2.05	10.56	1.74	3.32	2.75	0.89	1.54	2.28	1.26
		5			4.292	3.369	0.176	8.04	1.37	2.51	12.74	1.72	4.00	3.33	0.88	1.811	5.25	1.30
		6			5.076	3.985	0.176	9.33	1.36	2.951	1.76	1.70	4.64	3.89	0.88	2.061	8.36	1.33
5	50	3			2.971	2.332	0.197	7.18	1.55	1.96	11.37	1.96	3.22	2.98	1.00	1.571	2.50	1.34
		4		5.5	3.897	3.059	0.197	9.26	1.54	2.561	4.70	1.94	4.16	3.82	0.99	1.961	6.69	1.38
		5			4.803	3.770	0.196	11.21	1.53	3.131	7.79	1.92	5.03	4.64	0.98	2.312	0.90	1.42
		6			5.688	4.465	0.196	13.05	1.52	3.682	0.68	1.91	5.85	5.42	0.98	2.632	5.14	1.46
5.6	56	3			3.343	2.624	0.221	10.19	1.75	2.48	16.14	2.20	4.08	4.24	1.13	2.02	17.56	1.48
		4		6	4.390	3.446	0.220	13.18	1.73	3.24	20.92	2.18	5.28	5.46	1.11	2.52	23.43	1.53
		5			5.415	4.251	0.220	16.02	1.72	3.97	25.42	2.17	6.42	6.61	1.10	2.98	29.33	1.57
		8			8.367	6.568	0.219	23.63	1.68	6.03	37.37	2.11	9.44	9.89	1.09	4.16	47.24	1.68

(续)

角钢号数	尺寸/mm			截面积×10²/mm²	理论重量×9.8/(N/m)	外表面积/(m²/m)	参考数值											
							$x-x$				x_0-x_0			y_0-y_0			x_1-x_1	$z_0 \times 10$ /mm
	b	d	r				$I_x \times 10^4$ /mm⁴	$i_x \times 10$ /mm	$W_x \times 10^3$ /mm³	$I_{x0} \times 10^4$ /mm⁴	$i_{x0} \times 10$ /mm	$W_{x0} \times 10^3$ /mm³	$I_{y0} \times 10^4$ /mm⁴	$i_{y0} \times 10$ /mm	$W_{y0} \times 10^3$ /mm³	$I_{x1} \times 10^4$ /mm⁴	
6.3	63	4	7	4.978	3.907	0.248	19.03	1.96	4.13	30.17	2.46	6.78	7.89	1.26	3.29	33.35	1.70
		5		6.143	4.822	0.248	23.17	1.94	5.08	36.77	2.45	8.25	9.57	1.25	3.90	41.73	1.74
		6		7.288	5.721	0.247	27.12	1.93	6.00	43.03	2.43	9.66	11.20	1.24	4.46	50.14	1.78
		8		9.515	7.469	0.247	34.46	1.90	7.75	54.56	2.40	12.25	14.33	1.23	5.47	67.11	1.85
		10		11.657	9.151	0.246	41.09	1.88	9.39	64.85	2.36	14.56	17.33	1.22	6.36	84.31	1.93
7	70	4	8	5.570	4.372	0.275	26.39	2.18	5.14	41.80	2.74	8.44	10.99	1.40	4.17	45.74	1.86
		5		6.875	5.397	0.275	32.21	2.16	6.32	51.08	2.73	10.32	13.34	1.39	4.95	57.21	1.91
		6		8.160	6.406	0.275	37.77	2.15	7.84	59.93	2.71	12.11	15.61	1.38	5.67	68.73	1.95
		7		9.424	7.398	0.275	43.09	2.14	8.59	68.35	2.69	13.81	17.82	1.38	6.34	80.29	1.99
		8		10.667	8.373	0.275	48.17	2.12	9.68	76.37	2.68	15.43	19.98	1.37	6.98	91.92	2.03
7.5	75	5	9	7.367	5.818	0.295	39.97	2.33	7.32	63.3	2.92	11.94	16.63	1.50	5.77	70.56	2.04
		6		8.797	6.907	0.294	46.95	2.31	8.64	74.38	2.90	14.02	19.51	1.49	6.67	84.55	2.07
		7		10.160	7.976	0.294	53.57	2.30	9.93	84.96	2.80	16.02	22.18	1.48	7.44	98.71	2.11
		8		11.503	9.030	0.294	59.96	2.28	11.20	95.07	2.88	17.93	24.80	1.47	8.19	112.97	2.15
		10		14.126	11.089	0.293	71.98	2.26	13.64	113.92	2.84	21.48	30.05	1.46	9.56	141.71	2.22
8	80	5	9	7.912	6.211	0.315	48.79	2.48	8.34	77.33	3.13	13.67	20.25	1.60	6.66	85.36	2.15
		6		9.397	7.376	0.314	57.35	2.47	9.87	90.98	3.11	16.08	23.72	1.59	7.65	102.50	2.19
		7		10.860	8.525	0.314	65.58	2.46	11.37	104.07	3.10	18.40	27.09	1.58	8.28	119.70	2.23
		8		12.303	9.658	0.314	73.49	2.44	12.83	116.60	3.08	20.01	30.39	1.57	9.46	136.97	2.27
		10		15.126	11.874	0.313	88.43	2.42	15.64	140.09	3.04	24.76	36.77	1.56	11.08	171.74	2.35

(续)

角钢号数	尺寸 /mm b	d	r	截面面积 $\times 10^2$ /mm^2	理论重量 $\times 9.8$ /(N/m)	外表面积 /(m^2/m)	参考数值											
							$x-x$			x_0-x_0			y_0-y_0			x_1-x_1		$z_0 \times 10$ /mm
							$I_x \times 10^4$ /mm^4	$i_x \times 10$ /mm	$W_x \times 10^3$ /mm^3	$I_{x0} \times 10^4$ /mm^4	$i_{x0} \times 10$ /mm	$W_{x0} \times 10^3$ /mm^3	$I_{y0} \times 10^4$ /mm^4	$i_{y0} \times 10$ /mm	$W_{y0} \times 10^3$ /mm^3	$I_{x1} \times 10^4$ /mm^4	
9	90	6	9	10.637	8.350	0.354	82.77	2.79	12.61	131.26	3.51	20.63	34.28	1.80	9.95	145.87	2.44
		7		12.301	9.656	0.354	94.83	2.78	14.54	150.47	3.50	23.64	39.18	1.78	11.19	170.30	2.48
		8		13.944	10.946	0.353	106.47	2.76	16.42	163.97	3.48	26.55	43.97	1.78	12.35	194.80	2.52
		10		17.167	13.476	0.353	128.58	2.74	20.07	203.90	3.45	32.04	53.26	1.76	14.52	244.07	2.59
		12		20.306	15.940	0.352	149.22	2.71	23.57	236.21	3.41	37.12	62.22	1.75	16.49	293.76	2.67
10	100	6	12	11.932	9.366	0.393	114.95	3.01	15.68	181.98	3.90	25.74	47.92	2.00	12.69	200.07	2.67
		7		13.796	10.830	0.933	131.86	3.09	18.10	208.97	3.89	29.55	54.74	1.99	14.26	233.54	2.71
		8		15.638	12.276	0.393	148.24	3.08	20.47	235.07	3.88	33.24	61.41	1.98	15.75	267.09	2.76
		10		19.261	15.120	0.392	179.51	3.05	25.06	284.68	3.84	40.26	74.35	1.96	18.54	334.48	2.84
		12		22.800	17.898	0.391	208.90	3.03	29.48	330.95	3.81	46.80	86.84	1.95	21.08	402.34	2.91
		14		26.256	20.611	0.391	236.53	3.00	33.73	374.06	3.77	52.90	99.00	1.94	23.44	470.75	2.99
		16		29.627	23.257	0.390	262.53	2.98	37.82	414.16	3.74	58.57	110.89	1.94	25.63	539.9	3.06
11	110	7	12	15.196	11.928	0.433	177.16	3.41	22.05	280.94	4.30	36.12	73.38	2.20	17.51	310.64	2.96
		8		17.238	13.532	0.433	199.46	3.40	24.95	316.49	4.28	40.69	82.42	2.19	19.39	355.20	3.01
		10		21.261	16.690	0.432	242.19	3.38	30.60	384.39	4.25	49.42	99.98	2.17	22.91	444.65	3.09
		12		25.200	19.782	0.431	282.55	3.35	36.05	448.17	4.22	57.62	116.93	2.15	26.15	534.60	3.16
		14		29.056	22.809	0.431	320.71	3.32	41.31	508.01	4.18	65.31	133.40	2.14	29.14	625.16	3.24
12	125	8	14	19.750	15.540	0.492	297.03	3.88	35.52	470.89	4.88	53.28	123.16	2.50	25.86	521.01	3.37
		10		24.373	19.133	0.491	361.67	3.85	39.97	573.89	4.85	64.93	149.46	2.48	30.62	651.93	3.45
		12		28.912	22.696	0.491	423.16	3.83	41.17	671.44	4.82	75.96	174.88	2.46	35.03	783.42	3.53
		14		33.367	26.193	0.490	481.65	3.80	54.16	763.73	4.78	86.41	199.57	2.45	39.13	915.61	3.61
14	140	10	14	27.373	21.488	0.551	514.65	4.34	50.58	817.27	5.46	82.56	212.04	2.78	39.20	915.11	3.82
		12		32.512	25.522	0.551	603.68	4.31	59.80	958.79	5.43	96.85	248.57	2.76	45.02	1099.28	3.90
		14		37.567	29.490	0.550	688.81	4.28	68.75	1093.56	5.40	110.47	284.06	2.75	50.45	1284.22	3.98
		16		42.539	33.393	0.549	770.24	4.26	77.46	1221.81	5.36	123.42	318.67	2.74	55.55	1470.07	4.06

(续)

角钢号数	尺寸/mm b	尺寸/mm d	尺寸/mm r	截面面积×10² /mm²	理论重量×9.8 /(N/m)	外表面积 /(m²/m)	参考数值 $x-x$ $I_x \times 10^4$ /mm⁴	$i_x \times 10$ /mm	$W_x \times 10^3$ /mm³	x_0-x_0 $I_{x0} \times 10^4$ /mm⁴	$i_{x0} \times 10$ /mm	$W_{x0} \times 10^3$ /mm³	y_0-y_0 $I_{y0} \times 10^4$ /mm⁴	$i_{y0} \times 10$ /mm	$W_{y0} \times 10^3$ /mm³	x_1-x_1 $I_{x1} \times 10^4$ /mm⁴	$z_0 \times 10$ /mm
16	160	10	16	31.502	24.729	0.630	779.53	4.98	66.70	1237.30	6.27	109.36	321.76	3.20	52.76	1365.33	4.31
		12		37.441	29.391	0.630	916.58	4.95	78.98	1455.68	6.24	128.67	377.49	3.18	60.74	1639.57	4.39
		14		43.296	33.987	0.629	1048.36	4.92	90.95	1665.02	6.20	147.17	431.70	3.16	68.244	1914.68	4.47
		16		49.067	38.518	0.629	1175.08	4.89	102.63	1865.57	6.17	164.89	484.59	3.14	75.31	2190.82	4.55
18	180	12	16	42.241	33.159	0.710	1321.35	5.59	100.82	2100.10	7.05	165.00	542.61	3.58	78.41	2332.80	4.89
		14		48.896	38.388	0.709	1514.48	5.56	116.25	2407.42	7.02	189.14	625.53	3.56	88.38	2723.48	4.97
		16		55.467	43.542	0.709	1700.99	5.54	131.13	2703.37	6.98	212.40	698.60	3.55	97.83	3115.29	5.05
		18		61.955	48.634	0.708	1875.12	5.50	145.64	2988.24	6.94	234.78	762.01	3.51	105.14	3502.43	5.13
20	200	14	18	54.642	42.894	0.788	2103.55	6.20	144.70	3343.26	7.82	236.40	863.83	3.98	111.82	3734.10	5.46
		16		62.013	48.680	0.788	2366.15	6.18	163.65	3760.89	7.79	265.93	971.41	3.96	123.96	4270.39	5.54
		18		69.301	54.401	0.787	2620.64	6.15	182.22	4164.54	7.75	294.48	1076.74	3.94	135.52	4808.13	5.62
		20		76.505	60.056	0.787	2867.30	6.12	200.42	4554.55	7.72	322.06	1180.04	3.93	146.55	5347.51	5.69
		24		90.661	71.168	0.785	2338.52	6.07	236.17	5294.97	7.64	374.41	1381.53	3.90	166.55	6457.16	5.87

注:1. $r_1 = \frac{1}{3}d, r_2 = 0, r_0 = 0$;
2. 角钢长度:2~4号,长3~9m;4.5~8号,长4~12m;9~14号,长4~19m;16~20号,长6~19m;
3. 一般采用材料:Q215A,Q235A,Q215AF

表Ⅲ-2 热轧不等边角钢（GB/T 706—2008）

B ——长边宽度；
d ——边厚；
r_1 ——边端内弧半径；
r_0 ——顶端圆弧半径；
i ——惯性半径；
x_0 ——重心距离；

b ——短边宽度；
r ——内圆弧半径；
r_2 ——边端外弧半径；
I ——惯性矩；
W ——截面系数；
y_0 ——重心距离。

角钢号数	尺寸/mm				截面面积 ×10² /mm²	理论重量 ×9.8 /(N/m)	外表面积 /(m²/m)	参考数值													
								$x-x$			$y-y$			x_1-x_1		y_1-y_1		$u-u$			
	B	b	d	r				$I_x \times 10^4$ /mm⁴	$i_x \times 10$ /mm	$W_x \times 10^3$ /mm³	$I_y \times 10^4$ /mm⁴	$i_y \times 10$ /mm	$W_y \times 10^3$ /mm³	$I_{x1} \times 10^4$ /mm⁴	$y_0 \times 10$ /mm	$I_{y1} \times 10^4$ /mm⁴	$x_0 \times 10$ /mm	$I_u \times 10^4$ /mm⁴	$i_u \times 10$ /mm	$W_u \times 10^3$ /mm³	$\tan\alpha$
2.5/1.6	25	16	3	3.5	1.162	0.912	0.080	0.70	0.78	0.43	0.22	0.44	0.19	1.56	0.86	0.43	0.42	0.14	0.34	0.16	0.392
			4		1.499	1.176	0.079	0.88	0.77	0.55	0.27	0.43	0.24	2.09	0.90	0.59	0.46	0.17	0.34	0.20	0.381
3.2/2	32	20	3		1.492	1.171	0.102	1.53	1.01	0.72	0.46	0.55	0.30	3.27	1.08	0.82	0.49	0.28	0.43	0.25	0.382
			4		1.939	1.522	0.101	1.93	1.00	0.93	0.57	0.54	0.39	4.37	1.12	1.12	0.53	0.35	0.42	0.32	0.374
4/2.5	40	25	3	4	1.890	1.484	0.127	3.08	1.28	1.15	0.93	0.70	0.49	6.39	1.32	1.59	0.59	0.56	0.54	0.40	0.386
			4		2.467	1.936	0.127	3.93	1.26	1.49	1.18	0.69	0.63	8.53	1.37	2.14	0.63	0.71	0.54	0.52	0.381
4.5/2.8	45	28	3	5	2.149	1.687	0.143	4.45	1.44	1.47	1.34	0.79	0.62	9.10	1.47	2.23	0.64	0.80	0.61	0.51	0.383
			4		2.806	2.203	0.143	5.69	1.42	1.91	1.70	0.78	0.80	12.13	1.51	3.00	0.68	1.02	0.60	0.66	0.380
5/3.2	50	32	3	3.5	2.431	1.908	0.161	6.24	1.60	1.84	2.02	0.91	0.82	12.49	1.60	3.31	0.73	1.20	0.70	0.68	0.404
			4		3.177	2.494	0.160	8.02	1.59	2.39	2.58	0.90	1.06	16.65	1.65	4.45	0.77	1.53	0.69	0.87	0.402
5.6/3.6	56	36	3	6	2.743	2.153	0.181	8.88	1.80	2.32	2.92	1.03	1.05	17.54	1.78	4.70	0.80	1.73	0.79	0.87	0.408
			4		3.590	2.818	0.180	11.45	1.79	3.03	3.76	1.02	1.37	23.39	1.82	6.33	0.85	2.23	0.79	1.13	0.408
			5		4.415	3.466	0.180	13.86	1.77	3.71	4.49	1.01	1.65	29.25	1.87	7.94	0.88	2.67	0.78	1.36	0.404

(续)

角钢号数	尺寸/mm					截面面积 $\times 10^2$ /mm²	理论重量 $\times 9.8$ /(N/m)	外表面积 /(m²/m)	参考数值														
									$x-x$				$y-y$				x_1-x_1		y_1-y_1		$u-u$			
	B	b	d		r				$I_x \times 10^4$ /mm⁴	$i_x \times 10$ /mm	$W_x \times 10^3$ /mm³	$I_y \times 10^4$ /mm⁴	$i_y \times 10$ /mm	$W_y \times 10^3$ /mm³	$I_{x1} \times 10^4$ /mm⁴	$y_0 \times 10$ /mm	$I_{y1} \times 10^4$ /mm⁴	$x_0 \times 10$ /mm	$I_u \times 10^4$ /mm⁴	$i_u \times 10$ /mm	$W_u \times 10^3$ /mm³	$\tan\alpha$
6.3/4	63	40	4		7	4.058	3.185	0.202	16.49	2.02	3.87	5.23	1.14	1.70	33.30	2.04	8.63	0.92	3.12	0.88	1.40	0.398
			5			4.993	3.920	0.202	20.02	2.00	4.47	6.31	1.12	2.71	41.63	2.08	10.86	0.95	3.76	0.87	1.71	0.396
			6			5.908	4.638	0.201	23.36	1.96	5.59	7.29	1.11	2.43	49.98	2.12	43.12	0.99	4.34	0.86	1.99	0.393
			7			6.802	5.339	0.201	26.53	1.98	6.40	8.2.4	1.10	2.78	58.07	2.15	15.47	1.03	4.97	0.86	2.29	0.389
7/4.5	70	45	4		7.5	4.547	3.570	0.226	23.17	2.26	4.36	7.55	1.29	2.17	45.92	2.24	12.26	1.02	4.40	0.98	1.77	0.410
			5			5.609	4.403	0.225	27.95	2.23	5.92	9.13	1.28	2.65	57.10	2.28	15.39	1.06	5.40	0.98	2.19	0.407
			6			6.647	5.218	0.225	32.54	2.21	6.95	10.62	1.26	3.12	68.35	2.32	18.58	1.09	6.35	0.98	2.19	0.407
			7			7.657	6.011	0.255	37.22	2.20	8.03	12.01	1.25	3.57	79.99	3.26	21.84	1.13	7.16	0.97	2.94	0.402
(7.5/5)	75	50	5		8	6.125	4.804	0.245	34.86	2.39	6.83	12.61	1.44	3.30	70.00	2.40	21.04	1.17	7.41	1.10	2.74	0.435
			6			7.260	5.699	0.245	41.12	2.38	8.12	14.70	1.42	3.88	84.30	2.44	25.37	1.21	8.54	1.08	3.19	0.435
			8			9.467	7.431	0.244	52.39	2.35	10.52	18.53	1.40	4.99	112.50	2.52	34.23	1.29	10.87	1.07	4.10	0.429
			10			11.590	9.098	0.244	62.71	2.33	12.79	21.96	1.38	6.04	140.80	2.60	43.43	1.36	13.10	1.06	4.99	0.423
8/5	80	50	5		8	6.375	5.005	0.225	41.96	2.56	7.78	12.82	1.42	3.32	85.21	2.60	21.06	1.14	7.66	1.10	2.74	0.388
			6			7.560	5.935	0.255	49.49	2.56	9.25	14.95	1.41	3.91	102.53	2.65	25.41	1.18	8.85	1.08	3.20	0.387
			7			8.724	6.848	0.255	56.16	2.54	10.58	16.96	1.39	4.48	119.33	2.69	29.82	1.21	10.18	1.08	3.70	0.384
			8			9.867	7.745	0.254	62.83	2.52	11.92	18.85	1.38	5.03	136.41	2.73	34.32	1.25	11.38	1.07	4.16	0.381
9/5.6	90	56	5		8	7.212	5.661	0.287	60.45	2.90	9.92	18.32	1.59	4.21	121.32	2.91	29.53	1.25	10.98	1.23	3.49	0.385
			6			8.557	6.717	0.286	71.03	2.88	11.74	21.42	1.58	4.96	145.59	2.95	35.58	1.29	12.90	1.23	4.18	0.384
			7			9.880	7.756	0.286	81.01	2.86	13.49	24.36	1.57	5.70	169.66	3.00	41.71	1.33	14.67	1.22	4.72	0.382
			8			11.183	8.779	0.286	91.03	2.85	15.27	27.15	1.56	6.41	194.17	3.04	47.93	1.36	16.34	1.21	5.29	0.380

263

(续)

角钢号数	尺寸/mm				截面面积 $\times 10^2$ /mm^2	理论重量 $\times 9.8$ /(N/m)	外表面积 /(m^2/m)	参考数值													
								$x-x$				$y-y$			x_1-x_1		y_1-y_1		$u-u$			
	B	b	d	r				$I_x \times 10^4$ /mm^4	$i_x \times 10$ /mm	$W_x \times 10^3$ /mm^3	$I_y \times 10^4$ /mm^4	$i_y \times 10$ /mm	$W_y \times 10^3$ /mm^3	$I_{x1} \times 10^4$ /mm^4	$y_0 \times 10$ /mm	$I_{y1} \times 10^4$ /mm^4	$x_0 \times 10$ /mm	$I_u \times 10^4$ /mm^4	$i_u \times 10$ /mm	$W_u \times 10^3$ /mm^3	$\tan\alpha$
10/6.3	100	63	6	10	9.617	7.550	0.320	99.06	3.21	14.64	30.94	1.79	6.35	199.71	3.24	50.50	1.43	18.42	1.38	5.25	0.394
			7		11.111	8.722	0.320	113.45	3.29	16.88	35.26	1.78	7.29	233.00	3.28	59.14	1.47	21.00	1.38	6.02	0.393
			8		12.584	9.878	0.319	127.37	3.18	19.03	39.39	1.77	8.21	266.32	3.32	67.88	1.50	23.50	1.37	6.78	0.391
			10		15.467	12.142	0.319	153.81	3.15	23.32	47.12	1.74	9.98	333.06	3.40	85.73	1.58	28.33	1.35	8.24	0.387
10/8	100	80	6	10	10.637	8.350	0.354	107.04	3.17	15.19	61.24	2.40	10.16	199.83	2.95	102.68	1.97	31.65	1.72	8.37	0.627
			7		12.301	9.656	0.354	122.73	3.16	17.52	70.08	2.39	11.71	233.20	3.00	119.98	2.01	36.17	1.72	9.60	0.626
			8		13.944	10.946	0.353	137.92	3.14	19.81	78.58	2.37	13.21	266.61	3.04	137.37	2.05	40.58	1.71	10.80	0.625
			10		17.167	13.476	0.353	166.87	3.12	24.24	94.65	2.35	16.12	333.63	3.12	172.48	2.13	49.10	1.69	13.12	0.622
11/7	110	70	6	10	10.637	8.350	0.354	133.37	3.54	17.85	42.92	2.01	7.90	265.78	3.53	69.08	1.57	25.36	1.54	6.53	0.403
			7		12.301	9.656	0.354	153.00	3.53	20.60	49.01	2.00	9.09	310.07	3.57	80.82	1.61	28.95	1.53	7.50	0.402
			8		13.944	10.946	0.353	172.04	3.51	23.30	54.87	1.98	10.25	354.39	3.62	92.70	1.65	32.45	1.53	8.45	0.401
			10		17.167	13.476	0.353	208.39	3.43	28.54	65.88	1.96	12.48	443.13	3.70	116.83	1.72	39.20	1.51	10.29	0.397
12.5/8	125	80	7	11	14.096	11.066	0.403	227.93	4.02	26.26	74.42	2.03	12.01	454.99	4.01	120.32	1.80	43.81	1.76	9.92	0.408
			8		15.989	12.551	0.403	256.77	4.01	30.41	83.49	2.28	13.56	519.99	4.06	137.85	1.84	49.15	1.75	11.18	0.407
			10		19.712	15.474	0.402	321.04	3.98	37.33	100.67	2.26	16.56	650.09	4.14	173.40	1.92	59.45	1.74	13.64	0.404
			12		23.351	18.330	0.402	364.41	3.95	44.01	116.67	2.24	19.43	780.39	4.22	209.67	2.00	63.35	1.72	16.01	0.400

（续）

角钢号数	尺寸/mm				截面面积 $\times 10^2$ /mm²	理论重量 $\times 9.8$ /(N/m)	外表面积 /(m²/m)	参考数值														
								$x-x$			$y-y$			x_1-x_1		y_1-y_1		$u-u$			
	B	b	d	r				$I_x \times 10^4$ /mm⁴	$i_x \times 10$ /mm	$W_x \times 10^3$ /mm³	$I_y \times 10^4$ /mm⁴	$i_y \times 10$ /mm	$W_y \times 10^3$ /mm³	$I_{x1} \times 10^4$ /mm⁴	$y_0 \times 10$ /mm	$I_{y1} \times 10^4$ /mm⁴	$x_0 \times 10$ /mm	$I_u \times 10^4$ /mm⁴	$i_u \times 10$ /mm	$W_u \times 10^3$ /mm³	$\tan\alpha$
14/9	140	90	8	12	18.038	14.160	0.453	365.64	4.50	38.48	120.69	2.59	17.34	730.53	4.50	195.79	2.04	70.83	1.98	14.31	0.411
			10		22.261	17.575	0.452	445.50	4.47	47.31	146.03	2.56	21.22	913.20	4.58	245.92	2.12	85.82	1.96	17.48	0.409
			12		26.400	20.724	0.451	521.59	4.44	55.87	169.79	2.54	24.95	1096.09	4.66	296.89	2.19	100.21	1.95	20.51	0.406
			14		30.456	23.908	0.451	594.10	4.42	64.18	192.10	2.51	28.54	1279.26	4.74	348.82	2.27	114.13	1.94	23.52	0.403
16/10	160	100	10	13	25.315	19.872	0.512	668.69	5.14	62.13	205.03	2.85	26.56	1362.89	5.24	336.59	2.28	121.74	2.19	21.92	0.390
			12		30.054	23.592	0.511	784.91	5.11	73.49	239.06	2.82	31.28	1635.56	5.32	405.94	2.36	132.33	2.17	25.79	0.388
			14		34.709	27.247	0.510	896.30	5.08	84.56	271.20	2.80	35.83	1908.50	5.40	476.42	2.43	162.23	2.16	26.56	0.385
			16		39.281	30.835	0.510	1003.04	5.05	95.33	301.60	2.77	40.24	2181.79	5.48	548.22	2.51	182.57	2.16	33.44	0.382
18/11	180	110	10	14	28.373	22.273	0.571	956.25	5.80	78.96	278.11	3.13	32.49	1940.40	5.89	447.22	2.44	166.50	2.42	26.88	0.376
			12		33.712	26.464	0.571	1124.72	5.78	93.53	325.03	3.10	38.32	2328.38	5.98	538.94	2.52	194.87	2.40	31.66	0.374
			14		38.967	30.589	0.570	1286.91	5.75	107.76	369.55	3.08	43.97	2716.60	6.06	631.95	2.59	222.30	2.39	36.32	0.372
			16		44.139	34.649	0.569	1443.06	5.72	121.64	411.85	3.06	49.44	310.15	6.14	726.46	2.67	248.94	2.38	40.87	0.369
20/12.5	200	125	12	14	37.912	29.761	0.641	1570.90	6.44	116.43	483.16	3.57	49.99	3193.85	6.54	787.74	2.83	285.79	2.74	41.23	0.392
			14		43.867	34.436	0.640	1800.97	6.41	134.65	550.83	3.54	57.44	372.67	6.62	922.47	2.91	326.58	2.73	47.34	0.360
			16		49.739	39.045	0.639	2023.35	6.38	152.18	615.44	3.52	64.69	4258.86	6.70	1058.86	2.99	366.21	2.71	53.32	0.388
			18		55.526	43.588	0.639	2238.30	6.35	169.33	677.19	3.49	71.74	4792.00	6.78	1197.13	3.06	404.83	2.70	59.18	0.385

注：1. $r_1 = \frac{1}{3}d, r_2 = 0$；

2. 角钢长度：2.5/1.6～5.6/3.6号，长3～9m；6.3/4～9/5.6号，长4～12m；10/6.3～14/9号，长4～19m；16/10～20/12.5号，长6～19m；

3. 一般采用材料：Q215A，Q235A，Q215AF

表Ⅲ-3 热轧普通槽钢(GB/T 706—2008)

h——高度；
b——腿宽；
d——腰厚；
t——平均腿厚；
r——内圆弧半径；
r_1——腿端圆弧半径；
I——惯性矩；
W——截面系数；
i——惯性半径；
z_0——$y-y$ 与 y_1-y_1 轴线间距离。

型号	尺寸/mm						截面面积 $\times 10^2$ /mm²	理论重量 $\times 9.8$ /(N/m)	参考数值								
									$x-x$			$y-y$			y_1-y_1		$z_0 \times 10$ /mm
	h	b	d	t	r	r_1			$W_x \times 10^2$ /mm²	$I_x \times 10^4$ /mm⁴	$i_x \times 10^3$ /mm³	$W_y \times 10^3$ /mm³	$I_y \times 10^4$ /mm⁴	$i_y \times 10$ /mm	$I_{y1} \times 10^4$ /mm⁴		
5	50	37	4.5	7	7	3.5	6.93	5.44	10.4	26.0	1.64	3.55	8.3	1.10	20.9		1.35
6.3	63	40	4.8	7.5	7.5	3.75	8.45	6.63	16.1	50.8	2.45	4.50	11.9	1.19	28.4		1.36
8	80	43	5	8	8	4	10.25	8.04	25.3	101.3	3.15	5.79	16.6	1.27	37.4		1.43
10	100	48	5.3	8.5	8.5	4.25	12.75	10.00	39.7	198.3	3.95	7.80	25.6	1.41	54.9		1.52
12.6	126	53	5.5	9	9	4.5	15.69	12.23	62.1	391.4	4.95	10.24	38.0	1.57	77.1		1.59
14a	140	58	6	9.5	9.5	4.75	18.51	14.53	80.5	563.7	5.52	13.01	53.2	1.70	107.1		1.71
14b	140	60	8	9.5	9.5	4.75	21.31	16.73	87.1	609.4	5.35	14.12	61.1	1.69	120.6		1.67
16a	160	63	6.5	10	10	5	21.9	17.24	108.3	866.2	6.28	16.30	73.3	1.83	144.1		1.80
16	160	65	8.5	10	10	5	625.16	19.75	116.8	934.5	6.10	17.35	83.4	1.82	160.8		1.75
18a	180	68	7	10.5	10.5	5.25	25.69	20.17	141.41	1272.7	7.04	20.03	98.6	1.96	189.7		1.88
18	180	70	9	10.5	10.5	5.25	29.29	22.99	52.2	1369.9	6.84	21.52	111	1.95	210.1		1.84

(续)

型号	尺寸/mm						截面面积 $\times 10^2$ /mm²	理论重量 $\times 9.8$ /(N/m)	参考数值							
									$x-x$				$y-y$			y_1-y_1	$z_0 \times 10$ /mm
	h	b	d	t	r	r_1			$W_x \times 10^2$ /mm³	$I_x \times 10^4$ /mm⁴	$i_x \times 10^3$ /mm³	$W_y \times 10^3$ /mm³	$I_y \times 10^4$ /mm⁴	$i_y \times 10$ /mm	$I_{y1} \times 10^4$ /mm⁴	
20a	200	73	7.0	11.0	11.0	5.5	28.83	22.63	178	1780	7.86	24.2	128.6	2.11	244.0	2.01
20	200	75	9.0	11.0	11.0	5.5	32.83	25.77	191	1910	7.64	25.9	143.6	2.09	268.4	1.95
22a	220	77	7.0	11.5	11.5	5.8	31.84	24.99	218	2390	8.67	28.2	157.8	2.23	298.2	2.10
22	220	79	9.0	11.5	11.5	5.8	36.24	28.45	234	2570	8.42	30.1	176.4	2.21	326.3	2.03
25a	250	78	7.0	12.0	12.0	6.0	34.91	27.41	270	3370	9.823	30.6	175.53	2.24	322.26	2.07
25b	250	80	9.0	12.0	12.0	6.0	39.91	31.33	282	3530	9.405	32.7	196.42	2.22	353.19	1.98
25c	250	82	11.0	12.0	12.0	6.0	44.91	35.26	295	3690	9.065	35.9	218.42	2.21	384.13	1.92
28a	280	82	7.5	12.5	12.5	6.2	40.03	31.42	340	4760	10.91	35.7	217.99	2.33	387.57	2.10
28b	280	84	9.5	12.5	12.5	6.2	45.63	35.82	366	5130	10.60	37.9	242.14	2.30	427.59	2.02
28c	280	86	11.5	12.5	12.5	6.2	51.23	40.21	393	5500	10.35	40.3	267.60	2.29	426.60	1.95
32a	320	88	8.0	14.0	14.0	7.0	48.51	38.08	475	7600	12.49	46.5	304.79	2.50	552.31	2.24
32b	320	90	10.0	14.0	14.0	7.0	54.91	43.10	509	8140	12.15	49.2	336.33	2.47	592.93	2.16
32c	320	92	12.0	14.0	14.0	7.0	61.31	48.13	543	8690	11.88	52.6	374.18	2.47	643.30	2.09
36a	360	96	9.0	16.0	16.0	8.0	60.91	47.81	660	11900	13.97	63.5	455.0	2.73	818.40	2.44
36b	360	98	11.0	16.0	16.0	8.0	68.11	53.46	703	12700	13.63	66.9	496.7	2.70	880.40	2.37
36c	360	100	13.0	16.0	16.0	8.0	75.31	59.11	746	13400	13.36	70.0	536.4	2.67	947.90	2.34
40a	400	100	10.5	18.0	18.0	9.0	75.06	58.92	879	17600	15.30	78.8	592.0	2.81	1067.70	2.49
40b	400	102	12.5	18.0	18.0	9.0	83.06	65.20	932	18600	14.98	82.5	640.0	2.78	1135.60	2.44
40c	400	104	14.5	18.0	18.0	9.0	91.06	71.48	986	19700	14.71	86.2	687.8	2.75	1220.70	2.42

注：1. 槽钢长度：5～8号，长5～12m；10～18号，长5～19m；20～40号，长6～19m；
2. 一般采用材料：Q215A，Q235A，Q235AF

表Ⅲ-4 热轧普通工字钢（GB/T 706—2008）

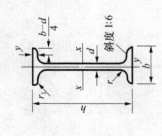

h——高度；
b——腿宽度；
d——腰厚度；
t——平均腿厚度；
r——内圆弧半径；
r_1——腿端圆弧半径；
I——惯性矩；
W——截面系数；
i——惯性半径；
s_0——半截面的静力矩。

型号	尺寸/mm						截面面积 $\times 10^2$ /mm²	理论重量 $\times 9.8$ /(N/m)	参考数值							
									$x-x$				$y-y$			
	h	b	d	t	r	r_1			$I_x \times 10^4$ /mm⁴	$W_x \times 10^3$ /mm³	$i_x \times 10^3$ /mm	$I_x : S_x$	$I_y \times 10^4$ /mm⁴	$W_y \times 10^3$ /mm³	$i_y \times 10$ /mm
10	100	68	4.5	7.6	6.5	3.3	14.3	11.2	245	49.0	4.14	8.59	33.0	9.72	1.52
12.6	126	74	5	8.4	7	3.5	18.1	14.2	488	77.5	5.20	10.85	46.9	12.70	1.51
14	140	80	5.5	9.1	7.5	3.8	21.5	16.9	712	102	5.76	12.0	64.4	16.1	1.73
16	160	88	6	9.9	8	4	26.1	20.5	1130	141	6.58	13.8	93.1	21.2	1.89
18	180	94	6.5	10.7	8.5	4.3	30.6	24.1	1660	185	7.36	15.4	122	26.0	2.00
20a	200	100	7	11.4	9	4.5	35.5	27.9	2370	237	8.15	17.2	158	31.5	2.12
20b	200	102	9	11.4	9	4.5	39.5	31.1	2500	250	7.96	16.9	169	33.1	2.06
22a	220	110	7.5	12.3	9.5	4.8	42	33.1	3400	309	8.99	18.9	225	40.9	2.31
22b	220	112	9.5	12.3	9.5	4.8	46.4	36.5	3570	325	8.78	18.7	239	42.7	2.27
25a	250	116	8	13	10	5	48.5	38.1	5020	402	10.18	21.58	280	48.3	2.40
25b	250	118	10	13	10	5	53.5	42.0	5280	423	9.94	21.27	309	52.4	2.40
32a	320	130	9.5	15	11.5	5.8	67.05	52.7	11100	692	12.84	27.46	460	70.8	2.62
32b	320	132	11.5	15	11.5	5.8	73.45	57.7	11600	726	12.58	27.09	502	76.0	2.61
32c	320	134	13.5	15	11.5	5.8	79.95	62.8	12200	760	12.34	26.77	544	81.2	2.61

(续)

型号	尺寸/mm						截面面积 ×10² /mm²	理论重量 ×9.8 /(N/m)	参考数值						
									$x-x$				$y-y$		
	h	b	d	t	r	r_1			$I_x \times 10^4$ /mm⁴	$W_x \times 10^3$ /mm³	$i_x \times 10^3$ /mm	$I_x:S_x$	$I_y \times 10^4$ /mm⁴	$W_y \times 10^3$ /mm³	$i_y \times 10$ /mm
36a	360	136	10	15.8	12	6	76.3	60.0	15800	875	14.40	30.7	552	81.2	2.69
36b	360	138	12	15.8	12	6	83.5	65.7	16500	919	14.10	30.3	582	84.3	2.64
36c	360	140	14	15.8	12	6	90.7	71.3	17300	962	13.80	29.9	612	87.4	2.60
40a	400	142	10.5	16.5	12.5	6.3	86.1	67.6	21700	1090	15.90	34.1	660	93.2	2.77
40b	400	142	12.5	16.5	12.5	6.3	94.1	73.0	22800	1140	15.60	33.6	692	96.2	2.71
40c	400	142	14.5	16.5	12.5	6.3	102	80.2	23900	1190	15.20	33.2	727	99.6	2.65
45a	450	150	11.5	18	13.5	6.8	102	80.4	32200	1430	17.70	38.6	855	114	2.89
45b	450	152	13.5	18	13.5	6.8	111	87.5	33800	1500	17.40	38	894	118	2.84
45c	450	154	15.5	18	13.5	6.8	120	94.5	35300	1570	17.10	37.6	938	122	2.79
50a	500	158	12	20	14	7	119	93.6	46500	1860	19.70	42.8	1120	142	3.07
50b	500	160	14	20	14	7	129	101.5	48600	1940	19.40	42.4	1170	146	3.01
50c	500	162	16	20	14	7	139	109.4	50600	2080	19.00	41.8	1220	151	2.96
56a	560	166	12.5	21	14.5	7.3	135.25	106.3	65600	2340	22.02	47.73	1370	165	3.18
56b	560	168	14.5	21	14.5	7.3	146.45	115.1	68500	2450	21.63	47.17	1490	174	3.16
56c	560	170	16.5	21	14.5	7.3	157.85	123.9	71400	2550	21.27	46.66	1560	183	3.16
63a	630	176	13	22	15	7.5	154.9	121.4	93900	2980	24.52	54.17	1700	193	3.31
63b	630	178	15	22	15	7.5	167.5	131.3	98000	3160	24.20	53.51	1812	204	3.29
63c	630	180	17	22	15	7.5	180.1	141.2	102000	3300	23.82	52.92	1924	214	3.27

注:1. 工字钢长度:10~18号,长5~19m;20~63号,长6~19m;
2. 一般采用材料:Q215A,Q235A,Q235AF

附录Ⅳ 部分习题参考答案

第1章

1-1 $m_A(F)=0, m_B(F)=\sqrt{2}Fr, m_C(F)=\sqrt{2}Fr, m_D(F)=\dfrac{\sqrt{2}-2}{2}Fr$。

1-2 $m_A(F_1)=-1050\text{kN}\cdot\text{m}, m_A(F_2)=133.63\text{kN}\cdot\text{m}$,
$m_A(G_1)=1680\text{kN}\cdot\text{m}, m_A(G_2)=360\text{kN}\cdot\text{m}$。

第2章

2-1 $F_R=2.77\text{kN}, \alpha=6°12'$。

2-2 $F_{NA}=F_{NB}=0.707F$。

2-3 (a) $F_{AB}=0.577W$(拉力), $F_{AC}=-1.155W$(压力); (b) $F_{AB}=-0.577W$(压力), $F_{AC}=1.155W$(拉力); (c) $F_{AB}=0.5W$(拉力), $F_{AC}=-0.866W$(压力); (d) $F_{AB}=0.577W$(拉力), $F_{AC}=0.577W$(拉力)。

2-4 $F_{AC}=207\text{N}, F_{BC}=164\text{N}, AC$ 与 BC 两杆均受拉。

2-5 $F_A=0.5F, F_D=1.12F$。

2-6 (a) $F_A=31.62\text{kN}, F_B=14.14\text{kN}$, (b) $F_A=44.7\text{kN}, F_B=20\text{kN}$。

2-11 $F_A=416.67\text{N}, F_E=416.67\text{N}$。

2-12 $F_A=F_C=0.354\dfrac{M}{a}$。

2-7 (a) $F_A=F_B=\dfrac{M}{l}$; (b) $F_A=F_B=\dfrac{M}{l}$; (c) $F_A=F_B=\dfrac{M}{l\cos\theta}$。

2-8 $F_A=F_B=750\text{N}$。

2-9 $F_A=\sqrt{2}\dfrac{M}{l}$。

2-10 (a) $F_{Ay}=F(\downarrow), F_{Ax}=0, F_{By}=2F(\uparrow), F_{Bx}=0$;

(b) $F_{Ay}=\dfrac{M}{l}(\downarrow), F_{Ax}=0, F_{By}=\dfrac{M}{l}(\uparrow), F_{Bx}=0$;

(c) $F_{By}=F(\downarrow), F_{Bx}=0, M_B=2Fl$(逆时针);

(d) $F_{By}=\dfrac{3ql}{4}(\uparrow), F_{Bx}=0, M_B=-\dfrac{ql^2}{4}$(顺时针)。

2-13 (a) $F_{Ax}=0.4\text{kN}(\leftarrow), F_{Ay}=1.24\text{kN}(\uparrow), F_B=0.26\text{kN}(\uparrow)$;

(b) $F_{Ax}=2.12\text{kN}(\rightarrow), F_{Ay}=0.33\text{kN}(\uparrow), F_B=4.24\text{kN}(\nwarrow)$;

(c) $F_{Ax}=0, F_{Ay}=15\text{kN}(\uparrow), F_B=21\text{kN}(\uparrow)$。

2-14 $F_{Ax}=G\sin\alpha(\leftarrow), F_{Ay}=G(1+\cos\alpha)(\uparrow), M_A=G(1+\cos\alpha)b$(逆时针)。

2-15 $F_A=35\text{kN}(\downarrow), F_B=80\text{kN}(\uparrow), F_C=25\text{kN}, F_D=5\text{kN}(\downarrow)$。

2-16　(a) $F_{Ax}=100\text{kN}(\leftarrow),F_{Ay}=80\text{kN}(\downarrow),F_B=120\text{kN}(\uparrow),F_C=F_D=0$；(b) $F_{Ax}=50\text{kN}(\rightarrow),F_{Ay}=25\text{kN}(\uparrow),F_B=10\text{kN}(\downarrow),F_D=15\text{kN}(\uparrow)$。

2-17　$F_{Ax}=12\text{kN}(\rightarrow),F_{Ay}=1.5\text{kN}(\uparrow),F_B=10.5\text{kN}(\uparrow),F_{CB}=15\text{kN}(压力)$。

2-18　$F_{Ax}=20\text{kN}(\leftarrow),F_{Ay}=1.25\text{kN}(\downarrow),F_{Bx}=20\text{kN}(\rightarrow),F_{By}=11.25\text{kN}(\uparrow)$。

2-19　①动滑动摩擦力 $F'=32\text{N}$；②物体有向上滑动趋势；③$F=82.9\text{N}$。

2-20　①物体 A 先滑动；②物体 A 和 B 一起滑动。

2-21　$90°\geqslant\theta\geqslant\arctan\dfrac{1}{2f_{sA}}$。

第 3 章

3-1　$F_{1x}=-447\text{N},F_{1y}=0,F_{1z}=224\text{N},F_{2x}=-347\text{N},F_{2y}=-561\text{N},F_{2z}=187\text{N}$。

3-2　$M_x(\boldsymbol{F}_1)=-15\text{ N}\cdot\text{m},M_y(\boldsymbol{F}_1)=-20\text{N}\cdot\text{m},M_z(\boldsymbol{F}_1)=12\text{N}\cdot\text{m}$，
　　$M_x(\boldsymbol{F}_2)=M_y(\boldsymbol{F}_2)=M_z(\boldsymbol{F}_2)=0$，
　　$M_x(\boldsymbol{F}_3)=-16.4\text{N}\cdot\text{m},M_y(\boldsymbol{F}_3)=21.9\text{N}\cdot\text{m},M_z(\boldsymbol{F}_3)=-13.12\text{N}\cdot\text{m}$。

3-3　$F_{AD}=6\text{kN},F_{AC}=F_{AB}=3.67\text{kN}$。

3-4　$F_{TA}=F_{TB}=F_{TC}=W/3$。

3-5　$F_{TA}=F_{TB}=65.14\text{kN},F_{TC}=120.52\text{N}$。

3-6　$F_{By}=500\text{N},F_{Bz}=0,F_{Ax}=400\text{N},F_{Ay}=800\text{N},F_{Az}=500\text{N},T=0$。

3-7　$F=70.9\text{N},F_{By}=207\text{N},F_{Bz}=19\text{N},F_{Ay}=68.8\text{N},F_{Az}=47.6\text{N}$。

3-8　$F=12.67\text{kN},F_{Bz}=2.87\text{kN},F_{Bx}=7.89\text{kN},F_{Ax}=4.02\text{kN},F_{Az}=1.67\text{kN}$。

第 4 章

4-5　(a) $M_{T1}=m,M_{T2}=0$；
　　(b) $M_{T1}=m,M_{T2}=-m$；
　　(c) $M_{T1}=2\text{kN}\cdot\text{m},M_{T2}=1\text{kN}\cdot\text{m},M_{T3}=2\text{kN}\cdot\text{m}$；
　　(d) $M_{T1}=-1\text{kN}\cdot\text{m},M_{T2}=-3\text{kN}\cdot\text{m},M_{T3}=0$。

4-6　(a) $M_{T\max}=m$；(b) $M_{T\max}=m$；(c) $M_{T\max}=2\text{kN}\cdot\text{m}$；(d) $|M_T|_{\max}=3\text{kN}\cdot\text{m}$。

4-7　(1) $M_{T\max}=1273.4\text{kN}\cdot\text{m}$；(2) $M_{T\max}=955\text{kN}\cdot\text{m}$。

4-8　$T_{\max}=1\text{kN}\cdot\text{m}$。

4-9　$T_{\max}=30\text{kN}\cdot\text{m}$。

4-10　(a) $F_{QA+}=F,M_{A+}=0;F_{QC}=F,M_C=Fl/2;F_{QB-}=F,M_{B-}=Fl$；
　　(b) $F_{QA+}=-M_e/l,M_{A+}=M_e;F_{QC}=-M_e/l,M_C=M_e/2;F_{QB-}=-M_e/l,M_{B-}=0$；
　　(c) $F_{QA+}=Fb/(a+b),M_{A+}=0;F_{QC-}=Fb/(a+b),M_{C-}=Fab/(a+b);F_{QC+}=-Fa/(a+b),M_{C+}=Fab/(a+b);F_{QB-}=-Fa/(a+b),M_{B-}=0$；
　　(d) $F_{QA+}=ql/2,M_{A+}=-3ql^2/8;F_{QC-}=ql/2,M_{C-}=-ql^2/8;F_{QC+}=ql/2,M_{C+}=-ql^2/8;F_{QB-}=0,M_{B-}=0$；
　　(e) $F_{QC-}=0,M_{C-}=Fa;F_{QC+}=-F,M_{C+}=Fa;F_{QD+}=0,M_{D+}=0$；
　　(f) $F_{QC-}=2qa,M_{C-}=-qa^2/2;F_{QC+}=-2qa,M_{C+}=-3qa^2/2$；
　　(g) $F_{QC-}=-qa,M_{C-}=-qa^2/2;F_{QD+}=-3qa/2,M_{D+}=-2qa^2$；
　　(h) $F_{QC-}=-qa,M_{C-}=-2qa^2;F_{QC+}=2qa,M_{C+}=-2qa^2;F_{QD+}=2qa,M_{D+}=0$。

4–12 不正确,F 和 q 对 $m-m$ 截面上内力的影响,是通过 A、B 处的约束范例体现的。用平衡方程可求得 $F_A = \frac{1}{3}(2F + \frac{1}{2}qa)$,$F_B = \frac{1}{3}(F + \frac{5}{2}qa)$,指向均朝上。截面左侧的外力必须计及 F_A,右侧的外力必须计及 F_B。

4–13 (a) $F_{Q\max} = F, M_{\max} = -Fl/2$;
(b) $F_{Q\max} = -3ql/4, M_{\max} = -ql^2/4$;
(c) $F_{Q\max} = -5qal/8, M_{\max} = -qa^2/8$;
(d) $F_{Q\max} = -q_0l/3, M_{\max} = q_0l^2/(9\sqrt{3})$。

4–14 (a) $M_{\max} = Fl/4$;
(b) $M_{\max} = Fl/6$;
(c) $M_{\max} = Fl/6$;
(d) $M_{\max} = 3Fl/20$。
由各梁弯矩图知:(d)种加载方式使梁中的最大弯矩呈最小,故最大弯曲正应力最小,从强度方面考虑,此种加载方式最佳。

4–15 (a) $F_{Q\max} = F, M_{\max} = 2Fl$;
(b) $F_{Q\max} = ql/2, M_{\max} = ql^2/8$;
(c) $F_{Q\max} = ql/4, M_{\max} = ql^2/32$;
(d) $F_{Q\max} = 9ql/8, M_{\max} = ql^2$;
(e) $F_{Q\max} = ql/4, M_{\max} = -3ql^2/32$;
(f) $F_{Q\max} = -10ql/9, M_{\max} = 17\,ql^2/54$;
(g) $F_{Q\max} = F, M_{\max} = Fa$;
(h) $F_{Q\max} = 110\text{kN}, M_{\max} = 141.6\text{kN} \cdot \text{m}$。

4–16 当 $x = l/2 - d/4$ 时,C 截面弯矩最大,其弯矩值为 $M_{\max} = \frac{F}{2}(l-d) + \frac{Fd^2}{8l}$,因为结构对称性,$D$ 轮距离 B 端 $(l/2 - d/4)$ 处,D 截面弯矩最大,等于上面的 $M_{\max}$。

第 5 章

5–1 $\sigma_{\max} = \frac{F}{A} + \gamma L$。

5–2 (1) $F_2 = 62.5\text{kN}$;(2) $d_2 = 49.0\text{mm}$。

5–3 (1) 强度足够,$\sigma_{AB} = 82.9\text{MPa} < [\sigma], \sigma_{AC} = 131.8\text{MPa} < [\sigma]$;
(2) $F_{\max} = 68.6\text{kN}$。

5–4 $F = 21.2\text{kN}, \theta = 10.9°$。

5–5 $\sigma_{1-1} = 233.6\text{MPa}, \sigma_{2-2} = 159.2\text{MPa}$。

5–6 强度足够,$\sigma = 5.6\text{MPa} < [\sigma]$。

5–7 $d \geqslant 0.084\text{m}$。

5–8 $\sigma_{1-1} = 33.3\text{MPa}, \sigma_{2-2} = 100\text{MPa}, \sigma_{3-3} = 33.3\text{MPa}$。

5–9 (1) $W_{\max} = 188\text{N}, \alpha \geqslant 56.4°$;(2) $W_{\max} = 314\text{N}$。

5–10 $\sigma_{\max 1} = 78.7\text{MPa}, \sigma_{\max 2} = 86.6\text{MPa}$。

5–11 $W_{\max} = 40.4\text{kN}$。

5 – 12　$\sigma_{max} = 12.5 \text{MPa} < [\sigma]$，安全。

5 – 13　$W_{max} = 87.1 \text{kN}$。

第 6 章

6 – 1　(1) $\tau = 5\text{MPa}, \sigma_C = 12.5\text{MPa}$；(2) $l \geqslant 0.2\text{m}, a \geqslant 0.02\text{m}$。

6 – 2　$d \geqslant 15\text{mm}$。

6 – 3　强度满足，铆钉剪切 $\tau = 105.7\text{MPa} < [\tau]$；铆钉挤压 $\sigma_C = 141.2\text{MPa} < [\sigma_C]$；钢板拉伸 $\sigma = 28.9\text{MPa} < [\sigma]$。

6 – 4　$F_{max} = 50.2\text{kN}$。

6 – 5　校核铆钉的剪切强度 $\tau = 99.5\text{MPa} < [\tau]$；
校核铆钉的挤压强度 $\sigma_C = 125\text{MPa} < [\sigma_C]$；
板件的拉伸强度 $\sigma_1 = 125\text{MPa} < [\sigma], \sigma_2 = 125\text{MPa} < [\sigma]$。

6 – 7　$\tau = 1.59\text{MPa}, \sigma_C = 3.18\text{MPa}$。

6 – 8　$d \geqslant 0.04\text{m}$。

6 – 9　$d \geqslant 0.034\text{m}, \delta \leqslant 0.0104\text{m}$。

第 7 章

7 – 1　$\tau_{max} = 71.4\text{MPa}$。

7 – 2　$\tau_{max} = 12.1\text{MPa}$。

7 – 3　$\tau_{A max} = 33\text{MPa} < [\tau], \tau_{E max} = 29.3\text{MPa} < [\tau], \tau_{G max} = 9.78\text{MPa} < [\tau]$。

7 – 4　$\tau_{max} = 34.5\text{MPa}$。

7 – 5　$\tau_{max} = 76.4\text{MPa}$。

7 – 6　$\tau_{max} = 35.06\text{MPa}$。

7 – 7　$\tau_{max} = \dfrac{128m}{\pi d^3}$。

第 8 章

8 – 1　$\sigma_{max} = 58.6\text{MPa}, \sigma_{K max} = 43.9\text{MPa}$。

8 – 2　横放 $\sigma_{max} = 3.91\text{MPa}$；竖放 $\sigma_{max} = 1.95\text{MPa}$；比较 $\dfrac{\sigma_{max}(横放)}{\sigma_{max}(竖放)} = \dfrac{3.91}{1.95} \approx 2$。

8 – 3　$\sigma_{max}^+ = 2.67\text{MPa}, \sigma_{max}^- = 0.92\text{MPa}$。

8 – 4　$M_{max} = 9qa^2/32, \sigma_{max} = 67.5\text{MPa}$。

8 – 5　不安全，$M_{max A-} = -30\text{kN} \cdot \text{m}, M_{max A+} = 40\text{kN} \cdot \text{m}$；$\sigma_{A+}^+ = 60.4\text{MPa} > [\sigma^+], \sigma_{A+}^- = 37.6\text{MPa}, \sigma_{A-}^- = 45.3\text{MPa} < [\sigma^-]$。

8 – 6　$M_{max} = 3.75\text{kN} \cdot \text{m}, b \geqslant 32.7\text{mm}$。

8 – 7　$W \geqslant 125\text{cm}^3$，选取 16 工字钢。

8 – 8　$a = 1.385\text{m}$。

8 – 9　强度不够，C 截面 $\sigma_{t max} = 85.8\text{MPa} > [\sigma_t]$；$B$ 截面 $\sigma_{t max} = 58.5\text{MPa} > [\sigma_t], \sigma_{c max} = 152\text{MPa} > [\sigma_c]$。

第 9 章

9 – 1　$\Delta l = -0.2\text{mm}$。

9 - 2 $\Delta L = FL/EA + \gamma L^2/(2EA)$。

9 - 3 $\delta_A = -18.6\text{mm}, \delta_B = -11.7\text{mm}$。

9 - 4 (1) $F = 3\text{kN}$;(2) $\sigma_1 = 86\text{MPa}, \sigma_2 = 78\text{MPa}$。

9 - 5 $E = 2.05 \times 10^5 \text{MPa}, \mu = 0.317$。

9 - 6 $\Delta = 0.0125\text{mm}(\leftarrow)$。

9 - 7 $F = 68.9\text{kN}$。

9 - 8 强度条件 $D \geqslant 0.0272\text{m}$;刚度条件 $D \geqslant 0.0279\text{m}$;取 $D = 30\text{mm}$。

9 - 9 $\varphi_{AD} = 0.645°$。

9 - 10 $\varphi_{EA} = 0.0142\text{rad}$。

9 - 11 (2) $D = 85\text{mm}$。

9 - 12 $m_2 = 7.38\text{kN} \cdot \text{m}, m_3 = 4.38\text{kN} \cdot \text{m}, \tau_{\max} = 151\text{MPa}$。

9 - 13 $\varphi_{CA} = 0.124°, \varphi_{CB} = 0.247°$。

9 - 14 (1) $G = 81.5\text{GPa}$;(2) $\gamma = 9.37 \times 10^{-4}$。

9 - 15 $\varphi_{AE} = 8.5°$。

9 - 16 $\varphi = 1.02°$。

9 - 17 $\varphi_{AC} = -\dfrac{44ma}{G\pi d^4}, \theta_{\max} = \dfrac{32m}{G\pi d^4} \cdot \dfrac{180}{\pi}$。

9 - 18 (a) 两段,四个积分常数,边界条件 $x_1 = a, y_1 = 0; x_2 = 3a, y_2 = 0$ 连续条件 $x_1 = x_2 = a$ 处 $y'_1 = y'_2, y_1 = y_2$;

(b) 两段,四个积分常数,边界条件 $x_1 = 0, y'_1 = y_1 = 0$ 连续条件 $x_1 = x_2 = l/2$ 处, $y'_1 = y'_2, y_1 = y_2$;

(c) 不分段,两个积分常数,边界条件 $x = 0, y = 0; x = l, y = -\dfrac{qla}{2EA}, EA$ 为 BC 杆的抗拉强度;

(d) 两段,四个积分常数,边界条件 $x_1 = 0, y'_1 = y_1 = 0; x_2 = l + a, y_2 = 0$ 连续条件 $x_1 = x_2 = a$ 处 $y_1 = y_2$。

9 - 19 x 为截面距离 A 端的距离:

AC 段 $\theta_1(x) = \dfrac{1}{EI}\left[\dfrac{1}{16}qlx^2 - \dfrac{7}{384}ql^3\right], y_1(x) = \dfrac{1}{EI}\left[\dfrac{1}{48}qlx^3 - \dfrac{7}{384}ql^3 x\right]$;

CB 段 $\theta_2(x) = \dfrac{1}{EI}\left[\dfrac{1}{16}qlx^2 - \dfrac{1}{6}q\left(x - \dfrac{l}{2}\right)^3 - \dfrac{7}{384}ql^3\right]$,

$y_2(x) = \dfrac{1}{EI}\left[\dfrac{1}{48}qlx^3 - \dfrac{1}{24}q\left(x - \dfrac{l}{2}\right)^4 - \dfrac{7}{384}ql^3 x\right]$;

$|\theta|_{\max} = \dfrac{9ql^3}{384EI}, |y|_{\max} \approx \left|y\left(\dfrac{l}{2}\right)\right| = \dfrac{5ql^4}{768EI}$。

9 - 20 $\theta_A = -\dfrac{Fa^2}{12EI}, y_C = \dfrac{Fa^3}{6EI}$。

9 - 21 $\theta_B = -\dfrac{Fa^2}{2EI}, y_B = -\dfrac{Fa^2}{6EI}(3l - a)$。

9-22 (a) $y_A = -\dfrac{Fl^3}{6EI}, \theta_B = -\dfrac{9Fl^2}{8EI}$;

(b) $y_A = -\dfrac{Fa(3b^2+6ab+2a^2)}{6EI}, \theta_B = \dfrac{Fa(ab+a)}{2EI}$;

(c) $y_A = -\dfrac{5ql^4}{786EI}, \theta_B = \dfrac{ql^3}{384EI}$;

(d) $y_A = \dfrac{ql^4}{16EI}, \theta_B = \dfrac{ql^3}{12EI}$。

9-23 $[q] = 10.368 \text{kN/m}$。

9-24 $I \geq 1466.7 \text{cm}^4$,取 $I = 1600 \text{cm}^4$,选 18 工字钢。

9-25 $K = \dfrac{24EI}{l^3}$。

9-26 $y_C = \dfrac{5ql^4}{768EI} + \dfrac{ql}{32EA}(\downarrow)$。

9-27 5.08kN/m。

第 10 章

10-1 (a) (1) $\sigma_\alpha = 52.32 \text{MPa}, \tau_\alpha = -18.66 \text{MPa}$;(2) $\sigma_1 = 62.4 \text{MPa}, \sigma_2 = 17.6 \text{MPa}, \sigma_3 = 0$;(3) $\tau_{max} = 31.2 \text{MPa}$;

(b) (1) $\sigma_\alpha = 9.02 \text{MPa}, \tau_\alpha = -58.3 \text{MPa}$;(2) $\sigma_1 = 68.3 \text{MPa}, \sigma_2 = 0, \sigma_3 = -48.3 \text{MPa}$;(3) $\tau_{max} = 58.3 \text{MPa}$;

(c) (1) $\sigma_\alpha = -12 \text{MPa}, \tau_\alpha = 65 \text{MPa}$;(2) $\sigma_1 = 100 \text{MPa}, \sigma_2 = 0, \sigma_3 = -50 \text{MPa}$; (3) $\tau_{max} = 75 \text{MPa}$。

10-2 (a) (1) $\sigma_1 = 37 \text{MPa}, \sigma_3 = -27 \text{MPa}, \sigma_2 = 0, \alpha_0 = -19.33°$;(2) $\tau_{max} = 32 \text{MPa}, \alpha_1 = 25.67°$;

(b) (1) $\sigma_1 = 57 \text{MPa}, \sigma_3 = -7 \text{MPa}, \sigma_2 = 0, \alpha_0 = -19.33°$;(2) $\tau_{max} = 32 \text{MPa}, \alpha_1 = 25.67°$;

(c) (1) $\sigma_1 = 25 \text{MPa}, \sigma_3 = -25 \text{MPa}, \sigma_2 = 0, \alpha_0 = -45°$;(2) $\tau_{max} = 25 \text{MPa}, \alpha_1 = 0°$;

(d) (1) $\sigma_1 = 44.14 \text{MPa}, \sigma_2 = 15.86 \text{MPa}, \sigma_3 = 0, \alpha_0 = -22.5°$;(2) $\tau_{max} = 22.07 \text{MPa}, \alpha_1 = 7.02°$;

(e) (1) $\sigma_1 = 4.72 \text{MPa}, \sigma_3 = -84.72 \text{MPa}, \sigma_2 = 0, \alpha_0 = -13.28°$;(2) $\tau_{max} = 44.72 \text{MPa}, \alpha_1 = 31.7°$。

10-3 (1) $\sigma_1 = 87.7 \text{MPa}, \sigma_2 = 2.3 \text{MPa}, \sigma_3 = -40 \text{MPa}, \tau_{max} = 63.85 \text{MPa}$;

(2) $\varepsilon_1 = 0.495 \times 10^{-3}, \varepsilon_2 = -0.06 \times 10^{-3}, \varepsilon_3 = 0.335 \times 10^{-3}, \theta = 0.1 \times 10^{-3}$。

10-4 (a) $\sigma_1 = 50 \text{MPa}, \sigma_2 = 50 \text{MPa}, \sigma_3 = -50 \text{MPa}, \tau_{max} = 50 \text{MPa}$;

(b) $\sigma_1 = 50 \text{MPa}, \sigma_2 = 50 \text{MPa}, \sigma_3 = 50 \text{MPa}, \tau_{max} = 0$;

(c) $\sigma_1 = 130 \text{MPa}, \sigma_2 = 30 \text{MPa}, \sigma_3 = -30 \text{MPa}, \tau_{max} = 80 \text{MPa}$。

10-5 点 1:$\sigma_x = -\dfrac{M}{W_z}, \sigma_1 = \sigma_2 = 0, \sigma_3 = \sigma_x$;

点 2:$\tau = \dfrac{3F_Q}{2A}, \sigma_1 = \tau, \sigma_2 = 0, \sigma_3 = -\tau$;

点 3：$\sigma_x = -\dfrac{My}{I_z}, \sigma_3^1 = \dfrac{\sigma_x}{2} \pm \sqrt{\left(\dfrac{\sigma_x}{2}\right)^2 + \tau^2}, \sigma_2 = 0$；

点 4：$\sigma_x = \dfrac{M}{W_z}, \sigma_1 = \sigma_2 = 0, \sigma_3 = \sigma_x$。

10-6　$\sigma_{40°} = -1.07\text{MPa}, \tau_{40°} = -0.431\text{MPa}$。

10-7　(1) 对于钢材，第三强度理论 $[F] = 9.83\text{kN}$；对于铸铁，第一强度理论 $[F] = 2.07\text{kN}$；(2) $\sigma_{r2} = 29.88\text{MPa} < [\sigma^+]$ 强度足够。

10-8　$\sigma_{r1} = \tau \le [\sigma]; \sigma_{r2} = (1+\mu)\tau \le [\sigma]; \sigma_{r3} = 2\tau \le [\sigma]; \sigma_{r4} = \sqrt{3}\tau \le [\sigma]$。

10-9　(1) $\sigma_{r1} = 30\text{MPa}, \sigma_{r2} = 21.25\text{MPa}$；

　　　(2) $\sigma_{r1} = 29\text{MPa}, \sigma_{r2} = 29\text{MPa}$；

　　　(3) $\sigma_{r2} = 7.5\text{MPa}$。

10-10　(1) $\sigma_{r3} = 90\text{MPa}, \sigma_{r4} = 78.1\text{MPa}$；

　　　 (2) $\sigma_{r3} = 110\text{MPa}, \sigma_{r4} = 95.4\text{MPa}$；

　　　 (3) $\sigma_{r3} = 110\text{MPa}, \sigma_{r4} = 101.5\text{MPa}$。

10-11　安全，$\sigma_{r3} = 300\text{MPa}, \sigma_{r4} = 264\text{MPa}$。

10-12　(1) $\sigma_1 = 16.56\text{MPa}, \sigma_3 = -96.6\text{MPa}, \alpha = 22.5°$；

　　　 (2) $\tau_{\max} = 56.56\text{MPa}$；

　　　 (3) $\sigma_{r3} = 113.1\text{MPa}, \sigma_{r4} = 105.8\text{MPa}$。

10-13　$\sigma_{r1} = 17.3\text{MPa}, \sigma_{r2} = 17.42\text{MPa}$。

10-14　$[F] = 728.5\text{kN}$。

10-15　两个直径相差 $5.04 - 4.93 = 0.11\text{cm}$。

第11章

11-1　16 工字钢。

11-2　$\sigma_{a\max} = -11.66\text{MPa}, \sigma_{b\max} = -8.75\text{MPa}$。

11-3　(1) $b = 35.6\text{mm}, h = 71.2\text{mm}$；(2) $d = 52.4\text{mm}$。

11-4　$F = 18.38\text{mm}, e = 1.785\text{mm}$。

11-5　$x = 5.2\text{mm}$。

11-6　$\sigma_A = 8.83\text{MPa}, \sigma_B = 3.83\text{MPa}, \sigma_C = -12.2\text{MPa}, \sigma_D = -7.17\text{MPa}$。

11-7　$h = 372\text{mm}$。

11-8　$\sigma_{\max} = 9.83\text{MPa}$。

11-9　$\sigma_{\max}^+ = 6.75\text{MPa}, \sigma_{\max}^- = -6.99\text{MPa}$。

11-10　$\sigma_{\max}^+ = 17.4\text{MPa}, \sigma_{\max}^- = 15.9\text{MPa}$。

11-11　A 截面有最大压应力 $\sigma_{\max}^- = 12.25\text{MPa}$；

　　　 B 截面有最大拉应力 $\sigma_{\max}^+ = 11.9\text{MPa}$。

11-12　安全，$\sigma_{\max}^+ = 133.33\text{MPa} < [\sigma]$。

11-13　51mm。

11-14　C 为危险截面，$\sigma_{r3} = 62.1\text{MPa} < [\sigma]$。

11-15　$\sigma_{r3} = 72.1\text{MPa} > [\sigma]$，但 $\dfrac{\sigma_{r3} - [\sigma]}{[\sigma]} \times 100\% = 3\% < 5\%$，所以安全。

11-16 $\sigma_{r3} = 136.6 \text{MPa} < [\sigma]$,安全。

第12章

12-1 (1) $F_{cr} = 37.8 \text{kN}$; (2) $F_{cr} = 52.6 \text{kN}$; (3) $F_{cr} = 459 \text{kN}$。

12-2 (a) $F_{cr} = 5.53 \text{kN}$; (b) $F_{cr} = 22.1 \text{kN}$; (c) $F_{cr} = 69 \text{kN}$。

12-3 (a) $F_{cr} = 14.6 \text{kN}$; (b) $F_{cr} = 26.2 \text{kN}$; (c) $F_{cr} = 25 \text{kN}$; (d) $F_{cr} = 73.1 \text{kN}$。

12-4 (a) $F_{cr} = 2539 \text{kN}$; (b) $F_{cr} = 2644 \text{kN}$; (c) $F_{cr} = 3135 \text{kN}$。

12-5 (1) $F_{ABcr} = 267.4 \text{kN}$; $F_{Fcr} = 118 kN$; (2) $n = 1.685 < 2$ 不安全。

12-6 $F_{cr} = 661.4 \text{kN}$。

12-7 梁的弯曲强度足够,$\sigma_{max} = 138.9 \text{MPa} < [\sigma]$;柱的稳定性足够 $n_w = 3.97 > [n_w]$。

12-8 绕 y 轴 $F_{cr} = 4840 \text{kN}$;绕 z 轴 $F_{cr} = 5010 \text{kN}$。

12-9 绕 y 轴 $[F] = 71.6 \text{kN}$。

12-10 $F_{cr} = 123.6 \text{kN}$。

12-11 $\lambda = 91.4$, $\sigma_{cr} = 202 \text{MPa}$, $F_{cr} = 91.3 \text{kN}$, $n = 3.04 > n_w$, $F_{cr} = 123.6 \text{kN}$。

12-12 (1) 校核 AB 强度: $\sigma_{max} = 163.2 \text{MPa}$, $[\sigma] = 162 \text{MPa}$, $\dfrac{\sigma_{max} - [\sigma]}{[\sigma]} = 0.7\% < 5\%$, 工程上认为安全; (2) 校核 CD 稳定性; $n_w = 2.11 > [n]_{st}$ 稳定性安全。

附录 I

I-1 (a) $x_C = 0$, $y_C = 153.6 \text{mm}$; (b) $x_C = 19.74 \text{mm}$, $y_C = 39.74 \text{mm}$。

I-2 (a) $x_C = -19.05 \text{mm}$, $y_C = 0$; (b) $x_C = 0$, $y_C = 64.55 \text{mm}$。

I-3 (a) $z_C = \dfrac{a}{2} + c$, $y_C = \dfrac{3a+2c}{6(a+c)}h$; (b) $z_C = 0$, $y_C = 68 \text{mm}$。

I-4 $y_C = 44.7 \text{mm}$, $I_{y_C} = 1.67 \times 10^6 \text{mm}^4$, $I_{z_C} = 4.24 \times 10^6 \text{mm}^4$。

I-5 $y_C = 46.7 \text{mm}$, $I_y = 1.76 \times 10^6 \text{mm}^4$, $I_{z_C} = 12.12 \times 10^6 \text{mm}^4$。

I-6 $y_C = 140.9 \text{mm}$, $I_y = 7.784 \times 10^6 \text{mm}^4$, $I_{z_C} = 44.46 \times 10^6 \text{mm}^4$。

I-7 $I_y = 1180 \times 10^7 \text{mm}^4$, $I_{z_C} = 619 \times 10^7 \text{mm}^4$。

参 考 文 献

[1] 罗奕. 建筑力学(上册)[M]. 北京:人民交通出版社,2008.
[2] 赵凤婷. 工程力学[M]. 沈阳:东北大学出版社,2006.
[3] 杨玉贵,夏红. 工程力学[M]. 北京:机械工业出版社,2006.
[4] 沈养中. 工程力学(第一分册)[M]. 北京:高等教育出版社,2003.
[5] 刘英卫. 工程力学[M]. 大连:大连理工大学出版社,2005.
[6] 卢光斌. 土木工程力学[M]. 北京:机械工业出版社,2003.
[7] 范钦珊,工程力学[M]. 北京:机械工业出版社,2009.
[8] 王峰,戴嘉彬. 工程力学[M]. 北京:科学出版社,1997.
[9] 孔七一. 工程力学[M]. 北京:人民交通出版社,2005.
[10] 张流芳,胡兴国. 建筑力学[M]. 武汉:武汉理工大学出版社,2004.
[11] 邱小林. 工程力学学习指导[M]. 北京:北京理工大学出版社,2007.
[12] 闵行. 材料力学 重点及典型题精解[M]. 西安:西安交通大学出版社,2001.
[13] 陈乃立. 材料力学 学习指导书[M]. 北京:高等教育出版社,2004.
[14] 赵诒枢. 材料力学 习题详解[M]. 武汉:华中理工大学出版社, 2002.
[15] 蒋永莉. 材料力学学习指导[M]. 北京:清华大学出版社,2006.
[16] 曲淑英. 材料力学[M]. 北京:中国建筑工业出版社,2011.
[17] 焦安红. 工程力学[M]. 西安:西安电子科技出版社,2009.